Hunde

Antje Philipps

Hunde

Rassen · Erziehung · Pflege

Von Anna-Maria Heger

BUCH UND ZEIT
BZ

Buch und Zeit Verlagsgesellschaft mbH · Köln

ISBN 3-8166-9111-0

Umschlagfoto: Ullmann
Fotos: Dr. A. Fink, H. Bielfeld, Omnia
Illustrationen: Claus Stauch

Satz: LibroSatz, Kriftel
Druck: Offset-Team Zumbrink, Bad Salzuflen

1999911180 X 161 514 131 211 109 081 7

Inhalt

Vorwort

Der Hund ist der älteste tierische Begleiter des Menschen. Vor 14 000 Jahren begann seine treue Gefolgschaft. Aus mühseligen Anfängen – er wanderte in den Kochtopf, wenn die Männer zu lange auf ihren Bärenfellen lagen und nicht zur Jagd gingen – entwickelte sich die steilste Karriere, die je ein Haustier machte. Als das Leben leichter und kultivierter wurde, hielt der Hund Schritt und wechselte vom Strohlager aufs Seidenkissen. Heute paßt er sich den engen Wohnverhältnissen an, hebt in überfüllten Straßen das Bein und schnüffelt neben den Abgasen noch die für ihn wichtigen Informationen heraus. Bei aller Anpassung im Laufe von 14 000 Dienstjahren blieb er dennoch sich selbst treu.
Im Laufe des langen Zusammenlebens scheint der Hund eine Menge von seinem Herrn verstehen gelernt zu haben, jedenfalls mehr als der Herr von seinem ergebenen Gefährten.
In den letzten zwei Jahrzehnten ging die Tierverhaltensforschung einen großen Schritt vorwärts. Um die neuen Erkenntnisse weiterzugeben, wurde dieses Buch geschrieben. Es ist absichtlich, soweit möglich, ohne komplizierte Fachausdrücke abgefaßt.
Es gibt noch einen zweiten Grund, warum dieses Buch entstand. Ein Hund ist kein Konsumartikel, den man nach Belieben an- und abschafft. Er ist ein lebendiges Wesen, der seiner menschlichen Familie mit seinem ganzen Herzen treu ergeben ist. Dieses Vertrauen darf man nicht mißbrauchen.

Die wichtigsten Körperteile und das Knochengerüst des Hundes

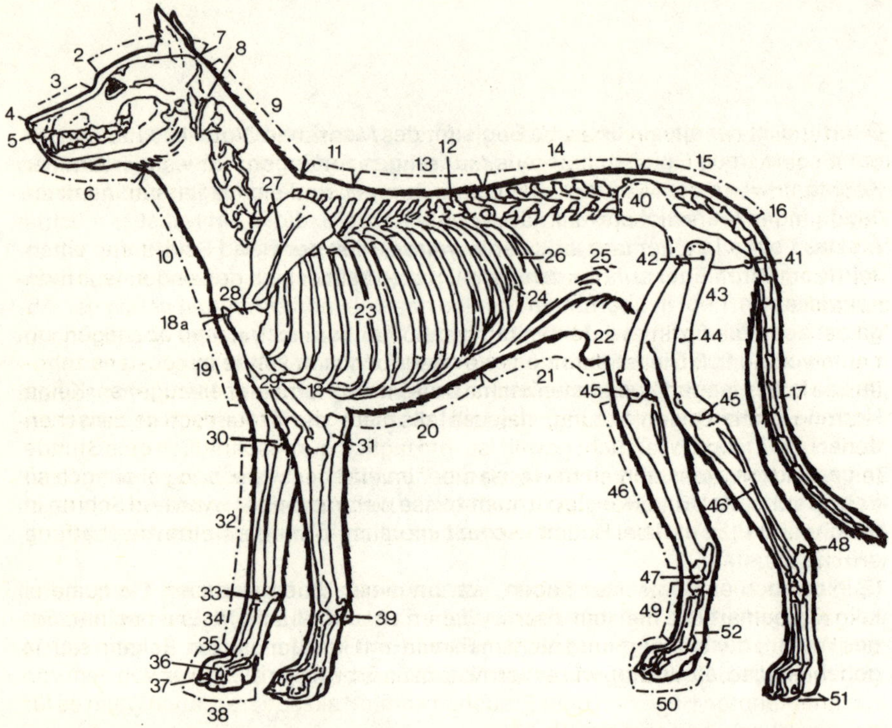

Kopf

1 Oberkopf mit Augen und Ohren
2 Stop (Stirnabsatz)
3 Nasenrücken
4 Nasenkuppe
5 Oberkiefer
6 Unterkiefer
7 Hinterhauptbeinstachel
8 Genick
9 Nackengegend
10 Kehlrand

Rumpf

11 Widerrist
12 Rückendelle
13 Rücken oder Rist
14 Lenden- oder Nierenpartie
15 Kruppe
16 Rutenansatz
17 Rute
18 Brustbein mit wahren Rippen
18a Brustbeinspitze
19 Vorderbrust
20 Unterbrust
21 Unterbauch
22 Glied
23 Seitenbrust
24 seitliche Bauchwand
25 Flanke
26 Fehlrippen

Vorderhand

27 Schulterpartie
28 Buggelenk
29 Oberarm
30 Ellbogengelenk
31 Ellbogenhöcker
32 Unterarm
33 Vorderfußwurzelgelenk
34 Vordermittelfuß
35 Erstes Zehengelenk
36 Zweites Zehengelenk
37 Krallen
38 Vorderpfote
39 Carpal-Ballen

Hinterhand

40 Hüfthöcker
41 Sitzbeinhöcker
42 Großer Umdreher des Hüftgelenks
43 Keule, Oberschenkelpartie
44 Oberschenkel
45 Kniegelenk
46 Unterschenkel
47 Sprunggelenk
48 Sprunggelenkhöcker, Fersenbein
49 Hintermittelfuß
50 Hinterpfote
51 Sohlenballen
52 Sitz der Afterkrallen

Was vor dem Hundekauf zu bedenken ist

Es hat sich herumgesprochen, daß ein Hund der ideale Gefährte für Jung und Alt ist. Der aufmerksame, selbstlose Vierbeiner ist nicht nur der treueste Freund, er macht sich auch auf viele Art nützlich. Außerdem sind einige Rassen in letzter Zeit zu einer Art Statussymbol geworden.

Naht ein Fest wie Weihnachten oder läuft im Fernsehen eine Hundeserie, bitten viele Kinder ihre Eltern, ihnen den sehnlichsten Wunsch zu erfüllen, einen Hund zu kaufen.

Mit dem Kauf allein ist es jedoch nicht getan. Man muß sehr genau überlegen, ob man die nötigen Voraussetzungen und den Wunsch hat, eine mindestens zehnjährige Lebens- und Wohngemeinschaft mit einem Vierbeiner einzugehen. Keine Leistung ohne Gegenleistung, das gilt auch für die Freundschaft zwischen Mensch und Hund. Wer nicht gewillt ist, ihm täglich durchschnittlich eine Stunde Zeit zu widmen, wer sich nicht klar darüber ist, daß ein Hund, und sei er noch so klein, Geld kostet, und wer glaubt, man könne den Vierbeiner wie einen Schirm in eine Ecke stellen und bei Bedarf wieder herausholen, muß auf eine Anschaffung verzichten.

77 Prozent aller Deutschen haben sich bei einer Umfrage gegen Tierquälerei ausgesprochen. Die meisten aber wußten nicht, wann und wo sie beginnt. Sie fängt dann an, wenn ein Hund nicht mehr wie ein Hund leben darf. Er kann sich ja nicht beklagen. Gutmütig, wie er von Natur aus ist, wird er alles, was von dem von ihm anerkannten Herrchen oder Frauchen kommt, akzeptieren, auch wenn es für ihn schädlich und schmerzlich ist.

Das größte Problem entsteht zweifellos, wenn die Urlaubszeit kommt. Da merkt man – vielleicht zum ersten Mal –, daß die Lebensgemeinschaft mit einem Tier auch Verantwortung mit sich bringt. Wird die Frage nach der Unterbringung im Urlaub gleich beim Kauf eingeplant, können gar keine Konflikte entstehen. Denn es bieten sich viele Lösungen. Es gibt kein Verkehrsmittel im In- und Ausland, das die Mitnahme eines Hundes verweigern darf, wenn man die Bestimmungen einhält. In Hundepensionen und bei liebevollen Nachbarn ist der Hund gut aufgehoben. Führen Sie Ihren neuen Begleiter am besten gleich im Freundeskreis ein, damit er, falls Sie unerwartet und ohne ihn verreisen müssen, sofort ein Quartier hat.

Ein weiteres Problem ist das Gassigehen, wenn alle Familienmitglieder ganztägig arbeiten. Ein Hund ist zwar in der Lage, seine Ausscheidungen den ganzen Tag einzuhalten, aber man darf es nicht auf die Festigkeit seiner Schließmuskeln ankommen lassen. Kann ein Hund außer den größeren Spaziergängen nicht mindestens vier- bis fünfmal täglich seine Blase entleeren, so ist das Tierquälerei. Ein Hundeklo im Hause ist kein Ersatz für den Baum, an dem er seine Visitenkarte hinterlassen und die neuesten Nachrichten über die Nachbarhunde erfahren kann.

Ein Garten ist zwar für das Erledigen von Geschäften und die notwendige Bewegung sehr nützlich, ersetzt aber nicht die menschliche Ansprache und Gesellschaft, die der Hund braucht, um zufrieden zu sein. Kann man sich während des Tages nicht um ihn kümmern, ist aber genügend Auslauf vorhanden, sollte man dem Hund einen weiteren Artgenossen zur Gesellschaft geben.

Die wichtigsten Faustregeln

Für den Hundekauf gibt es einige Faustregeln, die sich bewährt haben. Ist Hundehaltung in Ihrer Mietwohnung gestattet (mehr über „Mietverträge" im Kapitel „Der Hund im Recht"), muß man sich klar darüber werden, welche Rassen für die jeweiligen Lebensumstände am geeignesten sind.
In Kurzform die wichtigsten Punkte:
Je größer die Stadt, um so kleiner sollte der Hund sein, es sei denn, Sie besitzen eine Villa mit Park.

Lange Rücken auf kurzen Beinen (Basset) wohnen am besten Parterre oder in einem Haus mit Lift.
Je knapper die Freizeit, um so pflegeleichter sei der Hund.
Ist die Hausfrau sehr penibel, kaufen Sie sich kein Tier, das haart.
Lebhafte Hunde brauchen Platz.
Kräftige Tiere verlangen viel Körperkraft.
Eigenwillige Vierbeiner brauchen einen konsequenten Lehrmeister.
Jagdhunde und Gebrauchshunde sind nur glücklich, wenn sie zu der Arbeit, für die sie sich eignen, herangezogen werden.
Kinder können keine nervenschwachen, überempfindlichen Hunde gebrauchen.
Alte Leute sind schlecht beraten mit einem Gefährten, der weit mehr Kräfte hat als sie.
Lauffaule dürfen sich keinen Windhund wählen.
Leute mit wenig Zeit müssen auf ein Tier, das regelmäßig zum Training oder Friseur muß, verzichten.
Lärmempfindliche sollten sich einen ruhigen Hund mit tiefer Stimme aussuchen.

Luxushunde brauchen mehr Geld.
Folgende Rassen empfehlen sich besonders für Kinder: Beagle, Boxer, Chow-Chow, Dackel, Foxterrier, Neufundländer.
Für ältere Leute kommen in Frage:
Cocker-Spaniel, Dackel, Mischlinge, Mops, Spitz, Terrier, Welsh Corgi.
Wer ein kleines Appartement in der Großstadt hat, wer ein kleines Auto besitzt und seinen Hund oft mitnehmen muß, wer kleine Tiere gerne streichelt, dem seien folgende Arten empfohlen:
Zwergschnauzer, Dackel, Yorkshire-Terrier, Spitz, Chihuahua.
Wer eine Wohnung mit genügend Platz und einen Mittelklassewagen sein eigen nennt, wer Kinder hat und einen „richtigen" Hund haben will, dem sei geraten, sich folgende Rassen anzuschauen:

Eurasier, Beagle, Welsh Corgi, Skye-Terrier, Cocker-Spaniel, Französische Bulldogge, Mops, Pudel, Sheltie.

Wer einen Garten, eine große Wohnung oder ein Haus besitzt, sollte sich mit folgenden Vierbeinern anfreunden:
Deutscher Schäferhund, Boxer, Foxterrier, Mittelschnauzer, Irish Setter, Großer Münsterländer, Airedale-Terrier, Dalmatiner, Basset Hound, Collie.
Wer auf größerem Fuß lebt und einen Sinn fürs Überdimensionale hat, kann sich unter den „Riesen" umsehen:
Deutsche Dogge, Hovawart, Rottweiler, Afghane, Kuvasz, Bernhardiner.

Rüde oder Hündin?

Das ist eine grundsätzliche Frage. Der Rüde ist unabhängiger, selbstbewußter, eigenwilliger, die Hundedame zärtlicher, anhänglicher, häuslicher. Allerdings wird sie zweimal im Jahr läufig und muß jedes Mal für etwa drei Wochen in Quarantäne genommen werden. Aber auch ein Rüde hat die Eigenschaft, ununterbrochen Nachwuchs produzieren zu wollen. Er läuft Hundedamen nach und verbringt Stunden vor der Wohnung einer Läufigen, setzt Duftmarken und schnüffelt erotische Abenteuer aus.
Seitdem es genügend Möglichkeiten gibt, bei Hündinnen unerwünschten Nachwuchs zu unterbinden, fällt die Frage weibliches oder männliches Tier nicht mehr so ins Gewicht. Man kann danach entscheiden, ob man sich stark genug fühlt, einen Rüden zu erziehen oder ein anschmiegsameres Tier vorzieht.

Wann kauft man einen Hund?

Die Frage, wie alt der neue Hausgenosse sein soll, läßt sich nicht eindeutig beantworten. Die Meinungen der Wissenschaftler gehen in diesem Punkt auseinander. Natürlich ist es einfacher, einen „fertigen", das heißt, schon erzogenen Hund zu erwerben. Doch die Mühe der Erziehung lohnt sich. Je jünger der Neuankömmling ist, um so lernfähiger, kontaktfreudiger und anhänglicher ist er. Auch ist dann gewährleistet, daß er keinen Knacks durch Fremdeinflüsse oder schlechte Behandlung bekommen hat.
Entschließt man sich für einen Welpen, so sollte es auf alle Fälle ein reinrassiger sein. Ganz junge Hunde haben die Eigenschaft, ähnlich auszusehen. Man ahnt noch nicht, wie groß das Knäuel auf den kleinen Beinchen einmal werden wird. Ein Züchter darf keinen Pudel verkaufen, der ein Wachstum wie ein Bernhardiner entwickelt. Bei einer Promenadenmischung muß man aber immer damit rechnen.
Hat man wenig Neigung, ein Hundebaby aufzuziehen, kann man unter vielen ausgewachsenen Tieren wählen. Dabei muß man sich klar darüber sein, daß Geduld und pädagogisches Geschick nötig sind, um sie auf den neuen Besitzer und die veränderte Umgebung einzustellen. Je öfter der Hund seinen Herrn wechseln mußte, um so schwieriger kann die Umerziehung sein. Andererseits ist es die dankbarste Aufgabe, ihm endlich Liebe und ein Zuhause zu geben. Älteren Leuten, die Erfahrung und Zeit, aber wenig Interesse an einem lebhaften jungen Springer haben, kann man durchaus zum ausgewachsenen Tier raten. Für verantwortungsbewußte Tierfreunde ist der Gedanke tröstlich, daß dann beide Partner – Mensch und Hund – in etwa die gleiche Lebenserwartung haben.

Wo soll man Hunde kaufen?

Wollen Sie züchten oder erwerben Sie auch sonst nur erste Qualität, so kommt für Sie nur ein Rassehund mit Ahnentafel aus einem erstklassigen Zwinger oder dem anerkannten Fachhandel in Frage. Die Anschaffung eines so hochwertigen Tieres erfordert mehr Vorbereitung, als wenn Sie einem kleinen Streuner ein Zuhause geben. Haben Sie sich auf eine Rasse versteift, die selten oder gerade sehr gefragt ist, kann es sein, daß Sie auf einen neuen Wurf warten müssen. Es schadet gar nichts, wenn Sie sich nach Möglichkeit die zukünftige Mutter und die Umgebung des Ungeborenen ansehen, Sie können dabei nur lernen. Haben Sie den Ehrgeiz, mit Ihrem zukünftigen Prachtexemplar auf Ausstellungen zu glänzen, lohnt es sich immer, vom Züchter mehr über die Rasse und besonders die Eltern Ihres geplanten Familienmitglieds zu erfahren.
Ein gewissenhafter Züchter wird auch Ihnen Fragen stellen, denn es wird ihm nicht ums Geld, sondern auch darum gehen, daß seine „Kinder" nicht in die falschen Hände gelangen. Prüft man Sie auf Herz und Nieren, sind Sie an der richtigen Adresse. Sie können sich mit einiger Sicherheit darauf verlassen, einen erb-

gesunden, wohlgenährten, gepflegten Welpen ins Haus zu bekommen, der sein Geld wert ist. Keine Frage, daß solche Tiere eine Ahnentafel mitbekommen, die weder gefälscht noch manipuliert wurde.
Ein guter Züchter wird eine Reihe Ratschläge mit auf den Weg geben und auch weiterhin zu Ihrer Verfügung stehen, falls Sie Probleme haben. Machen Sie auch klar, ob Impfungen und Wurmkur bereits erfolgten,und lassen Sie sich den Impfpaß und die Bezeichnung des Impfstoffs mitgeben. Je besser Sie die Lebensumstände des kleinen Tieres kennen, um so weniger Fehler werden Ihnen bei seiner Erziehung und Ernährung unterlaufen.
Aber auch im Zoohandel und in den Zooabteilungen der Warenhäuser erhalten Sie einwandfreie Tiere und alle notwendigen Informationen.
Über den Versandhandel ist schon viel geschrieben worden. Hunde sind lebendige Wesen und keine Konsumware, die man beliebig in Behältern verschicken kann. Das Tier, das man zu sich nehmen will, sollte man vorher immer gesehen haben. Wer sich dennoch nach Annoncen in Tageszeitungen oder nach Katalog ein Tier bestellt, darf sich nicht wundern, wenn er für sein Geld ein minderwertiges Exemplar bekommt oder die Papiere nicht stimmen. Mit der steigenden Nachfrage nach Rassehunden ist ein grauer Markt entstanden, der zwar den Bedarf deckt, jedoch oft mit Vierbeinern, die nach den strengen Zuchtbestimmungen gar nicht verkauft werden dürften. Nur wenn der potentielle Käufer sich von der Echtheit der Rasse überzeugen kann, bleibt er vor bösen Überraschungen sicher.

Die Satzungen des VDH verbieten Massenzucht. Vorsicht ist deshalb geboten, wenn ein Zwinger sich mit vielen Hunderassen abgibt. Meist sind es zufällig diejenigen, die gerade modern sind. Zweifeln Sie an der Echtheit der Papiere, so genügt eine Nachfrage beim jeweiligen Verein oder dem VDH, um Klarheit zu schaffen. Doch wenn die klangvollen Namen von einem ausländischen Zwinger stammen, verlaufen die Nachforschungen oft im Sande.

Farbtafel 1: Afghane

Farbtafel 2: Airedale-Terrier

In einer Resolution forderte der Deutsche Tierschutzbund von den Gesetzgebern in Bund und Ländern Importbeschränkungen für Hunde. Auch die wahllose Zucht – insbesonders mit kranken Tieren – soll verboten werden. Damit will der Deutsche Tierschutzbund dem wilden Hundehandel mit seinen negativen Folgeerscheinungen Einhalt gebieten. Nach diesen Forderungen müssen alle Zoohändler einen Befähigungsnachweis über Tierhaltung und Zucht erbringen.

Was kostet ein Hund?

Die Anschaffungskosten richten sich nach der Art der Rasse und den Papieren.
Man unterscheidet zwischen:
Mischlingen
Rassehunden ohne Stammbaum, Rassehunden mit Stammbaum
Rassehunden mit vom Verband anerkannten Stammbaum.
Am preiswertesten sind Mischlinge und Hunde, die man im Tierheim erwirbt. Manchmal werden in Zeitungen oder kynologischen Fachblättern Hunde kostenlos angeboten, wenn gewährleistet ist, daß sie in gute Hände kommen. Vergessen wir auch nicht, daß mancher Nachbar froh ist, wenn er Abnehmer für seine Welpen hat.
Haben Sie keinerlei züchterischen Ehrgeiz und wollen Sie nicht so viel Geld für einen Rassehund ausgeben, kaufen Sie einen Vierbeiner ohne Ahnentafel. Er kann genau so lieb und edel sein und die gleichen guten Eigenschaften haben wie ein teures Tier. Es handelt sich hier auch um Rassehunde, die aus irgendeinem Grund keine Papiere bekamen. Vielleicht sind es überzählige Welpen aus einem großen Wurf, die entgegen den Vereinsvorschriften nicht getötet wurden. Sie können auch Nachkommen reinrassiger Tiere sein, deren Besitzer sich nicht um die Papiere kümmerten, oder Nachkommen von nicht angekörten, also nicht zur Zucht ausgewählten Hunden.
Folgende Hunderassen haben einen anerkannten Stammbaum:
Basset-Hound, Beagle, Bernhardiner, Boxer, Chow Chow, Cocker Spaniel, Collie, Dackel, Dalmatiner, Dobermann, Dogge, Mops, Neufundländer, Pekinese, Pudel, Setter, Spitz, Schäferhund, Schnauzer, Terrier, Welsh Corgi.
Der Stammbaum beginnt mit dem Hund, der das Bild der Rasse geprägt hat. Alle Nachkommen sind sorgfältig aufgeführt. Er ist nicht mit der Ahnentafel zu verwechseln, die von der Zentralstelle des Zuchtvereins ausgestellt wird. Darin werden nur die unmittelbaren Vorfahren aufgeführt. Die Ahnentafel ist im Preis eines Rassehundes inbegriffen. Wird sie nicht gleich beim Kauf ausgehändigt, sollte man sich vom Züchter bescheinigen lassen, daß sie nachgereicht wird.
Ganz gleich, was sie als Anschaffungspreis hinlegen, bei diesen Kosten bleibt es nicht. Neben den Futterkosten fallen an:
Tierarztkosten, Medikamente, Impfungen, Halsband, Leine, Hundepfeife, Kamm und Bürste, Hundekorb, Freß- und Trinknapf, Hundesteuer (je nach Stadt und Gemeinde verschieden hoch), Versicherungen, evtl. Krankenkasse, kynologische Nachschlagewerke und (oder) Fachzeitschriften, bei Gebrauchshunden evtl. Ausbildungskosten.

Welchen Welpen soll man wählen?

Früher galt die Regel, den Lebhaftesten und Stärksten aus dem Wurf herauszusuchen. Bei einer Befragung von Züchtern stellte sich heraus, wie Experten vorgehen: 37 Prozent suchen den Welpen nach dem Körperbau zur Aufzucht aus, 21 Prozent gehen nach dem Aussehen und der Schönheit, 18 Prozent nach der Gesundheit, 17 Prozent nach den Rassemerkmalen und nur 14 Prozent nach Charakter und Wesen.
Verhaltensforscher Eberhard Trumler empfiehlt: „Ich würde niemals bei einem Züchter einen Welpen kaufen, der vor mir davonläuft. Richtig menschensozialisierte Welpen stürzen einem fremden Besucher ohne jedes Zeichen von Scheu und mit allen Anzeichen von Freude entgegen. Der Welpe, der einem dabei als erster ins Gesicht springt, um den Schnauzenstoß und das Lecken anzubieten, der ist es dann."

Hundebuchautor Ulrich Klever dagegen meint: „Der Welpe muß mir äußerlich gefallen, soll nicht der beherrschendste unter seinen Geschwistern sein, soll aber zu mir kommen und mich begrüßen."
Lassen Sie die gegenseitige Sympathie mitreden. Zwischen Mensch und Hund gibt es ebenfalls so etwas wie Liebe auf den ersten Blick.

Wie kommt der Hund ins Haus?

Am besten ist es, wenn Sie den Hund selbst abholen. Der Kaufpreis wird bei Übernahme des Tieres fällig.
Entdecken Sie später irgendwelche Mängel, ist es für eine Rückgabe meistens zu spät, falls Sie nicht nachweisen können, daß der Fehler dem Züchter oder Händler bekannt war.

Erwerben Sie einen ausgewachsenen Hund, von dem Sie nicht wissen, ob Sie mit ihm zurecht kommen, versuchen Sie eine Probezeit auszuhandeln. Dann müssen Sie als Käufer aber auch garantieren, daß der Hund im gleichen einwandfreien Zustand, in dem er übernommen wurde, zurückgegeben wird.
Nur wenn die Entfernungen zwischen Zwinger und neuem Zuhause zu groß sind, sollte man sich für den Transport mit Bahn oder Flugzeug entscheiden. Lassen Sie Ihre Telefonnummer gut lesbar an der luftdurchlässigen Transportkiste anbringen, damit Sie sofort verständigt werden, wenn das Tier da ist oder es Verzögerungen bei der Ankunft gibt. Nehmen Sie es aber erst zu Hause aus dem Transportbehälter, weil es sich in dieser Behausung inzwischen sicher fühlt und Ihnen nicht am Flughafen oder Bahnhof entwischen kann.
Der erste Gang sollte ins Freie führen, damit der Hund sich lösen kann. Ist er nicht gleich am ersten Tag stubenrein, verzweifeln Sie nicht. Entweder muß er sich erst an die neuen Plätze gewöhnen, oder er dokumentiert auf seine Art, daß er das neue Heim schon als sein Revier empfindet. Akzeptiert er das vorbereitete Lager noch nicht, läßt man ihn die erste Zeit in der Transportkiste, die nach ihm riecht, schlafen.
Sind Sie Selbstabholer und transportieren Sie den Welpen im Auto, müssen Sie besonders ruhig und vorsichtig fahren. Das Hundejunge liegt bequem in einem Korb auf einer Decke, möglichst so, daß es sich nicht selbständig machen kann. Reden Sie ihm gut zu und machen Sie öfter eine Pause, damit es im Wagen nicht feucht wird. Erbricht sich das Tier, so ist das für niemand ein Unglück, wenn Sie die Polster mit Plastikunterlagen abgedeckt haben.

Auf keinen Fall soll der Hund geschockt werden: Fährt er zum ersten Mal Auto, wird er dieses Erlebnis nicht vergessen und zeitlebens Theater machen, wenn er im Auto reisen muß. Am besten ist es, wenn ein weiteres Familienmitglied sich während der Fahrt um den Neuling kümmert.

Erziehung

Der Hund lebt in seiner eigenen Welt. Das hat sich trotz aller Anpassung während des jahrtausendelangen Zusammenlebens mit dem Menschen nicht geändert. Der Mensch kann sich mit etwas Einfühlungsvermögen und Wissen in die Hundewelt versetzen. Er wird dann nicht so leicht in den Fehler verfallen, ihn wie einen etwas zurückgebliebenen Artgenossen anzusehen und zu behandeln.
Jeder hat das Tier, das er verdient. Von der jeweiligen Erziehung hängt es ab, ob der Hund die ganze Familie tyrannisiert oder ob er ein verständnisvoller, unentbehrlicher Freund wird. Ein guter Erzieher ist ruhig und ausgeglichen. Unbeherrschtheit, Ungerechtigkeit, Grausamkeit, Wut, übergroße Strenge, Gleichgültigkeit, Zeitmangel, Kälte, Inkonsequenz und Ungeduld richten beim Hund Schäden an, die sich oft in Neurosen äußern.
Im Grunde genommen ist es leicht, sich seinen Gefährten so heranzuziehen, wie man ihn sich wünscht und ihn auf seine zukünftigen Aufgaben vorzubereiten. Einen Gebrauchshund wird man anders behandeln als einen Schoßhund. Doch Erziehung ist nicht das gleiche wie Abrichtung. Erziehung bedeutet lediglich das Beibringen von guten Manieren, die das Zusammenleben ermöglichen und erleichtern. Abrichten heißt, einen Hund zu lehren, bestimmte Handlungen auszuführen, die für den Menschen vorteilhaft sind, für das Tier aber oft ohne Sinn und Nutzen. Man kann es erziehen, ohne es abzurichten, niemals aber abrichten, ohne es vorher erzogen zu haben. Je besser die Erziehung, um so einfacher später die Ausbildung.

Wie erzieht man seinen Hund – autoritär oder antiautoritär?

Natürlich kann man nicht alle Hunde über einen Kamm scheren. Was dem einen Spaß macht, fällt dem anderen schwer, und er wird versuchen, sich davor zu drücken. Der Zoologe und Verhaltensforscher Eberhard Trumler faßt seine Erfahrungen zusammen: Wir müssen uns von allem Anfang an den Grundsatz einprägen, daß es Strafe nur bei Übertretung von Verboten geben darf und niemals dann, wenn der noch unausgereifte Junghund nicht das tut, was wir gerade wollen. Wir erreichen all das, was wir von unserem Hund verlangen, nur dann auf eine harmonische Weise, wenn wir uns über die Ausführung freuen – sichtbar freuen, der Hund lernt schnell unseren Ausdruck! – und den Hund durch freundliche Worte belohnen. So erreichen wir, daß er die Zusammenarbeit mit dem Menschen als lustgetönt empfindet und sie weiterhin von sich aus suchen wird. Ärger, schimpfen oder gar schlagen, ist der sicherste Weg, ihn zu einem Geschöpf zu machen, das weder Selbstsicherheit noch Selbstvertrauen hat und das uns später nur deswegen gehorcht, weil es Angst vor unserer Gewalt hat. Schläge sind für den Hund nicht etwa Strafe, sondern nur sinnloser Schmerz, der ihn auf die Dauer zum Kuscher macht. Durch Prügel wird aus einem fröhlichen ein „hündischer" Hund, sicher nicht das, was wir im Haus haben wollen. Doch ist Laschheit ebenso verkehrt wie zu große Strenge. Das macht ein Versuch von Professor Anthony E. Fisher von der amerikanischen Universität Wisconsin deutlich. Der Kynologe (Hundeforscher) teilte dreißig Welpen in drei Gruppen ein. Die erste Gruppe verwöhnte er mit Leckerbissen und Zärtlichkeiten, wenn sie ihn schwanzwedelnd begrüßte. Die zweite Gruppe hatte es keineswegs so gut. Sie saß in einem kahlen Raum und wurde von Professor Fisher mit Essen und Zärtlichkeiten kurz gehalten. Dafür wurde ihnen mit der Peitsche Zucht und Ordnung beigebracht. Die dritte Gruppe wurde einem regelrechten Wechselbad von Güte und Strenge unterzogen. Mal wurden die zehn Welpen gestreichelt und mit Leckerbissen gefüttert, mal gab es Schläge und Verweise. Das Ergebnis ist verblüffend: Ausgerechnet die dem Wechselbad ausgesetzten Zehn zeigten die größte Anhänglichkeit an den Wissenschaftler.

Das mag zunächst unlogisch erscheinen. Verhaltensforschern ist der Grund jedoch klar: Tiereltern sind oft sehr launisch. Wenn sie Ruhe haben wollen, stoßen sie ihre Kleinen zurück. Fühlen sie sich zum Spielen aufgelegt, sind sie zärtlich und zugänglich.

Wir können eine für uns positive Erkenntnis daraus gewinnen. Junghunden kann man leicht begreiflich machen, wann sie stören und wann sie willkommen sind. Sie lernen, Rücksicht auf die anderen Mitglieder des Rudels – als solches sehen sie auch ihre menschliche Familie – zu nehmen.

Allen in Gemeinschaft lebenden höheren Säugetieren wird von Geburt an ein bestimmter Platz im Rudel zugewiesen. Parieren sie nicht, so werden sie vom Meuteführer zur Strafe mit den Zähnen am Nacken geschüttelt oder gebissen. Der junge Hund erkennt die Autorität des Führers (entweder der Vater oder der stärkste Welpe des Wurfs) an. Kommt der Hund in die Gemeinschaft von Menschen, glaubt er sich weiterhin im Rudel. In seinen Augen sind Herrchen oder Frauchen nun die Rudelführer. Versagen die menschlichen Freunde in dieser Führungsrolle, so wird er schwierig, aggressiv, kann zu Neurosen neigen und zum Tyrannen werden. Da der Platz frei ist, fühlt er sich nun als Erster und handelt entsprechend. Da hilft nur eines: Die Herausforderung annehmen und zeigen, wer der Herr im Haus ist.

Der Hund wird konsequentes Zurückweisen in seine Schranken dankbar akzeptieren. Er braucht nun einmal ein Leitbild, einen Stärkeren. Und der Herr muß nicht allabendlich um den weichsten Sessel vor dem Fernseher kämpfen und sich anknurren lassen. Ist die Situation schon sehr verfahren, konsultiert man am besten einen erfahrenen Tierpsychologen, damit zu den schon einmal gemachten Erziehungsfehlern nicht neue hinzukommen.

Die Frage, wie man einen Hund erziehen soll, ob antiautoritär oder autoritär, läßt sich nicht eindeutig beantworten. Auch die Hundeforscher sind in diesem Punkt nicht einer Meinung. Nach dem jetzigen Stand der Verhaltensforschung gilt der Grundsatz: mit Autorität, doch ohne Peitsche.

Der Welpe – Sauberkeit und Gehorsam

Die Erziehung des jungen Hausgenossen beginnt mit dem Augenblick, in dem er zu uns kommt. Oft geschieht das im Alter von etwa acht Wochen. Das kleine maunzende Bündel scheint nichts anderes zu fühlen, als daß es ohne Mutter und Geschwister ist. Dies bedeutet, auf die angenehme Wärme und Nahrung zu verzichten und ohne die gewohnte Umgebung zu sein. So schön wir es ihm auch immer machen, es fühlt sich hundeelend. Wichtig ist, daß der Neuankömmling seinen eigenen Platz zugewiesen bekommt und davon auch Besitz ergreift. Ein teurer Korb wäre verfrüht, er würde dem Nageeifer zum Opfer fallen. Eine feste Kiste mit bequemem Eingang, der womöglich zu verschließen ist, tut genau so gut ihre Dienste. Als Unterlage genügt ein Kissen, eine mit Seegras gefüllte Matratze oder einfach Heu oder Stroh. Darüber kommt eine ausgediente weiche Decke, die man leicht reinigen kann, oder alte Laken, die öfter gewechselt werden sollten.
Die Kiste muß vor Zugluft geschützt möglichst so stehen, daß das neue Familienmitglied die Umgebung gut überblicken kann.
Vermeiden Sie, daß sich in den ersten Stunden zuviel Menschen um den Welpen kümmern. Wichtig ist, daß er Kontakt mit seinem Herrchen oder Frauchen hat. Sprechen Sie beruhigend auf das kleine Wesen ein und lassen Sie es mit Ihrer Hand vertraut werden.

Man hat festgestellt, daß ein Welpe ungefähr vom 20. bis zum 60. Lebenstag lernt, hündische Rudelmitglieder durch Menschen zu ersetzen. Diesen Lernprozeß nennt man Domestikationsphase. Nützen Sie Ihre Chance, Rudelführer zu werden. Jetzt ist es so leicht wie nie, das Tier zum Gehorsam zu bringen, und ihn so zum angenehmen Mitbewohner zu machen.
Der erste und wichtigste Schritt in der Erziehung ist, dem Tier seinen Platz im Garten, Hof oder auf der Straße zu zeigen, wo es sich entleeren kann. Erst ab drei Monaten kann es seinen Darm und die Blase einigermaßen beherrschen. Deshalb müssen Sie ihm zuvorkommen, damit kein Malheur passiert.
Als Faustregel gilt, den Kleinen alle zwei Stunden nach draußen zu führen, vor allem gleich nach den Mahlzeiten. Wacht er aus einem Schlummer auf, sollten Sie gleich zur Stelle sein, ebenso wenn er eine Weile getollt und seine neue Umgebung inspiziert hat. Hat er sein Geschäft erledigt, ist ein ausgedehntes Lob fällig: „Guter Hund! Braver Hund!"
Haben Sie den rechten Zeitpunkt verpaßt und fließt ein Bach in der Wohnung, führen Sie den Hund dorthin und zeigen Sie ihm mit Gebärden der Verzweiflung, daß er einen Fehler gemacht hat. Benutzen Sie einen anderen Tonfall, der sich deutlich von den Lobreden unterscheidet, und lassen Sie öfter ein empörtes „Pfui" hören. Dann tragen Sie ihn hinaus und bleiben so lange mit ihm draußen, bis er sich wieder erleichtert, diesmal aber am richtigen Ort. Sparen Sie nicht mit Lob und werden Sie nicht müde, dieses Spiel zu wiederholen. Verzagen Sie nicht, er kapiert es schon, auch wenn Ihre Geduld strapaziert wird.
Übernehmen Sie bitte nicht den Fehler, ein Tier mit seiner Nase in einen Kothaufen zu stoßen, wenn es am falschen Ort passiert ist. Das bringt gar nichts: Es begreift nicht, was man von ihm will, da die Nase ja nichts Unrechtes getan hat. Es wird Ihre Handlung höchstens als schreiende Ungerechtigkeit empfinden, denn das sehr fein ausgebildete Riechorgan registriert so ein Häufchen als äußerst unangenehm. Halten Sie immer etwas Desinfektionsmittel bereit, mit dem Sie die Stellen gründlich reinigen, an denen eine Pfütze floß. Das Tier kommt dann nicht in Versuchung, diese Unart zu wiederholen, nur weil es dort nach ihm riecht. Wählen Sie draußen möglichst einen Platz, zu dem Sie in den ersten Tagen immer gehen können, das erleichtert die Erziehung zur Stubenreinheit.
Hunde bevorzugen zur Erledigung ihrer Geschäfte leicht erhöhte Stellen auf weicher Unterlage, wie einen herausragenden Stein oder ein Grasbüschel. Kot und Urin sind wichtige Informationen für das Nasentier Hund. Beim Schnüffeln weiß sofort jeder Vierbeiner des Reviers anhand der abgelegten „Visitenkarte", mit wem er es zu tun hat, mit einer heißen Hündin, einem rauflustigen Kerl oder einem betagten Schoßhund.
Beim Gassigehen sollte der Rudelführer nicht blind seinem Hund folgen und ihm erlauben, sich an jeder Stelle niederzulassen. 200 Gramm Kot produziert ein Hundedarm durchschnittlich pro Tag. Das ergibt bei über drei Millionen Hunden, die in der Bundesrepublik das Bein heben, einen Riesenhaufen von 600 Tonnen Gewicht. Von der Verunreinigung unserer Parks, Liegewiesen, Spielplätze, Gehwege und Bürgersteige wird jeder betroffen, ob Hundehalter oder nicht. Niemandem macht es Freude, übelriechende Souvenirs von Spaziergängen oder Einkaufswegen an den Schuhsohlen mit nach Hause zu tragen. Das hat mit feh-

lender Tierliebe absolut nichts zu tun. Sie tun Ihrem Hund keinen Gefallen, wenn Sie den Unmut der Nachbarn auf ihn lenken. Ärger dieser Art können Sie von Anfang an ausschalten, wenn Sie Ihrem Welpen die Plätze schmackhaft machen, die für alle zumutbar sind: Dicht an einem abgelegenen Gebüsch oder in der Straßenrinne. Auf keinen Fall darf er auf dem Trottoir, einem Kinderspielplatz oder Sandkasten seinen Darm entleeren.

Solange keine geeigneten öffentlichen Hundeklos – mehrere Versuche haben sich bisher nicht bewährt – eingeführt werden, muß der Hundehalter die Sache selbst in die Hand nehmen. Vielerorts ist das wörtlich zu nehmen. Die Schweizer Stadt Schaffhausen, die für ihre vierbeinigen Mitbewohner eine Reihe von Hundeklos unterhält und regelmäßig säubern läßt, fordert den Hundehalter auf, den frei abgelegten Hundekot zu entfernen oder die Verursacher der Verunreinigung abzuschaffen. In der hundefreundlichen Stadt New York ist eine Geldstrafe fällig, wenn ein Bürger dabei ertappt wird, daß sein Hund auf offener Straße seine Duftnoten hinterläßt. Manche Städte lassen Schaufeln verteilen mit der Bitte, die Häufchen in Mülltonnen oder Abfallbeutel zu befördern. Empfindliche Geldstrafen sind auch in Deutschland fällig, werden Hund und Herr auf frischer Tat ertappt. Machen Sie sich die Mühe und denken Sie beim Ausführen an die Sauberkeit der Umwelt.
Wohnen Sie in einer Etagenwohnung in den oberen Stockwerken und ist das Gassigehen zu mühsam für beide, müssen Sie eben auf Zeitungen oder einen Behälter mit Streu auf dem Balkon ausweichen. Immer wenn der Welpe unruhig wird und sich suchend herumdrückt, nehmen Sie ihn hoch und bringen ihn zu seinem Etagenklo.

Ein Rüde läßt sich jederzeit ans Freie umgewöhnen, er kann immer und überall Harn absetzen.
Bei einem weiblichen Tier ist das schon schwieriger, es wird sein Hausklo zwar vorziehen, ist aber mit Zurufen „mach Pfützchen" oder „mach schön Bächlein" zu animieren, falls es diese Aufforderungen und ihre Bedeutung kennt.
Gewöhnen Sie sich bitte gleich an, wie man einen Welpen trägt, ohne ihm zu schaden. Sehnen, Bänder und Knochen sind noch sehr weich, deshalb darf man ihn nicht an den Vorderbeinen packen oder daran ziehen. Auch am Nackenfell soll man ihn nicht hochheben, das tut ihm weh. Das Im-Nacken-Schütteln ist eine eindrucksvolle Strafmaßnahme. Am leichtesten und für ihn am ungefährlichsten macht man es so: Man schiebt die rechte Hand unter sein Hinterteil und hebt ihn hoch, während die linke Hand ihn vorn zwischen Beinen und Brust im Gleichgewicht hält. Sie werden bald merken, auf diese Art läßt er sich willig transportieren.

Die erste Nacht wird die traurigste für Mensch und Tier. Man muß der Versuchung widerstehen, das unglückliche Bündel mit ins Bett zu nehmen oder jeden Augenblick an das Hundelager zu treten und nachzusehen, wie es dem armen Schlucker geht.
Hoffentlich hat der Züchter ein Hundespielzeug oder etwas ähnliches, das nach Mutter, Geschwistern und ihm riecht, mitgegeben und ihn nun in der Einsamkeit tröstet. Hat er sich bereits an Sie gewöhnt, legen Sie irgendetwas, das Ihren Geruch hat und dessen Verlust Sie verschmerzen können, in seine Kiste als Betthupferl.
Viele schwören auf das Rezept, ein tickender Wecker würde das Hundebaby an den Herzschlag seiner Mutter erinnern. Versuchen Sie es. Es ist auf jeden Fall besser, als das Tier mit ins eigene Bett zu nehmen. Tun Sie das, so müssen Sie sich damit abfinden, daß es sehr schwer sein wird, ihm diese Vergünstigung später zu verweigern oder ihm klarzumachen, daß Kissen und Sofas nur für Menschen da sind.

Wie wichtig es ist, daß Menschen und Welpen engen Kontakt haben, bestätigt Eberhard Trumler: „Die ersten Erfahrungen mit Menschen sind entscheidend für die künftige charakterliche Entwicklung des Hundes. Da wir nicht wissen, was hier wirklich vererbt und was in jenen Wochen geprägt wird, mag auch viel von dem dadurch berührt sein, was man als das ‚Wesen' des Hundes zu bezeichnen pflegt."

Der Idealfall ist, wenn Sie sich die ersten zwei bis drei Wochen intensiv der Erziehung des Welpen widmen können. Die Zeit, die Sie zu Beginn investieren, macht sich später doppelt und dreifach bezahlt. Müssen Sie sich mit anderen Familienmitgliedern die Erziehung teilen, so ist es wichtig, eine Generallinie festzulegen, an die sich alle halten.

Machen Sie keine großen Erziehungsversuche, wenn der Hund gerade gefressen hat, er ist dann träge und hält lieber Siesta.

Kinder sollten bei der Welpenerziehung nicht mitmachen, sie sind nicht konsequent genug. Und Konsequenz ist wichtig. Sicher wird auch Ihr Hundebaby versuchen, Ihre Bemühungen zu unterwandern, indem es verbotene Dinge wiederholt, obwohl es längst begriffen hat, daß ein braver Hund dies nicht macht. Er möchte einfach nur nachprüfen, ob Sie es wirklich ernst meinen und an einmal aufgestellten Regeln festhalten. Glauben Sie nicht, es mit einem bösartigen Tier zu tun zu haben, so etwas gehört nun einmal zum Kampf mit dem Rudelführer.

Zugleich mit dem Gassigehen muß der Hund lernen, auf seinen Namen und kurze Befehle zu hören. Je öfter wir mit ihm reden, um so enger wird der Kontakt, um so mehr geht er auf uns ein. Man sollte jedoch bedenken, daß ein Welpe von drei Monaten altersmäßig einem Kind von etwa drei Jahren entspricht, das man mit Ge- und Verboten nicht überstrapazieren kann.

Länger als zehn bis fünfzehn Minuten hintereinander soll man mit einem Jungtier nicht trainieren, dafür aber mehrmals am Tage. Vergessen Sie nicht, daß es viel Ruhe braucht. Lassen Sie es schlafen, wenn es müde ist, besonders nach dem Essen. Seine Mahlzeiten bekommt es zu bestimmten Zeiten und in seinem eigenen Napf am gleichen Platz. Ihre Nachtruhe sichern Sie sich, wenn Sie ab siebzehn Uhr weder Wasser noch Futter geben, eine Regelung, die Sie auch beim erwachsenen Vierbeiner zu beider Besten beibehalten können.

Auch wenn Sie von der großen Intelligenz Ihres Schützlings überzeugt sind, versteht er nicht jedes Wort. Er unterscheidet zunächst den Tonfall, daher ist es auch so wichtig, daß Sie zwischen Lob und Tadel genau unterscheiden. Allmählich lernt er die Bedeutung einzelner Begriffe. Je kürzer ein Satz oder Befehl, um so leichter prägt er sich ein, besonders dann, wenn die dazu passende Handlung ihn begleitet.

So merkt sich der Hund am besten, was mit dem Wort „komm" gemeint ist: Sie gehen weg, rufen freundlich „komm" und beobachten, was geschieht. Da der Hund als Meutetier nicht gerne alleine ist, wird es ihm selbstverständlich sein, Ihnen nachzutraben. Macht er dazu keine Anstalten, müssen Sie zu drastischeren Maßnahmen greifen. Sie gehen mit der Futterschüssel voran, rufen „komm" und geben ihm seine Mahlzeit erst, wenn er willig gefolgt ist. Vergessen Sie nicht, ihn beim Namen zu nennen und ausgiebig zu loben, wenn er seine Lektion begriffen hat: „Guter" (Name), „braver" (Name), „fein!". Wiederholen Sie die Übung oft,

aber nicht bis zur Übermüdung. Er muß auch lernen, innerhalb eines Raumes zu Ihnen zu laufen, wenn Sie ihn rufen. Kleine Leckerbissen nach geglückter Übung erleichtern die Erziehungsarbeit.
Auch bei dieser Lektion gilt: Brechen Sie nie eine Übung ab, weil Ihnen die Geduld ausgeht oder weil sich das Tier gar zu halsstarrig anstellt. Schlagen und brüllen sind falsch. Das Gehör eines Hundes funktioniert sechzehnmal besser als das eines Menschen. Wenn wir normal mit ihm sprechen, ist das schon sehr laut für ihn. Er hört also sehr gut, wenn er will.
Reagiert er auf Ihre Befehle nicht, versuchen Sie die Gründe herauszufinden. Rügen Sie ihn erst, wenn Sie sicher sind, daß er einfach keine Lust hat, Ihnen zu gehorchen. Ein kleiner Klaps aufs Hinterteil schadet nicht, darin sind sich die meisten Hundeexperten einig. Die Bestrafung muß der bösen Tat auf dem Fuße folgen, damit der Sünder begreift, womit er sich die Verärgerung des Rudelführers eingehandelt hat.

Einige Kynologen sind der Ansicht, daß der Klaps möglichst nicht mit der Hand ausgeführt werden soll. Sie befürchten, der Welpe würde „handscheu", und seine Gefühle kämen durcheinander. Er hat die Hand ja bisher nur als angenehm empfunden; sie gibt Futter, streichelt, pflegt das Fell. Nun verhält sie sich auf einmal negativ. Am besten packt man den Missetäter im Nacken und schüttelt ihn kurz, wie es auch die Hundeeltern tun.

Das Wort „Platz“ gehört mit zu den ersten Begriffen, die dem Welpen beigebracht werden sollten. Er muß lernen, auf Befehl in sein Körbchen zu kriechen, auf einem bestimmten Platz auszuharren oder im Auto zu warten. Hundebuchautor und Basset-Freund Ulrich Klever rät, sich dafür ein anderes Wort auszudenken, falls später eine Schutzhundeausbildung erfolgen soll; dann bedeutet „Platz“ nämlich: sofort hinlegen.
Damit Ihr Schüler bald begreift, was Sie bei „Platz“ meinen, drücken Sie ihm am besten sanft das Hinterteil nach unten oder Sie tragen ihn zu seinem Kistchen und loben und streicheln ihn, wenn er sich hinlegt. Wechseln Sie zwischen „komm“ und „Platz“ ab.

Der Welpe lernt um so leichter, je spielerischer Sie ihm die einzelnen Lektionen beibringen. Verhaltensforscher Eberhard Trumler erklärt, warum das Spiel für die Entwicklung junger Hunde so wichtig ist: „Der sonst so gestrenge Vater (gemeint ist der Hundevater) weckt gewissermaßen das eigene „Kind im Mann“ und wird nicht müde, mit den Welpen zu spielen. Aber auch da steckt eine tiefere Wahrheit dahinter. Ganz zielstrebig nutzt er das Spiel aus, um seinen Welpen dies und das beizubringen. Was aber im Spiel gelernt wird, behält man leicht und gern. Wer also auch in dieser Hinsicht vom Hundevater lernt, wird entdecken, daß auf diese Weise die Lernfreudigkeit des Junghundes ganz entscheidend gefördert wird. Es ist eine Tatsache, daß Hunde, die im kindlichen Spiel die Bereicherung durch das Lernen entdecken durften, bis ins Alter hinein ausgesprochen lernfreudig bleiben.“
„Hat ein Welpe in der Zeit zwischen der achten und der sechzehnten Lebenswoche niemals Gelegenheit gehabt, mit Menschen zu spielen, dann kann man sich

danach noch so bemühen – es hilft nichts mehr. Er wird allen unseren Spielversuchen völlig verständnislos gegenüberstehen und bestenfalls demütig vor uns am Boden liegen, wenn er in der erstgenannten Lebensphase guten und ausreichenden Kontakt mit uns entwickeln konnte. Auch hier gilt wieder: Je mehr diese Zeit genutzt wurde, um so freudiger wird der erwachsene Hund künftig mit uns zusammenarbeiten. Er hat durch dieses Spiel mit dem Menschen bereits gelernt, daß gemeinsames Tun überaus erfreulich ist und wird daher späterhin unseren weiteren Ausbildungsabsichten sehr aufgeschlossen gegenüberstehen."

Wenn Sie den Spieltrieb ausnutzen, wird Ihr Schützling der unangenehmen Leine nicht störrisch gegenüberstehen. Kein Zweifel, er schätzt diese Beschränkung seiner Freiheit zu Anfang überhaupt nicht. Deshalb bindet man ihm am besten zuerst nur das Halsband um und läßt ihn jeden Tag etwas länger damit herumlaufen.

Locken Sie ihn mit einem Leckerbissen, wenn Sie ihn die ersten Male an die Leine nehmen. Üben Sie zuerst in der Wohnung oder im Garten und lenken Sie ihn mit einem Spielzeug ab, etwa einem Ball, hinter dem er herläuft. So versöhnt er sich spielend mit der ungewohnten Fessel und wird später ganz von selbst sein Geschirr herbeiholen zum Zeichen, daß er in Spazierlaune ist.

Gewöhnen Sie das Tier von Anfang an daran, daß es links neben Ihnen läuft. Das Ende der Leine nimmt man in die rechte Hand, die linke reguliert die Länge der Leine und damit die Stärke des Zuges am Hundehals. Haben Sie Geduld, wenn Ihr Hund an jedem Baum, an jeder Mauer, an jedem Bordstein schnüffelt. Die Nase ist nun einmal sein wichtigstes Informationsmittel. Zerren Sie ihn nicht, das kann seine Knochen deformieren und ihm sogar einen Herzschaden einbringen.

Es ist ratsam, fürs Gassigehen eine zweite, längere Leine anzulegen. So hat das Tier mehr Bewegungsfreiheit und Sie müssen nicht auch an jedem Baum stehenbleiben. Daß er sich erst ausgiebig orientiert, ehe er seine Duftmarken hinterläßt, gehört nun einmal zur Hundenatur.
Wenn Sie dagegen mit ihm spazierengehen, bestimmen sie das Tempo, Sie haben mit der Leine das Heft in der Hand. Jetzt ist es an der Zeit, ihm das „bei Fuß" beizubringen und ihm unmißverständlich klar zu machen, daß er sich beim Spaziergang nach Ihnen zu richten hat. Wechseln Sie öfter das Tempo, damit er merkt, daß Sie den Ton angeben. Sprechen Sie mit ihm und sparen Sie weder mit Lob noch mit Tadel. Wiederholen Sie möglichst oft alle Signale, die ihm schon eingeprägt worden sind. Brechen Sie nie eine Übung ab, weil sich kein Erfolg zeigt; versuchen Sie es so oft, bis es klappt, Sie laufen sonst Gefahr, daß Ihr Schüler die Sache nicht ernst nimmt und sich immer häufiger um Aufgaben herummogelt.
Eine Anregung zu Lob und Tadel, falls Sie nicht Ihre eigene Skala von Lautstärke und Tonfall entwickelt haben: Hundeeltern loben ihre Kinder mit hohen Piepstönen, sie zeigen ihren Unmut durch tiefes Knurren.
Mit acht bis zehn Wochen sollte der Welpe auf seinen Namen reagieren. Das ist die leichteste Übung, wenn man ihn oft lobend, zärtlich und tadelnd beim Namen genannt hat. Zu Beginn des dritten Monats müßte er auf den Befehl „komm" widerstandslos herbeieilen, egal wo er sich gerade befindet. Ende des dritten Monats ist der Verdauungsapparat so weit entwickelt, daß der Hund stubenrein sein müßte. Auch sein Plätzchen sucht er ohne Schwierigkeiten auf, wenn der Rudelführer es will.

Im begrenzten Raum lassen sich Gebote leichter durchführen als in der freien Natur. Geben Sie einem Tier, das Sie nicht in einer Wohnung unterweisen, mehr Zeit. Es gibt auch bei Hunden Früh- und Spätentwickler. Sie wollen ja keine Geschwindigkeitsrekorde aufstellen, sondern nur einen angenehmen, wohlerzogenen Gefährten.

Das „Bei-Fuß-Gehen", die Leinenführigkeit, erfordert noch Zeit und Geduld, erst mit neun bis zwölf Monaten ist der Hund – so weit das möglich ist – verkehrssicher. In diesem Alter legt er sich auch ab, falls Sie ihn als Welpen bekommen und dazu erzogen haben.

Hat der Hund einmal die Grundregeln gelernt, können Sie darangehen, ihm klassische Hundeunarten abzugewöhnen. Als besonders störend wird die Zerstörungswut des Jungtieres empfunden, die nichts anderes ist als Neugier und der Drang, die Zähne auszuprobieren. Deshalb gilt als oberstes Gebot: Nichts herumliegen lassen, was in Versuchung führen könnte. Kommen Sie seinen Experimenten zuvor und geben Sie ihm einen ausgedienten Pantoffel, Handschuh, Ball oder ein Kinderspielzeug. Lassen Sie nicht gerne etwas Ausgedientes herumliegen, kaufen Sie einen Büffelknochen, an dem sich wochenlang prächtig herumbeißen läßt. Vergeht sich das Tier an Gegenständen, die nicht für seine Nagelust geschaffen sind, verweist ihn ein empörtes „Pfui" in seine Schranken. Obwohl Sie allmählich das Vokabular erweitern können, sollten Sie bei den gleichen Begriffen, die Sie von Anfang an für bestimmte Dinge anwandten, bleiben.

Mit dem „Pfui" läßt sich ein Hund zwar vom Sofa vertreiben und sicher macht er auch eine reumütige Miene, wenn Sie mit ihm schimpfen. Aber er rächt sich auf seine Weise. Wenn Sie nicht da sind, nimmt er Besitz vom weichen Polster, das er oft erst verläßt, wenn er hört, daß Sie wiederkommen. Prüfen Sie sofort, ob der Sofaplatz angewärmt ist oder ob eine Kuhle verrät, wo sich der Vierbeiner während Ihrer Abwesenheit niedergelassen hat.

Nehmen Sie Hut und Mantel, bedeuten Sie ihm, daß Sie leider ohne ihn weggehen müßten und schließen Sie geräuschvoll die Haustür. Nach einer Weile kommen Sie zurück, öffnen so leise wie möglich die Tür und erwischen ihn vielleicht gerade noch, wie er vom weichen Bett springt. Dann ist natürlich eine ordentliche Strafpredigt nötig. Wiederholen Sie diese Prozedur, damit er nie ein reines Gewissen hat, wenn er sich auf für Sie bestimmten Kissen lümmelt und auch immer darauf gefaßt ist, auf frischer Tat ertappt zu werden.

Eine andere Unart ist das unnötige Bellen oder Jaulen, sobald sich das Tier allein fühlt. Wird es einmal viel sich selbst überlassen sein, so bereiten Sie es so früh wie möglich darauf vor. Lassen Sie es ruhig während seiner Ruhepausen allein in einem Zimmer oder der Wohnung und dehnen Sie die Zeit Ihrer Abwesenheit immer mehr aus. Zu Anfang darf das Hundebaby nicht länger als zwei Stunden ohne Ihre Hilfe sein, schon wegen des Gassigehens. Wenn Sie berufstätig sind, muß sich jemand aus der Nachbarschaft liebevoll um das Tier kümmern. Es braucht neben Essen und Pflege vor allem Gesellschaft und Ansprache.

Es wäre falsch, einem Hund, der auf unseren Besitz aufpassen soll, das Bellen zu untersagen. Aber das nervöse Gekläffe kann man unterbinden. Am besten verweisen Sie ihn auf seinen Platz und verlassen den Raum. Fängt er an zu jaulen, kommen Sie wieder herein und weisen ihn mit einem „Pfui" zurecht. Nun gehen

Sie wieder hinaus und warten ab, was passiert. Meldet er sich wieder, wiederholen Sie das Spiel. War er einige Minuten ruhig, verlassen Sie die Wohnung und schleichen sich nach kurzer Zeit heran, um zu hören, ob Ihre Ermahnungen gefruchtet haben.
Hat Ihr Hund die Angewohnheit am Fenster zu sitzen und alles, was er sieht, mit lautem „wau-wau" zu registrieren, müssen Sie ihm klar machen, daß das auf die Dauer nicht geht. Loben Sie ihn überschwenglich, wenn er anfängt, zwischen Wichtigem und Unwichtigem zu unterscheiden, etwa, wenn sich jemand Ihrer Türe nähert.
Wohnen Sie in einer verkehrsreichen oder lauten Gegend, gewöhnen Sie das Tier beizeiten an alle vorkommenden Geräusche. Er wird dann nicht in Panik geraten, wenn das Fenster offen ist oder großer Lärm entsteht.
Eine Hundeuntugend ist das Betteln. Ist Ihr Vierbeiner von klein auf gewöhnt, keine Bissen bei Tisch zu bekommen, ist schon viel gewonnen. Diese Regel müssen aber auch alle Familienmitglieder und Gäste beherzigen.
Der Hund muß begreifen, daß er niemals von Fremden, sondern nur aus der Hand seines Herrchens oder Frauchens etwas nehmen darf. Bekommt er zur Belohnung ab und zu ein Häppchen außerhalb seiner Mahlzeiten, wird er auch nicht so leicht in Versuchung kommen, auf Spazierwegen etwas hinunterzuschlingen. Oft handelt es sich um ausgelegtes Gift, und das Tier muß seine Gier mit dem Leben bezahlen.
Auch das Stehlen kann man wirkungsvoll bekämpfen, indem man keine Nahrungsmittel in seiner Schnauzen- und Reichweite herumliegen läßt. Riecht es in der Küche gar zu verführerisch und kann man bittenden Hundeaugen schlecht widerstehen, bringt man den ewig Hungrigen in einen so neutralen Raum.
Eine Liebesbezeugung, die als Belästigung empfunden werden kann, ist das Anspringen. Dabei versuchen die Tiere meist, ihren zweibeinigen Lieblingen einmal schnell mit der Zunge übers Gesicht zu fahren, möglichst in die Mundwinkel. Sie ahmen damit keineswegs die menschliche Gewohnheit des Küssens nach. Diese Geste geht darauf zurück, daß ursprünglich die Hundemutter so von ihrem Wurf begrüßt wurde. Das Lecken der Mundwinkel war die Nachfrage, ob sie auch Nahrung für ihre Kinder mitgebracht habe.
Kleinen Hunden kann man leicht ausweichen, indem man sich bückt und sie streichelt, sobald man merkt, daß sie an einem hochspringen möchten. Kleine und mittelgroße Hunde richten beim Erwachsenen kaum Schaden an. Bei großen Tieren ist das Anspringen schon problematischer. Sie können einen alten oder gebrechlichen Menschen zu Boden reißen und verletzen. Deshalb muß ein scharfes „Pfui" das Tier vom Anspringen zurückhalten. Loben und streicheln Sie es, wenn es sich richtig verhalten hat. Bestrafen Sie es, wenn es immer wieder in die Unart verfällt, seine Freude zu ungestüm zu zeigen. Aber seien Sie nicht inkonsequent und verbieten Sie ihm nicht nur dann die stürmische Liebkosung, wenn Sie empfindliche Sachen anhaben. Ihr Vierbeiner wird kaum Verständnis dafür zeigen, daß Sie ihn mal ablehnen und mal gewähren lassen.
Geht es nicht anders, kann ein vorgeschobenes Knie einen großen Hund beim Anspringen bremsen. Der vielfach angewandte Tritt auf die Hinterpfoten ist nicht zu empfehlen und auch überflüssig, wenn das Tier richtig erzogen ist.

Farbtafel 3: Barsoi

Farbtafel 4: Rauhhaardackel

Gewiß ist es schade, den Zärtlichkeitsbeweisen unseres Freundes Verweise und Verbote entgegenzusetzen. Es gibt eine Möglichkeit, seine im wahrsten Sinne des Wortes „umwerfende" Liebe in eine mildere und für uns akzeptablere Form umzufunktionieren. Das Pfotegeben ist ein vollwertiger Ersatz für zärtliche Nasenstüber und Mundlecken. Dabei vergewaltigen wir die Hundenatur keineswegs. Diese Bettelgeste ist ihm angeboren. Die noch blinden Welpen pflegen mit der Pfote gegen die Zitzen der Mutter zu stoßen, damit die Milch besser fließt. Diesen sogenannten Milchtritt kann man weiterentwickeln, indem man das junge Tier zum Pfötchengeben anhält.

Auch das Männchenmachen ist eine angeborene Verhaltensweise. Die Welpen versuchen, mit den Vorderpfoten der Mutter das Futter aus dem Fang (Maul) zu ziehen.
Sie müssen also herausfinden, welche Gesten der Unterwürfigkeit und Liebe Ihr Freund besonders schätzt. Leckt er gerne Ihre Hand, so lassen Sie ihn gewähren. Und tänzelt er um Sie herum, gehen Sie ruhig darauf ein. Er fühlt sich dann nicht zurückgestoßen und hat einen vollwertigen Ersatz für das für Sie lästige Anspringen gefunden.
Mit sechs bis acht Monaten beginnt die Pubertät. Das Hundejunge kommt in die Flegeljahre und muß – tanzt er uns auf der Nase herum – härter angefaßt werden, falls aus ihm ein wohlerzogener Hund werden soll.
Es muß folgende Übungen beherrschen:
Auf seinen Namen hören.
Auf seinen Platz gehen und dort liegenbleiben.
Auf den Befehl „komm" reagieren.

Nur in der Straßenrinne oder im Gebüsch seinen Kot absetzen.
Gut an der Leine gehen.
Nicht betteln.
Nicht stehlen.
Nicht naschen.
Nicht unnötig bellen oder jaulen.
Längere Zeit allein bleiben.
Nicht auf allem herumkauen.
Bei „Pfui“ sofort gehorchen.

Wie man mit den „Hunde-Halbstarken“ umgeht

Wie der halbwüchsige Jugendliche, versucht auch der halbwüchsige Hund Schwierigkeiten zu machen, sich gegen den Erzieher aufzulehnen und seine Stärke zu demonstrieren. Beim pubertären Vierbeiner ist es einfach, ihn in den Griff zu bekommen: Der kluge Erzieher faßt ihn fester an. Das ist beim kleinen Tier relativ problemlos, da es uns kräftemäßig unterlegen ist. Bei schweren Vergehen greift man den Übeltäter am Nackenfell, hebt ihn hoch, so daß die Vorderpfoten in der Luft pendeln und schüttelt ihn ein paar Mal hin und her.
Einem großen Tier kann man auch eindrucksvoll beweisen, wer der Herr ist, wenn man es mehrmals kurz hintereinander eine Übung machen läßt oder es für einige Zeit an einen Baum anbindet. Auch ein ordentliches Donnerwetter kann viel bewirken, wenn es nicht zur Gewohnheit wird.
Es ist jetzt an der Zeit, das Bei-Fuß-Gehen so zu üben, daß der Hund selbst in der verkehrsreichen Großstadt kein Problem darstellt. In der Stadt kann man sich keinen ungehorsamen Weggefährten leisten, der ständig an der Leine zerrt, vor oder hinter uns herläuft, bei Straßenübergängen verrückt spielt und Vorübergehende belästigt. Es muß ihm in Fleisch und Blut übergehen, bei Fuß, also links neben seinem Herrn zu laufen, und zwar mit den Vorderläufen in Höhe der Beine der Begleitperson. Er begreift das schnell, wenn man mit dem Kommando „bei Fuß“ die Leine so kurz nimmt, daß das Tier gezwungen wird, in der richtigen Entfernung neben uns herzutraben. Geht man dabei während der ersten Lektionen an einer Mauer oder einem Zaun entlang, kann es nicht ausbrechen. Während dieser Übung lernt der Hund gleich ein zweites wichtiges Kommando. Auf das Wort „sitz“ greifen wir mit der linken Hand ans Halsband und drücken mit der rechten sein Hinterteil sanft zu Boden. Hat der Hund das begriffen und bleibt er brav in dieser Lage, loben wir ihn und erlösen ihn nach einiger Zeit aus seiner noch ungewohnten Haltung. Diese Übung wird nicht mehr als dreimal hintereinander gemacht, damit der Schüler Spaß an der Sache behält.
Sinn und Ziel dieser Übungen ist es, den Hund so weit zu bringen, daß er auf unseren Befehl „bei Fuß“ auch ohne Leine sofort kommt und neben uns herläuft. Auf „sitz“ muß er reagieren, wenn er vor einem Geschäft angeleint warten muß, wir ein Schwätzchen mit Bekannten machen oder vor einer Ampel auf Grün warten. Klappt es mit der Leinenführigkeit schon einigermaßen, kann man zur nächsten Schulstunde übergehen, dem Befehl „leg dich!“. Um zu verdeutlichen, was

wir damit meinen, ziehen wir mit der linken Hand die Vorderläufe nach vorne und drücken mit der rechten Hand den Rücken nach unten. Er muß solange liegen bleiben, bis ein aufmunterndes „auf“ ihm sagt, daß er wieder aufstehen darf. Die Kommandos müssen so fest eingeprägt sein, daß das Tier ohne zu zögern darauf reagiert. Nur so wird gewährleistet, daß es sich in der freien Natur ohne Leine bewegen kann oder sich verkehrssicher auf unseren Straßen verhält. Nur so haben wir die Gewähr, daß wir unseren Vierbeiner ohne Gefahr für andere und ihn fast überall hin mitnehmen können.
Ausnahmen bilden nur die Zwergrassen. Ihre Vertreter sind so quirlig und temperamentvoll, daß sie auf die besten Kommandos nicht reagieren. Sie sind zu unruhig, um längere Zeit still zu sitzen oder zu liegen.
Gibt es Schwierigkeiten mit einem großen Tier, greifen manche Hundehalter zu einem sogenannten Kettenwürger. Diese Kette mit zwei Ringen zieht schmerzlich am Hals, sobald der Hund vorprescht. Sie ist schädlich und erzieherisch wertlos. Auch Stachelhalsbänder sind vom Übel. Die spitzen Stacheln quälen das Tier. Am besten verwendet man ein Erziehungshalsband. Die einzelnen Glieder müssen abgerundet sein. Die erzieherische Wirkung wird durch einen kräftigen Ruck hervorgerufen, sobald der Hund an der Leine zerrt. Das Halsband darf jedoch nicht zur Dauereinrichtung werden, es soll nur die ersten „Bei-Fuß-Lektionen“ unterstützen, wenn nichts anderes hilft, den widerborstigen Zögling zum Gehorsam zu bringen.
Eine eindrucksvolle Strafe ist ein Wurf mit der Wurfkette oder einem anderen klirrenden Gegenstand, den man gerade bei sich hat, z. B. ein Schlüsselbund. Es ist nicht notwendig, daß man das Tier damit trifft, das unerwartete Geräusch in seiner Nähe tut schon allein seine Wirkung.
Je gehorsamer sich der Schüler Leine und Kommandos fügt, um so weiter kann man sich mit ihm in unbekannte Gebiete wagen. Es entspricht der Natur des Hundes, Katzen, Hasen, Vögeln, kurz allem nachzujagen, auch wenn der laute Ruf des Herrn „komm“ zum wiederholten Mal ertönt. Hat er irgendetwas erwischt und trägt er es stolz zu seinem Gebieter hin, ist es höchste Zeit, ihm den Befehl „aus“ klarzumachen. Auf dieses mit scharfem oder gezischtem „S“ gesprochene Wort muß er seine Beute sofort hergeben. Ist das Tier von Jugend an nicht an das Abgeben gewöhnt, muß es jetzt mit einem gewissen Zwang dazu gebracht werden. Am besten greift man von oben über den Fang (Maul) und drückt die Lefzen gegen die Zähne. Da die Lefzen empfindlich sind, spürt es einen kurzen Schmerz und läßt automatisch los. Wie lädiert der Gegenstand auch sein mag, wir müssen es jetzt loben und ihm als Ersatz für die entgangene Beute einen Leckerbissen spendieren.

Lebt man auf dem Land oder hat die Möglichkeit, den Hund auf Feldern frei laufen zu lassen, schafft man sich am besten eine Trillerpfeife an. Auf ein bestimmtes Signal hin legt sich der Hund ab und wartet ruhig, bis ihn sein Herr oder Frauchen abholt oder ihm einen anderen Befehl erteilt. Es erfordert viel Geduld, Autorität und pädagogisches Geschick, bis diese Übung sitzt. Zuerst nimmt man eine ganz lange Leine oder ein Seil, das er nicht zerbeißen kann, als Hilfsmittel. Der Überraschungseffekt, daß der „Arm“ seines Erziehers so weit reicht, verfehlt seine Wirkung meist nicht.

Lassen Sie sich nicht dazu verleiten, ein sehr unfolgsames Tier mit der Leine zu schlagen. Das könnte leinenscheu machen.
Noch ein paar Worte zum Auslauf: Als Verwandter des Wolfs ist der Hund ein Lauftier. Ein Jagdhund kann mühelos 60 Kilometer zurücklegen. Das Bewegungsbedürfnis eines Hundes ist zwar von Rasse zu Rasse verschieden, doch im allgemeinen sehr groß. Der Tierfreund wird diesem angeborenen Drang Rechnung tragen und sich nicht nur mit regelmäßigem Gassigehen und gelegentlichem Toben in der freien Natur oder auf großen Plätzen zufriedengeben. Wer einen mittelgroßen oder großen Hund besitzt, aber kein Fahrrad, sollte diese zusätzliche Ausgabe nicht scheuen. Eine der besten Methoden, einen vierbeinigen Gefährten gesund und fit zu erhalten, ist, ihn neben dem Rad herlaufen zu lassen. Verfallen Sie nicht dem alten Aberglauben, dies sei Quälerei. Im Gegenteil: Hat der Hund nicht genügend Bewegung, so ist das als Tierquälerei anzusehen, auch wenn er sonst nichts entbehren muß und auf Seidensofas schlafen darf.
Die Straßenverkehrsordnung verbietet das Am-Rad-Führen nicht, vorausgesetzt, daß kein Verkehrsteilnehmer behindert wird.
Wählen Sie einen Weg mit geringem Autoverkehr und lassen Sie Ihr Tier an der ungefährdeten Seite laufen. Sie werden bald merken, mit welcher Mühelosigkeit und Freude Ihr Freund Schritt hält und dabei keineswegs überfordert wird. Sie

müssen selbst abschätzen, wann Ihr Junghund gut genug erzogen und alt genug ist, um am Rad zu laufen. Als Faustregel gilt: Ab einem Jahr, wenn die Knochenbildung so gut wie abgeschlossen ist.
Entgegen der landläufigen Meinung,, daß jeder Hund von Natur aus schwimmen kann und ein Wassernarr ist, gibt es wasserscheue und wasserliebende Rassen. Tiere, deren Vorfahren zur Wasservogeljagd angehalten wurden oder mit Fischern zusammenlebten, dürften begabte Schwimmschüler sein. Machen Sie aber nie den Fehler, einen Hund mit Gewalt ins Wasser zu zerren. Er kann einen Schock bekommen und für lange Zeit eine Antipathie gegen das nasse Element behalten. Suchen Sie sich am besten eine seichte Uferstelle aus und werfen Sie ein Stöckchen ins Wasser, das der Hund apportieren kann. Der erste Versuch soll im Sommer erfolgen, damit er sich keine Erkältung holt. Beobachten Sie genau, wie er sich verhält. Benimmt er sich im Wasser sicher und geschickt, können Sie ihn schon bald an tieferer Stelle schwimmen lassen. Paddelt er dagegen nur mit den Vorderläufen und sackt allmählich ab, weil er die Hinterläufe untätig hängen läßt, sind einige Trainingsstunden an der Leine nötig. Empfindliche Tiere sollte man nicht zu einem Schwimmer ausbilden, wenn sie dazu keine Neigung zeigen. Hat die Jagdpassion einen Hund ins eiskalte Wasser gelockt, gibt es für den Besitzer nur eins: So schnell wie möglich das Tier abtrocknen und in einen gut geheizten Raum bringen!
Die Jagdpassion ist auch daran schuld, wenn ein Hund Trillerpfeife, Rufe und Befehle ignoriert und sich auf die Fährte eines aufgestöberten Kaninchen setzt. Ihr Hund kann dabei in Gefahr geraten. Es empfiehlt sich, ihn im Wald oder in Jagdgebieten an die Leine zu nehmen, da Hunde, die den Verdacht erregen zu wildern, oft sofort erschossen werden. Das gilt auch für Gebiete, in denen Tollwut oder Wildtollwut herrscht.
Sie sind also gut beraten, wenn Sie in allen Gebieten, die Sie nicht gut kennen, Ihr Tier unter Kontrolle oder noch besser an der Leine haben. Bedenken Sie immer, daß der Hundeinstinkt ständig mit den Verboten im Widerstreit liegt und nehmen Sie Ihrem Schützling niemals übel, wenn er so viel Hund geblieben ist, daß er spontan reagiert. Wenn Sie ihn frei laufenlassen, muß allerdings gewährleistet sein, daß niemand belästigt wird oder einen Schaden davon trägt – auch Ihr Tier nicht. Bei weiten Entfernungen nehmen Sie eine Trillerpfeife, um ihn zurückzurufen, das schont Ihre Stimme und ist schlecht zu überhören.
Eine für Menschen fast unerträgliche Hundeunart ist das Wälzen in Schmutz oder Kot. Als enge Verwandte des Wolfs haben Hunde geradezu eine Gier auf faulende Stoffe und Ausscheidungen. Je feiner die Nahrung des Tieres, umso größer kann sein Appetit auf Verbotenes, für Menschen Ekliges, sein. Hier kann man kaum durch harte Strafen, sondern nur durch Änderung des Speisezettels Abhilfe schaffen. Füttern Sie ruhig rohes, leicht riechendes Fleisch, das aber nicht verdorben sein darf. Es muß eben nur mit dem für Hunde so verführerischen Hautgoût versehen sein.
Einige Hunde helfen sich selbst, wenn sie für ihre Nasen zu steril gefüttert werden. Sie entwenden Knochen und Fleischhappen, schleppen sie in dunkle Ecken oder vergraben sie im Garten, um sie wieder auszubuddeln und genüßlich zu verzehren, wenn der schmackhafte Grad der Verwesung erreicht ist.

Neigt Ihr Gefährte zum Abenteuer, d. h. zum Streunen, und wollen Sie ihn behalten, müssen Sie hart durchgreifen. Es muß gewährleistet sein, daß der Streuner nicht ausreißen kann. Der Zwinger oder Raum muß unbedingt ausbruchsicher sein. Es gibt einige Rassen, vor allem Gebrauchshunde, die es darauf anlegen, auf eigene Faust auf Entdeckungstouren zu gehen. Dazu gehören vor allem Schäferhunde, Jagdhunde und Terrier. Sind Ausbruchsversuche einige Male geglückt, ist es schwer, die Tiere wieder an eine feste Ordnung zu gewöhnen. Haben Sie keine Zeit, Ihren Schützling ständig zu beobachten, abzulenken oder zu beschäftigen, damit er nicht entwischt, ist es besser, sich nach Pflegeeltern für ihn umzusehen. Doch bevor Sie sich dazu entschließen, sollten Sie prüfen, ob Sie das Tier seiner Veranlagung gemäß behandelt haben.
Hatte es genug Auslauf? Ist es wie ein Hund behandelt worden? Wurde es zum Schoßhund degradiert, obwohl es als tüchtiger Gebrauchshund geboren wurde? Haben Sie seine Talente verkümmern lassen?
Doch ehe Sie sich Vorwürfe machen, überlegen Sie, ob das Ausreißen nicht ganz natürliche Gründe hat. Vielleicht ist die Hundedame von nebenan gerade läufig und reizt es.
Wiederholt sich das Streunen zu oft und finden Sie keinen Grund dafür, sollten Sie einen Fachmann fragen, ob es gelingen wird, das Tier davon abzubringen. Wildernde Hunde sind ein schwieriges Kapitel. Ist der Fall hoffnungslos, muß man sie abgeben oder einschläfern lassen.
Ein Hund ist zwar leicht zu erziehen, dagegen ist es sehr schwer, ihm negative Gewohnheiten abzugewöhnen. Viel Geduld und eine harte Hand sind Voraussetzungen für Erfolg.
Zu den Belästigungen der Umwelt gehören auch die lautstarken Raufereien unter Hunden. Ist das Tier schon als Welpe mit Artgenossen bekanntgeworden, wird es nicht mit hysterischem Gebelle und Gebeiße auf sie reagieren. Verbeißen sich jedoch zwei Kämpfer ineinander, so gilt als erstes Gebot für die Besitzer: Ruhe bewahren. Sich ins Gewühl werfen oder dazwischen prügeln, bringt selten etwas. Die verbissenen Tiere werden dadurch nur angefeuert, weil sie meinen, der Schmerz käme vom Hundegegner. Verständigen Sie sich so schnell wie möglich mit dem anderen Hundehalter, und wenden Sie zusammen mit ihm einen Trick an: Zur gleichen Zeit packen beide ihr Tier an den Hinterläufen und heben es hoch; nutzen Sie jetzt die Schrecksekunde der Tiere. Wenn sie sich vor Überraschung einen Augenblick loslassen, muß jeder versuchen, sein Tier unter Kontrolle zu bekommen, bevor sie wieder aufeinander losgehen.
Sind Sie allein, so hilft ein anderer Kniff: Ziehen Sie eines der Tiere so fest am Halsband, daß ihm kurzfristig die Luft ausgeht und es gezwungen ist, von seinem Gegner abzulassen. Beobachten Sie, ob es gesträubte Nackenhaare hat, knurrt oder eine andere feindselige Haltung einnimmt. Dann müssen Sie den Zug am Halsband wiederholen. Beruhigt sich das Tier hingegen, ist die Gefahr gebannt und Sie können begütigend auf es einreden. Sie sind der Herr der Situation, werden also als Autorität anerkannt.
Viele Unfälle, verursacht durch wütende Hunde, könnten vermieden werden, wenn die Begleiter ihren Kopf und ihr Wissen ausspielen würden, anstatt in Panik zu geraten. Prägen Sie auch Kindern und Bekannten ein, nie unüberlegt in einen

solchen Kampf einzugreifen. Es kann passieren, daß sich die Hunde von dritter Seite bedroht fühlen und gemeinsam gegen einen vermeintlichen Gegner wenden. Die Tiere handeln ihrem Instinkt gemäß, sie sind nicht etwa mordgierig oder blutrünstig. Deshalb sollte ein Hund, der einen Menschen angriff, nicht ohne Prüfung der Ursachen getötet werden. In einem solchen Fall ist ein Tierarzt oder Züchter, der Verhaltensweisen analysieren kann, zu Rate zu ziehen. Erst wenn ein Hund so überzüchtet ist, daß sein Instinkt nicht mehr funktioniert, ist die Tötung gerechtfertigt.

Der erwachsene Hund

Kauft man sich einen ausgewachsenen, also mindestens einjährigen Hund, ist damit zu rechnen, daß er sich nicht gleich so benimmt, wie man das will. Liebe, Verständnis und Geduld spielen eine entscheidende Rolle, um in möglichst kurzer Zeit zu erreichen, daß sich das neue Mitglied in die Gemeinschaft einfügt. Da Sie wahrscheinlich wenig über den Neuling wissen, müssen Sie umso mehr pädagogisches Geschick entwickeln.
Es ist eine echte Aufgabe, ein Tier, das schlechte Erfahrungen gemacht hat, aber gute Erbanlagen besitzt, „zurückzuerziehen", das heißt, ihm all das zuteil werden zu lassen, was es als Welpe entbehren mußte. Es ist weitaus schwieriger, einen erwachsenen Hund anzuleiten, als ein Hundebaby zu erziehen. Machen wir uns nichts vor: Die ersten Lebenswochen und -monate sind entscheidend und prägen das Tier. Dennoch kann ein geduldiger und halbwegs begabter Hundeliebhaber schlechte Erfahrungen durch gute Behandlung wettmachen. Allein die Dankbarkeit, die ein Vierbeiner, der einem zulief oder den man aus einem Tierheim holte, seinem „Retter" bezeugt, ist die viele Mühe wert. Sie müssen herausfinden, welche Lektionen ihr neuer Hausfreund schon beherrscht oder noch nötig hat. Ist er verhaltensgestört, so können Sie daraus schließen, daß er eine bittere Zeit hinter sich hat. Sobald er weiß, daß er akzeptiert wird und nicht Gefahr läuft, ausgesetzt, mißhandelt oder zurückgestoßen zu werden, ist die Vertrauensbasis geschaffen, die Sie brauchen, um ihn an die neuen Lebensumstände zu gewöhnen. Sind Sie am Ende Ihres Lateins, weil Sie sich gewisse Verhaltensweisen nicht erklären können, ziehen Sie Ihren Tierarzt oder einen Tierpsychiater zu Rate.
Der Gang zum Tierarzt ist übrigens das erste, was Sie mit Ihrem Schützling unternehmen sollten. Nur so erhalten Sie Gewißheit über Gesundheit, Alter und Erziehungsmöglichkeit Ihres neuen Freundes. Außerdem ist gewährleistet, daß er die notwendigen Impfungen erhält und keine Krankheiten einschleppt.
Ganz anders liegt der Fall, wenn Sie ein schon „geformtes" Tier von einem Vorbesitzer übernehmen. Lassen Sie sich genau erklären, welche Kommandos und Übungen sitzen. Schauen Sie sich das bisherige Heim an und investieren Sie genügend Zeit, um herauszufinden, ob sich der Hund an einen neuen Herrn gewöhnen wird. Übernehmen Sie alles, was positiv war.
Geben Sie ihm – woher auch immer er kommt – eine genügend lange Anlaufzeit zum Umgewöhnen. Er ist ja aus seiner Welt herausgerissen und empfindet das

Neue als Fremde. In dieser Situation sucht er einen Anhaltspunkt, d. h. den Anführer in der neuen Gemeinschaft. Entziehen Sie sich dieser Forderung nicht, widmen Sie dem „Haltlosen" so viel Zeit wie nötig und möglich. Bestehen Sie allerdings auf Ihrem Recht als „Oberhund", dem er sich unterordnen muß.
In den ersten Tagen des gemeinsamen Lebens sollten Sie die Neuerwerbung bei Spaziergängen noch nicht frei laufenlassen, selbst wenn sie sehr unterwürfig erscheint. Rechnen Sie nicht damit, daß sich das Tier bei Ihnen sofort heimisch fühlt, nur weil Sie der Meinung sind, ihm ein besseres Leben zu bieten. Ist es längere Zeit an einem Platz gewesen oder sogar aufgewachsen, so ist sein Heimatgefühl sehr ausgeprägt. Es muß nicht Ihr Fehler sein, wenn es versucht, seinen alten Herrn ausfindig zu machen und zu ihm zurückzukehren. Es zeugt nur von der Treue des Tieres, das nicht begreifen kann, daß man es verkauft oder verschenkt. Es liegt ganz bei Ihnen, ihm eine neue Heimat und das Gefühl zu geben, den richtigen Herrn oder das richtige Frauchen gefunden zu haben. Wenn Sie das erreichen, ist es Ihr Tier, so, als hätten Sie es schon als Welpen bekommen.

Der Zwingerhund

Zwingerhaltung ist keineswegs Tierquälerei, wenn die Tiere richtig behandelt werden. Es gibt Rassen, denen es weitaus besser bekommt, im Freien zu leben als in einer engen überheizten Stadtwohnung. Eines sollte jedoch beachtet werden: Einen Hund, der ans Haus und seine Temperatur gewöhnt ist, kann man nicht von heute auf morgen in einen Zwinger verfrachten.

Das Wichtigste für den Zwingerhund ist der Kontakt mit der menschlichen Familie. Ein Zwinger ist kein Ersatz für den täglichen Auslauf. Herrchen und Frauchen müssen die gleiche Zeit für ein Tier, das außer Haus lebt, aufbringen, wie für einen ständigen Hausgenossen. Zwingerhunde, die den notwendigen menschlichen Kontakt entbehren, neigen zur Aggression und zum Streunen. Auch sie brauchen ausdauernde Spaziergänge, ein bis zwei Stunden Herumtollen im Haus, Streicheln und ermunternde Worte. Unter ihrem dichten Fell klopft das gleiche treuergebene Hundeherz, wie beim verwöhnten Schoßhund.

Sollte Ihr Hund schwer erziehbar sein, so müssen Sie nicht gleich verzweifeln oder sich gar von ihm trennen. Erfahrene Tierpsychologen können Ihnen sagen, ob Sie Erziehungsfehler gemacht haben oder ein störrisches Hundeexemplar Ihr eigen nennen. Auch der Züchter oder der örtliche Verein wird Ihnen mit Rat und Tat zur Seite stehen. Es gibt sogar im niedersächsischen Wagenfeld bei Diepholz eine Hundeakademie, in der ohne Peitsche üble Gewohnheiten in durchschnittlich sechs bis acht Wochen ausgetrieben werden. Das richtige Benehmen in Hotels und Gaststätten gehört ebenso zum Ausbildungsplan wie Wohlverhalten im Auto oder einem mit kostbaren Mobiliar ausgestatteten Haus. Eine Fernsehkamera überwacht jede Bewegung des Zöglings und eine mahnende Stimme aus dem Lautsprecher täuscht vor, daß sein Herr allgegenwärtig ist und alles sieht. Die Schülerliste des Hundeinternats enthält die Namen von Tieren bedeutender Persönlichkeiten, die sich nicht scheuen, zuzugeben, daß sie bei der Erziehung keine glückliche Hand hatten. Im Preis inbegriffen ist ein Service, der dem Besitzer jederzeit gute Ratschläge für die richtige Behandlung des Tieres zuteil werden läßt. Nur zwei Prozent der Hunde verlassen die Akademie ohne Diplom und Erfolg.

Die richtige Ernährung

Der wichtigste Grundsatz ist: Ein Hund ist kein Müllschlucker oder Abfalleimer. Speisereste sind keine vollwertige Nahrung. Außerdem sind die darin enthaltenen Gewürze schädlich für ihn. Nun werden Menschen, die auf dem Land aufwuchsen, dem entgegenhalten, daß dort früher die Schützer von Haus und Hof von Abfällen prächtig gediehen. Das mag zutreffen, denn in einem Landhaushalt, wo geschlachtet wird, fällt mehr Nahrhaftes ab als in einem modernen Stadthaushalt. Doch haben wir gerade auf dem Gebiet der Ernährung in den letzten Jahren viele neue Erkenntnisse gewonnen, die zeigen, daß man in der guten alten Zeit wenig von gesundem Essen verstand. Warum Fehler wiederholen?
Der zweitwichtigste Grundsatz lautet: Ein Hund ist kein Mensch. Bei allem, was man an Ähnlichkeiten und Gemeinsamkeiten in einen Hund hineingeheimnist, ist es für ihn abträglich, wenn man ihn zu „menschlich" behandelt.
Was für ihn gut ist, merkt man am leichtesten, wenn man sich seine Vergangenheit vor Augen hält. Dank der neuesten Forschungen wissen wir, daß er vom Wolf abstammt. Der Hunde-Urvater ernährte sich meist von Kleintieren. In Notzeiten schließen sich Wölfe in Rudeln zusammen, sie jagen und reißen dann auch größere Tiere, von denen sie so viel verschlingen, wie eben möglich. Der Wolfsmagen ist geräumig und kann dicke und eiweißreiche Bissen verdauen, die in größeren Zeitabständen anfallen. Oft dauert es Tage, bis die nächste Beute fällig ist. Was die Wölfe nicht mehr fressen können, verscharren sie und verzehren es später halb verwest.
Mit der Beute nahmen die Hundevorfahren auch das in Eingeweiden und Mägen vorhandene Vorverdaute auf. Sie deckten so ihren Vitamin-, Mineralien- und Kohlenhydratbedarf. Geriet beim Schlingen ein zu großer Knochen in den Magen, so wurde das Fressen erbrochen und das Brauchbare wieder herausgesucht. Nach der Mahlzeit folgte eine ausgedehnte Ruhepause.
Nun können Sie sich die „schlechten" Manieren des Hundes erklären. Er hat sie ererbt und trotz der jahrtausendelangen Gemeinschaft mit den Menschen noch nicht abgelegt. Auch wenn ihm sein Futter täglich sicher ist, schlingt er gern und neigt dazu, sich zu überfressen. Was seinem Magen zuviel wird, erbricht er leicht. Futterreste verschleppt und versteckt er gern, um sie, wenn sie so recht vergammelt sind, genüßlich zu vertilgen. Und nach der Mahlzeit will er ruhen.
Zur ausgewogenen Nahrung gehören außer Eiweiß und Vitaminen Kohlenhydrate, Mineralstoffe wie Phosphor und Kalzium, sowie Fette und Spurenelemente. Das Protein (Eiweiß) muß alle lebensnotwendigen Aminosäuren enthalten, d. h. hochwertig sein, denn zehn wesentliche Aminosäuren werden nicht im Körper selbst aufgebaut, sondern müssen mit der Nahrung zugeführt werden. Es sind:

Arginin, Histidin, Isoleucin, Leucin, Lysin, Methionin, Phenylalanin, Threonin, Thryptophan und Valin.
Wir unterscheiden zwischen tierischem und pflanzlichem Eiweiß. Tierisches ist für den Hund von größerer Bedeutung, weil es mehr Nährwert hat. Hochwertiges Protein, das leicht verdaut wird, ist in Muskelfleisch, Innereien, Fisch, Milch, Käse, Quark und Eiern enthalten. Weniger hochwertiges Eiweiß haben Knorpel, Knochen und Schwarten.
Pflanzliches Eiweiß kommt in Haferflocken, Reis, Vollkornbrot, Kartoffeln und Sojamehl vor. Bekommt Ihr Hund zu wenig oder zu minderwertiges Eiweiß, so zeigt sich das durch Apathie und Trägheit.
Doch das hochwertigste Eiweiß allein hält den Hund nicht fit, wie Versuche bewiesen haben. Auf die richtige Zusammensetzung des Speisezettels kommt es an. An zweiter Stelle rangieren die Kohlenhydrate. Sie kommen in Pflanzen und pflanzlichen Produkten wie Mehl, Zucker, Brot, Reis, Stärke vor. Nun ist das Verdauungssystem des Hundes – auch ein Erbe der wölfischen Vorfahren – auf Eiweiß eingestellt. Im Laufe des langen Zusammenlebens mit den Menschen wurde der Darm nur wenig länger, nicht genug, um Pflanzen gründlich auszuwerten. Deshalb sollte man nur die Kohlenhydrate füttern, die vom Hund optimal genutzt werden können. Das sind z. B. grobe Haferflocken, Vollkornbrot, Naturreis oder Gemüse.
Zellfasern werden kaum verwertet, aber sie regen die Darmtätigkeit an und wirken als natürliche Stuhlregulierung. Zuviel Kohlenhydrate sind allerdings von Übel, sie belasten den Organismus unnötig. Als Faustregel gilt: 1/3 Beifutter aus Kohlenhydraten, 2/3 Eiweiß aus Fleisch oder Fisch.
Vitamine sind ebenfalls lebenswichtig. Gras deckt den Bedarf nicht. Ein Hund greift zum Grashalm, um Unverdauliches auf natürliche Weise wieder loszuwerden. Also müssen Gemüse wie Möhren, Spinat und oder Obst der Nahrung beigefügt werden. Gemüse wird kurz in wenig Wasser gedünstet und samt Brühe (damit keine Vitamine verlorengehen) unters Futter gemischt. Obst kann roh oder gekocht, aber zerkleinert, gegeben werden. Manche Hunde mögen Früchte nicht, andere sind ganz wild auf Bananen oder Trauben. Sie müssen eben testen, was schmeckt!
Fett macht – im richtigen Verhältnis gegeben – den Hund nicht fett, sondern kräftig. Fünf bis zehn Prozent von der Futtermenge sind die richtige Mischung, wobei zu bedenken ist, daß ein Gebrauchshund mehr Kraft benötigt als ein Schoßhund.
Mineralien und Spurenelemente sind Nummer fünf im Programm für gesunde Hundeernährung. Wir wollen hier auch gleich mit einem Aberglauben aufräumen. Salz ist nicht schädlich. Bernhardinern soll man sogar Salz zufüttern. Im Kochsalz ist Natrium enthalten, ohne das der Hund sterben müßte. Nur zuviel ist vom Übel. Da der Hund fast keine Schweißdrüsen hat, muß der Salzüberschuß durch die Nieren ausgeschieden werden, ein Organ, das sehr empfindlich ist. Im allgemeinen genügt die Natriummenge, die im Fleisch und Fisch, also im Futter, enthalten ist. Das für die Knochenbildung wichtige Kalzium und Phosphor kommt in Knochenmehl und Knochen vor, Phosphor auch in Haferflocken. Eisen für die Blutbildung nimmt er mit dem üblichen Futter auf, ebenso Kalium, das in hochwertigem Protein vorkommt.

Fleisch

Sie wissen nun, daß der Hauptbestandteil der Nahrung Eiweiß sein soll. Fleisch ist der Hauptlieferant von Protein. Es darf so wenig wie möglich von seinem Nährwert verlieren. Durch Kochen werden die Eiweißkörper chemisch verändert und wertloser, Vitamine und Mineralsalze teilweise zerstört. Sie wissen auch, daß der Hund wie seine Wolfsahnen dazu neigt, Fleisch zu verschlingen, und zwar in großen Bissen. Bei rohem Fleisch und bei Innereien besteht die Gefahr, daß Parasiten oder bakterielle Krankheitserreger aufgenommen werden. In Schweine- und Rindfleisch tritt immer häufiger ein Virus auf, das zu der stets tödlich verlaufenden Aujeszkyschen Krankheit führt. Daher raten Tierärzte dringend, Fleisch und Innereien zu kochen. Fertignahrung ist dagegen keimfrei.

Eiweiß-, Kalzium- und Phosphorgehalte einiger Fleisch-Futtermittel. (Bei den Angaben zum Eiweiß handelt es sich um das üblicherweise bestimmte Rohprotein, das strenggenommen nicht mit Eiweiß gleichgesetzt werden darf. Für den praktischen Umgang mit Futtermitteln sind diese Angaben jedoch gebräuchlich):

Futtermittel in 100 g Frischsubstanz	Eiweiß in g	Kalzium in mg	Phosphor in mg
Rindfleisch	16	10	160
Herz (Rind/Schwein)	16	6	215
Pansen	12	20	40
Lunge (Rind)	14	6	183

Fisch auf dem Speisezettel?

Fisch ist sehr eiweiß-, phosphor- und vitaminreich. Manche Tiere sind ganz versessen darauf. Warum also nicht den billigeren Fisch einplanen? Mehr als ein- oder zweimal pro Woche sollte er nicht in den Napf kommen, sonst entwickeln die Tiere eine Abneigung dagegen. Bevor man Fisch füttert, müssen Gräten und Angelhaken sorgfältig entfernt werden. Gesalzener Fisch ist nicht zu empfehlen, fetter Süßwasserfisch dagegen sehr. Er muß immer leicht gekocht werden, um eine Infektion mit Leberegeln zu vermeiden. Seefisch darf roh gefüttert werden.

Sind Knochen schädlich?

Splitternde Knochen von Geflügel und Wild und alle Röhrenknochen sind gefährlich, da sie innere Verletzungen hervorrufen können.

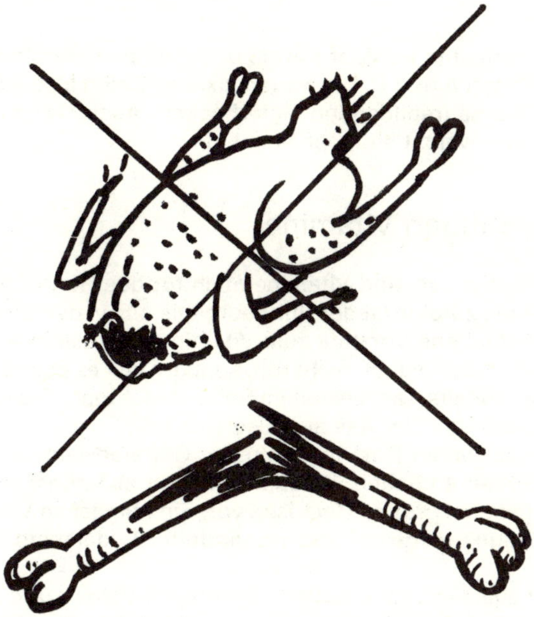

Nicht immer hilft das Hunde-Hausmittel Gras, um einen Splitter ans Licht zu befördern. Knochen sind keine Hundenahrung. Selbst die starken Verdauungssäfte in einem Hundemagen reichen nicht aus, ein Überangebot an Knochen aufzulösen.

Die nötigen Kohlenhydrate

Ein Drittel der Nahrung soll Beikost zum Fleisch sein. Dieses Drittel spielt für die Gesundheit des Hundes eine wesentliche Rolle. Erhält er nur Fleisch, geht er ein. Welche Kohlenhydrate soll man geben? Haferflocken, Gerstenflocken, Buchweizengrütze, ungeschälter Reis, auch Mais. Kartoffeln darf man nur gekocht und zerkleinert füttern, da sie sonst eine Gärung im Darm verursachen können. Altes Grau- und Vollkornbrot ist ebenfalls sehr geeignet, den Bedarf an Kohlenhydraten, Vitaminen und Mineralstoffen zu decken. Von Teigwaren ist abzuraten, sie enthalten meist zu wenig der lebenswichtigen Mineralien und Vitamine und machen dick.
Haferflocken enthalten viel Eiweiß. Sie bilden mehr Säure als andere Getreideflocken. Wird der Hund hauptsächlich mit Haferflocken gefüttert, versucht er, den Säureüberschuß durch alkalische Verbindungen wieder wett zu machen. Er frißt dann gerne Aas, Gras oder Kot. Haferflocken behalten ihre Vollwertigkeit, wenn man sie nur kurz überbrüht (nicht kocht).

Gerstenflocken enthalten weniger Eiweiß und Fett als Haferflocken, dafür sind sie reicher an Vitamin A und B. Sie wirken alkalisch, sind also ein gutes Gegengewicht gegen die säurebildenden Haferflocken. Auch Gerstenflocken überbrüht man nur oder weicht sie über Nacht ein.

Die lebenswichtigen Vitamine

Wie für den Menschen, so sind Vitamine auch für den Hund unerläßlich. Neuesten Erkenntnissen zufolge ist der Hundeorganismus in der Lage, die in Karotten und Spinat enthaltene Vorstufe zum Vitamin A in Vitamin A umzuwandeln. Man gibt dieses Gemüse jedoch nicht roh, sondern läßt es etwa zehn Minuten in ein wenig Wasser dünsten (am besten im Schnellkochtopf). Sie wirken alkalisch und verhindern, daß das Tier Aas als Ausgleich frißt.
Das Fruchtbarkeitsvitamin E ist in Gemüsen, Getreidekeimen, in pflanzlichen und tierischen Fetten enthalten. Vitamin A kommt außerdem in Butter, Leber, Eigelb und den meisten grünen Gemüsen vor. Ein Mangel an Vitamin A führt zu Sehstörungen, Hautkrankheiten und verminderter Widerstandskraft gegen Infektionen.
Vitamin B ist vor allem in ungeschälten Körnern wie Weizen und Reis, aber auch in Hefe enthalten (nur Trockenhefe geben, sonst gibt es Durchfall!). Mangelerscheinungen sind Appetitlosigkeit, Durchfall und Schwäche.
Vitamin C findet sich in ungekochter Vollmilch und Gemüsen. Vitamin-C-Mangel führt – wie beim Menschen – zu Müdigkeit und Zahnfleischbluten.
Vitamin D enthalten Leber, Lebertran, Fleisch, Fisch, Butter, Käse, tierisches Fett. Es dient zum Aufbau der Knochen.
Möhren, Äpfel und Salat, die roh gegeben werden können, sollten im Mixer zerkleinert werden, so sind sie besser verdaulich und behalten ihren Vitamingehalt.

Mineralstoffe

Mineralien machen ungefähr sechs Prozent des Körpergewichts aus. Kalk und Phosphorsalze sind die Bausteine des Skeletts. Der Hund braucht deswegen je nach Größe ziemlich viel davon. Ein Schäferhund sollte täglich einen gehäuften Teelöffel Kalk erhalten. Am besten ist die Mischung aus einem Teil phosphorsaurem, einem Teil milchsaurem Kalk und zwei Teilen gemahlener Kreide. Geben Sie den Kalk möglichst Fleisch bei, das sofort gefressen wird, da sonst die Gefahr besteht, daß die Mahlzeit zu schnell säuert. Bei Eisenmangel empfiehlt sich Eisenzitrat. Die geringen Mengen von Spurenelementen sind in einer richtig ausgewogenen Kost enthalten.
Fleisch ist ein teures Nahrungsmittel. Hülsenfrüchte sind preiswerter und enthalten ebenfalls viel Eiweiß, allerdings nur pflanzliches. Sie sind also kein vollwertiger Ersatz für Fleisch. Ab und zu können sie auf dem Speisezettel stehen, müssen jedoch stark zerkleinert und mit Fleisch vermischt werden, damit das Tier Geschmack daran findet.

Wie gut ist Fertignahrung?

Um es gleich vorweg zu nehmen: Fertignahrung ist praktischer, oft preiswerter, unproblematischer, zeitsparender. Wer schneidet schon gern Pansen oder Blättermagen? Viele Schlachter führen sie auch gar nicht mehr. Von vielen Schlachthöfen werden sie direkt an die Futterfabriken befördert, kommen also gar nicht in den Handel.
In der Fertignahrung (Vollnahrung) ist alles in der richtigen Mischung enthalten, was ein Hund braucht. Die amerikanische „National Academy of Sciences" hat genau erforscht, wie gesunde Hundenahrung beschaffen sein muß. Die Untersuchungsergebnisse bilden die Basis für alle Dosen- und Trockennahrung, die im Handel sind. 200 Wissenschaftler sind allein in Europa damit beschäftigt, dafür zu sorgen, daß nur einwandfreie Fertignahrung die Regale füllen und neue Produkte entwickelt werden.
Das Vorurteil, Dosennahrung enthalte minderwertige Nahrung und Fertignahrung ernähre den Hund nicht ausreichend, entkräften ganze Generationen englischer Hunde. In Großbritannien, dem klassischen Land der Tierfreunde mit mehr als fünf Millionen Hunden, wachsen unter wissenschaftlicher Obhut seit Jahrzehnten Tiere heran, die ausschließlich aus Büchse oder Packung leben. Sie sind weder unterernährt noch zu fett und außerdem weniger anfällig für Krankheiten, weil sie keimfreie Nahrung bekommen. Das deutsche Futtermittelrecht ist eines der schärfsten der Welt. So müssen die Hersteller die wertbestimmenden Bestandteile des Inhalts auf der Packung anzeigen. Dies wird von der Behörde immer wieder nachgeprüft. Zusätzliche wissenschaftliche Kontrollen stehen bei der Produktion an oberster Stelle.
Dennoch wird in der Bundesrepublik nur jeder fünfte Hund „fertiggefüttert", während es in den USA 60 Prozent sind.
Man unterscheidet zwischen Naß- und Trockennahrung. Letztere ist leichter und haltbarer, da ihr die Flüssigkeit entzogen wurde. 30 Gramm Trockennahrung entsprechen 100 Gramm Dosennahrung. Wer trocken füttert, muß darauf achten, daß der Hund mehr als gewöhnlich zu trinken bekommt. Was als Vollnahrung ausgewiesen ist, bedarf keiner Zusätze.
Inzwischen gibt es viele Arten von Leckerbissen. Berechnen Sie immer die Menge, die Sie außerhalb der Mahlzeiten Ihrem Hund geben und ziehen Sie sie vom Futter ab. Sonst schlägt die Verwöhnung zu Bauche!

Wie füttert man?

- Der erwachsene Hund wird zweimal täglich gefüttert, und zwar zu festen Zeiten.
- Das Futter soll „maulwarm" sein, um zu vermeiden, daß der Körper es erst auf seine Temperatur (38,5 Grad) bringen muß. Das bedeutet unnötigen Energieverlust.
- Die Nahrung muß immer am gleichen Platz gegeben werden.

- Hochläufigen Hunden sollte man den Napf höher stellen, damit sie sich nicht verkrampfen.
- Benutzen Sie stets den gleichen Napf, der nur für den Hund da ist.
- Futterreste dürfen nicht mehr aufgewärmt und nicht lange aufgehoben werden, da sie sonst säuern.
- Der Napf ist peinlich sauber zu halten.
- Wasser muß ständig zur Verfügung sein. Es genügt, wenn Sie ein paar Mal am Tag die Wasserschüssel hinstellen, vor allem nach Spaziergängen.
- In der heißen Jahreszeit braucht der Hund mehr Flüssigkeit.
- Arbeitshunde werden erst nach geleisteter Arbeit gefüttert.
- Sorgen Sie dafür, daß das Futter nicht von zu vielen verschiedenen Leuten gegeben wird. Der Hund ist ein Gewohnheitstier und schätzt, wenn Herrchen oder Frauchen ihn versorgen.
- Bei kalter Witterung verbraucht auch der Hund mehr Energie. Das heißt, er braucht auch mehr Fressen und mehr Fett.
- Nach der Mahlzeit hält der Hund gern Ruhe wie seine Wolfsvorfahren. Verlangen Sie dann also keine Hochleistungen.

Welche Mengen gibt man?

Gültige Rezepte gibt es nicht. Das eine Tier ist ein guter Futterverwerter, das andere nicht. Der Hund mit viel Auslauf braucht mehr Kalorien als der Etagenbewohner. Arbeitstiere verbrennen mehr als Schoßhündchen. Der Hundebesitzer muß also schon selbst herausfinden, mit welcher Menge ein Tier fit und schlank bleibt.

Durchschnittsgewicht erwachsener gesunder Hunde

Die Zahlen gelten für normal große Rüden dem Rassestandard entsprechend. Hündinnen, die immer etwas kleiner sind, wiegen etwas weniger.

Airedale Terrier	25 – 28 kg
Basset Hound	25 – 30 kg
Beagle	17 kg
Bernhardiner	55 – 80 kg
Boxer	30 kg
Bullterrier	23 – 28 kg
Cocker Spaniel	12 kg
Collie	22 – 30 kg
Dackel	7 – 9 kg
Zwerg-Dackel	4 kg
Dalmatiner	22 – 25 kg
Deutsche Dogge	60 kg
Deutscher Schäferhund	32 kg
Dobermann	24 – 28 kg
Eurasier	20 – 26 kg
Foxterrier	7 – 8 kg
Französische Bulldogge	12 kg
Hovawart	25 – 35 kg
Irish Setter	20 – 25 kg

Farbtafel 5: Bedlington

Farbtafel 6: Collie

Mops	7 – 8,5 kg	Schnauzer, mittel	15 – 18 kg
Pudel, groß	20 kg	Schnauzer, Zwerg	5 – 6 kg
Pudel, mittel	10 kg	Scottish Terrier	8 – 10 kg
Pudel, Zwerg	6 kg	Yorkshire Terrier	2 – 3 kg

Fütterung pro Tag		Energie-Gehalt von 100 g	
Gewicht kg	kJoule-Bedarf pro Tag ca.	Nahrung	kJoule
2,5	1 100	Hammelfleisch	544
4	1 550	Rinderfilet	523
7	2 350	Rinderleber	586
10	3 100	Rinderherz	544
15	4 200	Rinderlunge	440
17	4 600	Pferdefleisch	460
25	6 200	Haferflocken	1 674
30	7 100	Kartoffeln	356

Wenn der Brotkorb höher gehängt werden muß

Ein zu dicker Hund hat – genau wie der Mensch – eine geringere Lebenserwartung. Auch bei ihm muß man die Kalorien bzw. Joule reduzieren, will man das Normalgewicht erreichen.

Man kann auf verschiedene Arten zum Ziel kommen. Eine langwierige Prozedur ist es, ganz konsequent etwa ein Zehntel weniger Futter in den Napf zu füllen. Der Hund leidet dabei keinen Hunger. Gleichzeitig muß man das Leckerbissen-Geben einschränken und auf bettelnde Augen nicht reagieren. Futterreste dürfen nicht herumstehen, es darf keine Gelegenheit zum Naschen geben und die Wasserration soll kontrolliert werden.

Ein Fasttag pro Woche schadet dem Tier nichts, seine Vorfahren waren ja auch an magere Tage gewöhnt. Wer sich das nicht antun will, versuche es mit Sauermilch und Hundekuchen oder Dosennahrung, die sich gut in Portionen und nach Kalorien einteilen läßt. Bewährt haben sich auch folgende Tagesrationen:

Gewicht des Hundes	**1. Gericht**	**2. Gericht**
2 kg	125 g Kabeljau 15 g Hundeflocken[1])	100 g Lunge 20 g Hundekuchen
4,5 kg	125 g Fleisch[2] 2 Scheiben Knäckebrot 1/4 l Magermilch	200 g Kabeljau 50 g Hundekuchen

7 kg	250 g Lunge 50 g Hundeflocken[1])	200 g Fisch 50 g Reis[1])
15 kg	300 g Fleisch[2]) 100 g Brot 100 g Karotten	150 g Fisch 100 g Reis[1]) 1/4 l Magermilch
30 kg	500 g Fisch 125 g Reis[1]) 1/4 l Milch 50 g Brot	625 g Fleisch[2]) 150 g Hundekuchen
50 kg	750 g Fisch (Hering) 250 g Reis[1]) 1/2 l Milch 100 g Brot	1 000 g Lunge 300 g Haferflocken[1])

[1]) trocken gewogen

[2]) unter „Fleisch" ist zu verstehen: Pansen oder Fett, Lunge, Leber, Herz, Niere, fettfreies Kaninchen-, Hähnchen- und Pferdefleisch.

Wiegen Sie Ihren Hund regelmäßig, damit Sie den Erfolg der Aktion beurteilen können. Legen Sie ein Brett auf die Personenwaage, damit er gut darauf stehen kann, also nicht abrutscht und später jedesmal vor Angst Reißaus nimmt. Ein mittelgroßes Tier kann man auf den Arm nehmen und das Eigengewicht abziehen.

Wenn der Hund keinen Hunger hat

Appetitlosigkeit kann eine ganze Reihe von Ursachen haben. Übernimmt man einen älteren Hund, so kann es sein, daß er sehr verwöhnt wurde und keine Lust hat, von Steakfleisch auf Dosennahrung umgestellt zu werden. Hier gilt das Rezept: Hunger ist der beste Koch.
Ist das Tier normalerweise ein guter Esser und treten mit der Nahrungsverweigerung Durchfall, Erbrechen oder Verstopfung auf, so liegt wahrscheinlich eine Krankheit vor. Dann ist der Tierarzt zu Rate zu ziehen.
Zeigt es Unruhe, will es dauernd aus dem Haus, so ist es verliebt. Diese Krise legt sich nach einer Weile ganz von selbst.
Manche Hunde mögen Gesellschaft beim Essen, und manche nehmen die ersten Bissen gerne aus der Hand von Herrchen und Frauchen. Andere wieder wollen ihre Ruhe bei der Mahlzeit. Sie müssen herausfinden, welche Tischgewohnheiten Ihr vierbeiniger Gefährte hat.
Noch ein Wort zur Hygiene: Achten Sie darauf, daß der Hund keine Speisereste im Fell herumschleppt. Das verschmutzt die Wohnung und führt zu unangenehmen Gerüchen. Gewöhnen Sie ihn daran, daß ihm mit Zellstoff oder einem weichen Lappen nach der Nahrungsaufnahme die Schnauze saubergewischt wird.

Die richtige Ernährung des Welpen

Wenn Welpen nach dem Säugen unruhig werden und jammern, brauchen sie zusätzliche Nahrung. Da alle Säugetiere zuerst flüssige, dann erst feste Nahrung zu sich nehmen, muß man ihnen zuerst das Trinken beibringen. Man bestreicht einen Unterteller mit ein wenig Butter und läßt sie daran lecken. Dann gießt man angewärmte, für die Hundeaufzucht hergestellte Trockennährmilch dazu. Gewarnt sei vor der fetten Kondensmilch. Sie enthält Milchzucker in konzentrierter Form und führt mit Sicherheit zu Durchfall. Besonders das Verdauungssystem eines Jungtiers reagiert auf jede Fehlernährung mit einer Störung. Der Wassergehalt des Kotes wird erhöht, die Nahrung nicht richtig abgebaut.
Hat der Welpe das Trinken vom Teller gelernt, bekommt er feste Nahrung. Das geschieht ab der dritten Woche. Die Nahrung muß sehr eiweißreich sein, genügend Fett enthalten, wenig aufgeschlossene Kohlehydrate, reichlich Vitamine, Mineralstoffe und Spurenelemente in einem ausgewogenen Verhältnis.
Auch wenn der junge Hund kaum noch säugt und fast ausschließlich von fester Nahrung lebt, sollte er bis zum Alter von acht Wochen bei der Mutter bleiben.

Die tägliche Massage von Bauch und Flanken durch das intensive Belecken durch die Mutter verhindert Blähungen, beugt einer Verstopfung vor und reguliert die Verdauung.
Da der junge Hund in der Prägungsphase ist, werden zu dieser Zeit die Freßgewohnheiten für das ganze Leben festgelegt.
Wichtige Regeln für die Welpenfütterung:

- Frühzeitig mit der Zufütterung vollwertiger Nahrung beginnen.
- Zunächst kleine Futtermengen mehrmals täglich geben.
- Die Portionen von anfänglich sechs pro Tag allmählich auf drei reduzieren, wenn der junge Hund von der Mutter abgesetzt ist. Der Übergang zu den in der Zahl reduzierten, in der Menge vergrößerten Portionen sollte fließend erfolgen.
- Stets für ausreichend frisches Wasser sorgen.
- Fleisch niemals roh, sondern immer nur gekocht füttern.

Die meisten Hundehalter haben mit der frühen Welpenernährung nichts zu tun. Beim Züchter sollte man sich erkundigen, was der Hund bisher bekommen hat. In manchen Fällen werden es Spezialmahlzeiten sein, zum Beispiel eine Mischung von feingehacktem Muskelfleisch oder Herz, Leber und Niere, ergänzt mit Getreideflocken, Eigelb, Gemüse, geriebenen Äpfeln, Calcipot, Lebertran und Vitamin-Mineralien-Präparaten. Vielleicht war der Züchter fortschrittlich und hat spezielle Welpennahrung gefüttert. Dann haben Sie es einfach.

Gesunde Gewichtszunahme

Rassengröße:	**1. Woche**	**2. Woche**
Sehr groß	300– 600 Gramm	400– 800 Gramm
Groß	250– 450 Gramm	300– 700 Gramm
Mittelgroß	200– 350 Gramm	200– 400 Gramm
Klein	150– 250 Gramm	150– 250 Gramm
Zwerge	50– 200 Gramm	60– 200 Gramm
Rassengröße:	**3. Woche**	**4. Woche**
Sehr groß	400– 800 Gramm	500–1 000 Gramm
Groß	400– 700 Gramm	400– 800 Gramm
Mittelgroß	200– 400 Gramm	300– 450 Gramm
Klein	150– 250 Gramm	150– 250 Gramm
Zwerge	60– 200 Gramm	60– 200 Gramm
Rassengröße:	**5. Woche**	**6. Woche**
Sehr groß	750–1 500 Gramm	1 000–1 500 Gramm
Groß	500– 900 Gramm	500–1 000 Gramm
Mittelgroß	400– 600 Gramm	400– 600 Gramm
Klein	150– 400 Gramm	150– 400 Gramm
Zwerge	70– 200 Gramm	70– 200 Gramm
Rassengröße:	**7. Woche**	**8. Woche**
Sehr groß	1 000–1 500 Gramm	1 000–2 000 Gramm
Groß	500–1 000 Gramm	600–1 000 Gramm
Mittelgroß	400– 600 Gramm	300– 600 Gramm
Klein	150– 400 Gramm	150– 400 Gramm
Zwerge	70– 200 Gramm	70– 200 Gramm

Durchschnittliche monatliche Zunahme:

Rassengröße:	1. Monat	2. Monat
Sehr groß	2 750 Gramm	5 000 Gramm
Groß	2 000 Gramm	3 250 Gramm
Mittelgroß	1 500 Gramm	2 000 Gramm
Klein	1 000 Gramm	1 250 Gramm
Zwerge	550 Gramm	600 Gramm

Rassengröße:	3. Monat	4. Monat
Sehr groß	7 000 Gramm	6 000 Gramm
Groß	3 500 Gramm	3 500 Gramm
Mittelgroß	2 250 Gramm	2 000 Gramm
Klein	1 250 Gramm	1 250 Gramm
Zwerge	600 Gramm	500 Gramm

Rassengröße:	5. Monat	6. Monat
Sehr groß	6 000 Gramm	5 000 Gramm
Groß	3 000 Gramm	2 750 Gramm
Mittelgroß	1 500 Gramm	1 000 Gramm
Klein	1 000 Gramm	600 Gramm
Zwerge	500 Gramm	250 Gramm

Rassengröße:	7. Monat	8. Monat
Sehr groß	3 000 Gramm	3 000 Gramm
Groß	2 500 Gramm	1 750 Gramm
Mittelgroß	1 000 Gramm	750 Gramm
Klein	600 Gramm	400 Gramm
Zwerge	150 Gramm	100 Gramm

Glauben Sie nicht, wir hätten dem Kapitel Ernährung zu viel Beachtung geschenkt. Wenn Sie Ihren Hund falsch füttern, d. h. so, daß seine Gesundheit gefährdet ist, machen Sie sich strafbar. So steht es im neuen Tierschutzgesetz.

Pflege

Jeder Hund braucht Pflege. Es gibt zwar „pflegeleichte“ Rassen, doch auch sie kosten täglich mindestens fünfzehn Minuten unserer Zeit. Dieser Aufwand lohnt sich. Je sauberer das Tier, umso angenehmer ist die Hausgemeinschaft mit ihm. Ein Hund muß nicht, wie seine Gegner behaupten, riechen. Aber er sollte auch nicht nach Parfum duften. Duftwässerchen sind nun einmal nichts für die Hundehaut.

Das Fell

Das Fell sollten Sie täglich behandeln, nur so verklebt und verkrustet es nicht. Kurz- und stockhaarige Rassen bürstet man mit einer sogenannten Pferdekardätsche. Rassen mit einer sehr feinen Haut, wie sie z. B. Windhunde haben, behandelt man mit einem Borstenhandschuh. Als Faustregel gilt: Je länger und feiner das Haar des Tieres ist, desto länger und feiner sollten die Borsten der Bürste sein. Viele Kynologen sind der Meinung, daß man nur Naturborsten verwenden sollte, doch auch Nylonbürsten sind erlaubt, wenn sie weich genug sind. Ein Striegel aus Gummi oder weichem Kunststoff tut es auch. Drahtbürsten sind nicht geeignet, weil sie Hautverletzungen hervorrufen können. Stark verfilzte Stellen entwirrt man zuerst mit den Händen.
Langhaarige Tiere kämmt man am besten vor dem Bürsten. Auf diese Weise verfilzen die Haare nicht. Wollhaarige Rassen, wie Pudel, bürstet man zuerst kräftig, danach wird das Fell mit dem Kamm aufgelockert. Soll das Haarkleid schön glänzen, reibt man es mit einem alten Lederhandschuh oder feuchten Fensterleder kräftig mit dem Strich.
Jeder Hund hat es gern, wenn wir ihn kämmen oder bürsten. Er wird umso geduldiger stillhalten, je früher wir ihn an diese Prozedur gewöhnen. Am besten stellen wir ihn dazu auf einen halbhohen Tisch. Wir beginnen am Kopf und streichen gleichmäßig zur Rute hin. Beachten Sie, daß die gesamte Oberfläche der Bürste oder des Kamms das Fell berührt. Sie sparen Zeit dadurch. Ist das Tier sehr groß, nimmt man das Fell abschnittweise vor.
Vergessen Sie auch nicht, den Bauch und die Innenseiten der Läufe zu behandeln.
Tägliche und sorgfältige Fellpflege nimmt nicht nur Schmutz, Staub, Ungeziefer und abgestorbenes Haar weg, sie sorgt auch für eine gute Durchblutung.
Im Frühjahr und Herbst ist eine gründliche Behandlung des Haarkleides besonders angebracht. Tote Haare müssen aus der Unterwolle entfernt werden. Dem

Winterpelz rückt man zu Leibe, indem man ihn kräftig mit der Hand gegen den Strich durcharbeitet (sonst nur mit dem Strich kämmen und bürsten). Danach bürstet man das ganze Fell intensiv durch. Was in den Borsten hängen bleibt, kann Teppiche und Polstersessel nicht mehr verunreinigen. Denken Sie daran, wenn Sie aus Zeitmangel die tägliche Haar-Hygiene unterlassen. Die eingesparte Zeit müssen Sie ins Staubsaugen investieren.
Sind Sie beim Spaziergang in ein Unwetter gekommen oder hat sich Ihr Hund in Pfützen vergnügt, so reiben Sie die verschmutzten Stellen mit einem Wollappen oder feuchten Tuch sauber. Hat er sich aber von Kopf bis Schwanz in Unrat gewälzt, so hilft nur ein Bad. Wenn Sie es richtig machen, schadet es dem Tier nicht. Bisher galt als goldene Regel, daß ein Welpe überhaupt nicht gebadet werden dürfe und ein ausgewachsener Hund ein- bis zweimal pro Jahr. Die modernen alkalifreien Shampoos machen es möglich, daß auch ein Junghund ohne Schaden aus dem Naß steigt, was nicht bedeutet, daß Frauchens Sauberkeitstick sich am Hundefell austoben soll. Ein Hund muß nur dann gebadet werden, wenn er stinkt. Da er nicht schwitzt, weil ihm die Schweißdrüsen fehlen, genügen im Durchschnitt wenige Bäder pro Jahr. Die Talgdrüsen versorgen das Fell regelmäßig und gleichmäßig mit Fett, einem wirksamen Schutz gegen Nässe und Kälte. Wird das Tier zu oft gebadet, entzieht man ihm diesen natürlichen Fettfilm. Spezialhundeshampoos mindern den Fettentzug.

Das Hundebadewasser darf nicht zu heiß (so um 35 Grad Celsius) sein. Lassen Sie die Wanne nicht vollaufen, höchstens bis zur halben Höhe des Tieres. Schützen Sie seine Ohren mit Watte gegen Seife und Nässe und achten Sie darauf, daß kein Schaum in die Augen kommt. Feuchten Sie zuerst das Haar an, shamponieren Sie es und spülen Sie dann mehrmals und gründlich mit klarem Wasser nach. Es darf kein Shampoorest zurückbleiben. Lassen Sie den Hund das Wasser abschütteln und frottieren Sie ihn gründlich ab. Föhnen Sie das Fell trocken oder halten Sie den frischgebadeten Hund mindestens zwei Stunden in einem warmen Raum, der vor Zugluft sicher ist.

Ungeziefer vertreibt man mit Spezialmitteln und nicht mit Wasser. Trockenshampoo hält neben Kamm und Bürste das Haarkleid sauber. Rassen, die einen Bart und langen Behang haben, sollten nach jeder Mahlzeit und jedem Spaziergang an gefährdeten Stellen mit einem Tuch gesäubert werden. Das kostet kaum Zeit und verhindert Verschmutzung von Tier und Heim.
Bürste und Kamm werden regelmäßig in Wasser, das mit einem Schuß Ammoniak versehen ist, gereinigt.
Der Pudel gehört zu den aufwendigeren Rassen, weil er mindestens alle sechs Wochen geschoren werden muß. Das Scheren geschieht mit einer Schere oder einem Scherapparat, mit dem das Haar in einer bestimmten Länge gleichmäßig abgeschnitten wird. Hundesalons richten Pudel nach dem jeweiligen Standard her. Scheut man diese Kosten, muß man sich genau unterweisen lassen, wie das Tier geschoren wird.
Terrier werden getrimmt, d. h., das lose Haar wird mit der Hand oder dem Trimm-Messer herausgezogen. Auch beim Trimmen können die Haare teilweise verkürzt werden. Das geschieht aber mit dem Messer und nicht mit der Schere.

Augen

Die Augen sind ebenfalls einer täglichen Kontrolle zu unterziehen. Klarer, wässeriger Ausfluß wird mit einem in Wasser, Borwasser oder verdünntem Tee getränkten, nicht fusselnden Lappen ausgewaschen. Fließt gelbliche Flüssigkeit aus, kann es sich um eine Krankheit, z. B. Bindehautentzündung, handeln, die der Tierarzt begutachten sollte. Gerötete Augen kommen oft durch Zugluft beim Autofahren. Achten Sie darauf, daß der Hund vor Durchzug geschützt wird.

Ohren

Die Ohren putzt man mit einem mit Watte umwickelten Stäbchen. Wenn Sie mit Öl den Gehörgang säubern, müssen Sie dafür sorgen, daß anschließend mit einem zweiten Stäbchen jeder Fettrest entfernt wird, weil sich sonst Staub festsetzen kann.
Tiere mit Hängeohren müssen ab und zu von den Haaren befreit werden, die die äußeren Gehörgänge versperren. Man kann die Haare mit dem Finger ausrupfen oder dies vom Tierarzt oder Hundefrisör besorgen lassen. Riecht das Ohr, sollte der Tierarzt nach der Ursache forschen.
Schüttelt Ihr Hund häufig den Kopf oder kratzt er sich verbissen am Ohr, deutet das auf eine Ohrenentzündung hin, die nur vom Tierarzt behandelt werden sollte.

Zähne

Die Zähne zeigen oft einen gelben Belag, besonders dann, wenn der Vierbeiner weder Knochen noch Hundekuchen oder Schwarzbrot bekommt. Abreiben mit einer Bürste oder einem nassen Lappen genügt, um Geruchs- und Zahnsteinbildung zu stoppen. Manche schwören auf eine Reinigung des Hundegebisses mit Schlemmkreide. Die regelmäßige Entfernung von Zahnstein durch den Tierarzt ist auf alle Fälle ratsam.

Pfoten

Die Pfoten sind das wichtigste Instrument des Lauftieres Hund. Der Hundehalter sollte deshalb besonders darauf achten, daß sich zwischen Zehen und Ballen des Tieres keine Klumpen festsetzen. Die Haare zwischen den Zehen müssen regelmäßig abgeschnitten werden, da an ihnen Erde festkleben kann. Tiere, die viel auf Asphalt laufen, haben manchmal Risse in den Ballen. Pflegen Sie die Ballen mit einer Lebertransalbe oder fragen Sie den Tierarzt. Achten Sie auch auf Schnittverletzungen, sie können zu Entzündungen führen.
Die Krallen wachsen übermäßig bei Tieren, die zu wenig Auslauf haben oder auf weichem Boden bewegt werden. Die Überlänge muß gestutzt werden. Dabei ist darauf zu achten, daß die in den Nägeln enthaltenen Blutgefäße nicht verletzt werden. Das tut dem Tier weh, und es wird in Zukunft Angst vor der Krallenzange oder Eisenfeile zeigen. Weichen Sie die Krallen vor dem Stutzen in warmem Wasser, das erspart Aufregung. Sie können auch den Tierarzt oder Hundefrisör bitten, die Pediküre vorzunehmen. Besonders wichtig ist das Kürzen der Daumenkrallen an den Vorderbeinen, die den Boden nicht berühren, sich also auch nicht von selbst abnutzen können.

Afteröffnung

Die Afteröffnung hält man von Haaren frei, um zu verhindern, daß Kotreste hängenbleiben. Bei langhaarigen Tieren muß man mit einem wassergetränkten Schwamm für Sauberkeit sorgen, auch wenn ein Rüde mal beim Nässen sein eigenes Fell vollspritzt. Trockenshampoo, das den Geruch bindet, schafft hier ebenfalls Abhilfe. Die Analdrüsen werden beim Absetzen des Kots nicht immer ausreichend entleert. Sie jucken und der Hund „fährt Schlitten", d. h., er reibt sein Hinterteil auf dem Boden. Da hilft nur das Ausdrücken der Analdrüsen. Man nimmt eine Handvoll Toilettenpapier in eine Hand, mit der anderen hebt man den Schwanz des Tieres hoch. Nun umschließt man mit dem Toilettenpapier die Afteröffnung und drückt gleichmäßig bis sich der Drüseninhalt entleert.

Winterpflege

Haben Sie keine Sorge vor zu niedrigen Temperaturen. Ist Ihr Tier nicht allzu verzärtelt, hält es ein „richtiges Wetter" aus. Ein größeres Problem ist der Schnee, der sich zwischen die Ballen setzt, dort festfriert und Schmerzen verursacht. Da hilft nur Stehenbleiben und die Eisklumpen entfernen.

Ein spezieller Hundefeind ist das Streusalz. Es gibt Pfotenspray, einem Sprühverband ähnlich, der gegen die ätzende Wirkung schützt. Die gewitzten Vierbeiner neigen jedoch dazu, den Schutzfilm sofort wieder genüßlich abzulecken. Schuhe sollte man einem Tier nicht zumuten. Machen wir uns lieber die Mühe, vor jedem Schneespaziergang die Ballen mit Vaseline einzufetten. Wichtig ist auch das gründliche Abspülen der Pfoten nach jedem Winterausgang. Achten Sie darauf, ob sich das Tier besonders intensiv die Pfoten leckt. Zeigen sich gerötete oder wunde Stellen, suchen Sie gleich den Tierarzt auf; Pfotenekzeme sind langwierig und schmerzhaft.
Fürchten Sie sich nicht vor Schmuddelwetter. Doch denken Sie an Ihren durchnäßten, zitternden Hund, wenn Sie sich bei einem Grog im Wirtshaus aufwärmen. Ist der Hund naß, gehört er so schnell wie möglich in eine warme Stube. Dort muß er trockengerubbelt werden. Das ist viel wichtiger als modische Mäntelchen oder der gestrickte Anzug.
Luxushunde, wie z. B. Yorkshire-Terrier, gehören allerdings nicht in tiefen Schneematsch. Sie dürfen im Winter etwas kürzer treten.
Die meisten Hunde tollen gern im Schnee herum. Gönnen Sie ihnen die Freude, auch wenn die Winterpflege etwas zeitraubender ist. Solange sie in Bewegung bleiben, erkälten sich Hunde nicht. Sie müssen nur nach dem Schneevergnügen schnell ins Trockene.

Krankheiten – wie man sie behandelt und vermeidet

Da ein Hund bekanntlich nicht sprechen kann, also unfähig ist, sich über Bauchweh oder Übelkeit zu beklagen, müssen wir aus seinem Verhalten schließen, ob er sich wohlfühlt oder ob ihm etwas fehlt. Das macht keine Schwierigkeiten, wenn man seinen vierbeinigen Hausgenossen gut und lange genug kennt. Hat man ihn aber als erwachsenes Tier übernommen und weiß nichts über seine Impfungen, so muß man sofort mit ihm zum Tierarzt gehen und feststellen lassen, ob alles in Ordnung ist.

Die notwendigen Impfungen

Kommt ein Welpe ins Haus, sollte er schon geimpft sein (ab sechs Wochen nach der Geburt empfiehlt sich die erste Impfung) und seinen Impfpaß mit der Nummer der Virusampulle mitbringen. Doch nicht alle Züchter können sich dazu durchringen, die Würfe in den ersten Lebenswochen gegen Staupe immunisieren zu lassen. Sie sind stolz darauf, staupefreie Zwinger zu haben. Das mag zutreffen, entbindet aber nicht von der Impfpflicht.
Länger dauernden Schutz bietet nur die Impfung mit lebendem, abgeschwächtem Virus. Wer ganz sichergehen will, läßt seinen Welpen mit einem kombinierten Dreifachimpfstoff gegen Staupe, ansteckende Leberentzündung und Stuttgarter Hundeseuche behandeln. Eine Wiederholungsimpfung wird im Alter von 12 bis 14 Wochen notwendig. Läßt man den Hundesäugling zum ersten Mal mit drei Monaten durch den Dreifachimpfstoff schützen, so muß nach zwei bis drei Wochen eine Wiederholungsimpfung gegen die Stuttgarter Hundeseuche durchgeführt werden.
Als die Staupe noch weit verbreitet war, infizierten sich die schutzgeimpften Hunde beim Schnuppern an Bäumen und Hausecken immer wieder ein wenig mit den Erregern, und zwar so viel, daß die Abwehrstoffe in ihren Körpern aktiv blieben und eine Erkrankung verhinderten. Seitdem durch Impfungen die Staupe weitgehend besiegt ist, entfällt die natürliche Aktivierung der Immunität und macht eine Wiederholung der Impfung alle eineinhalb bis zwei Jahre nötig. Das gilt auch für die ansteckende Leberentzündung (Hepatitis contagiosa canis), die nur von Tier zu Tier ansteckend ist. Die Impfung gegen die Stuttgarter Hundeseuche (Leptospirose, sie kann auch auf Menschen übertragen werden) empfiehlt sich jedes Jahr.

Eine Schutzimpfung gegen Tollwut ist ratsam und ungefährlich. Es trifft nicht zu, daß – wie irrtümlich immer noch behauptet – tollwutgeimpfte Tiere Tollwutträger und somit gefährlich sind. Der Schutz hält mindestens ein Jahr und sollte dann wiederholt werden.

Infektionskrankheiten

Staupe
Der Virus, der diese Krankheit verursacht, wurde 1905 durch den Franzosen Carré entdeckt. Die Ansteckung erfolgt durch Kontakt mit einem staupekranken Hund oder durch Schnuppern und Lecken an Plätzen, an denen sich erkrankte Tiere aufgehalten haben. Je schwächer ein Hund ist, um so anfälliger ist er für die Staupe und um so stärker machen sich die Sekundärinfektionen breit. Das sind durch Bakterien hervorgerufene Komplikationen, die den Krankheitsverlauf langwierig und schwierig gestalten können.
Zunächst dringen die Viren über die Atmungswege in den Körper ein und vermehren sich in den Zellen. Zwischen sechs und neun Tagen kann man die ersten Anzeichen der Staupe, eine Entzündung der Schleimhäute, wahrnehmen. Die Augen sondern eine wässrige Flüssigkeit ab und sind gerötet. Die Freßlust läßt nach, das Tier neigt zu Apathie und Launen. Kurzfristig tritt Fieber auf, das bald zurückgeht. Nach dem neunten Tag kommt es wieder, begleitet von Husten und verstärktem Nasen- und Augenausfluß.
Neben der eben geschilderten katharralischen Staupe gibt es die Magenstaupe, die sich durch Erbrechen und übelriechenden Durchfall, der mehrere Wochen anhalten kann, äußert.
Die Lungenstaupe macht sich durch Schwierigkeiten beim Atmen und Husten bemerkbar. Antibiotika haben sich auch hier sehr bewährt.
Werden diese drei Arten von Staupe rechtzeitig behandelt, trägt der Hund keinen Schaden davon. Im Gegenteil, er wird nie wieder an Staupe erkranken. Meist tödlich dagegen verläuft die nervöse Staupe. Schüttelkrämpfe, Zähneklappern, Lähmungen, Freßwut, Dauerbellen, anhaltendes Wimmern, eine Art epileptische Anfälle sind ihre äußeren Erscheinungsformen. Wenn das Tier die Nervenstaupe überlebt, wird es nie wieder gesund werden. Es empfiehlt sich daher, es von seinen Leiden erlösen zu lassen.
Bedenken Sie immer, daß die Staupe ansteckend ist. Bringen Sie daher Ihren kranken Hund im Wartezimmer des Tierarztes nicht mit anderen Tieren zusammen. Haben Sie einen großen Hund, sollten Sie den Tierarzt bitten, zu Ihnen ins Haus zu kommen.
Regelmäßige Impfungen verhindern, daß ein Tier an Staupe erkrankt.

Hartballenkrankheit
Sie ist eine Art Staupe, aber gefährlicher, weil fast immer das Zentralnervensystem (wie bei der nervösen Staupe) in Mitleidenschaft gezogen wird. Charakteristisch ist die Verhärtung der Ballen, die der Infektion den Namen gab (auch der Nasenspiegel kann verhornen). Die heute angewandten Impfstoffe schützen auch gegen die Hartballenkrankheit.

Leptospirose

auch *Stuttgarter Hundeseuche* oder *Hundetyphus* genannt, wird vom Erreger Leptospira Canicola hervorgerufen. Er wurde erstmalig von dem Japaner Inada im Jahre 1912 isoliert (Leptospiren können auch beim Menschen Infektionskrankheiten, die von Fieberanfällen begleitet werden, hervorrufen).
Die Erreger werden im Harn und Speichel ausgeschieden. Durch Schnuppern, Lecken und Trinken aus stehenden Gewässern kann es leicht zur Ansteckung kommen. Erste Anzeichen der Krankheit sind Hinfälligkeit, großer Durst, Appetitlosigkeit. Etwas später kommt hohes Fieber, Schüttelfrost, blutiger Durchfall oder Kotverhaltung, übler Geruch aus dem Maul (nach zersetztem Harn), Erbrechen und häufig Nierenentzündung hinzu. Auch die Leber kann angegriffen werden, es kommt zur Gelbsucht. Je eher die Behandlung erfolgt, um so größer sind die Überlebenschancen. Schäden wie eine Hinterhandlähmung oder chronische Nierenentzündung können jedoch zurückbleiben.
Hunde, die die Leptospirose überstanden haben, können weiterhin Krankheitserreger ausscheiden. Wird Ihnen ein Fall in der Umgebung bekannt, lassen Sie Ihr Tier am besten vorbeugend impfen. Die Impfung sollte in diesem Fall alle sechs Monate wiederholt werden.
Vorbeugende Maßnahmen sind Impfung und Hunde nicht aus stehenden Gewässern trinken lassen.

Weilsche Krankheit oder ansteckende Gelbsucht

wird meist durch Ratten übertragen. Fieber, Appetitlosigkeit, Erbrechen kündigen die Krankheit an, kurz darauf können sich die Schleimhäute gelblich färben. Kommt es nicht zur Verfärbung, wird die Weilsche Krankheit oft mit der Staupe verwechselt. Die Erreger sind Leptospiren. Die Krankheit verläuft häufig tödlich. Vorbeugende Maßnahme sind Impfung und nicht aus Tümpeln trinken lassen.

Tollwut

Jahrelang war die Tollwut die größte Hundegeißel. Durch Schutzimpfungen ist sie eingedämmt, aber nicht besiegt. Stadthunde sind weniger gefährdet, aber alle freilaufenden und besonders Tiere, die auf die Jagd mitgenommen werden. Der Hauptüberträger des Virus sind Fuchs und Dachs.
Die Tollwut ist eine Infektionskrankheit, die alle Warmblüter und auch Menschen befallen kann. Die Ansteckung erfolgt hauptsächlich durch Biß. Dabei dringt der Speichel des tollwütigen Tieres in die Blutbahn des gebissenen Lebewesens ein. Die einzige Rettung bleibt die Impfung. Spätestens sechs Stunden nach dem Biß muß ein Mensch geimpft sein, sonst kommt jede Hilfe zu spät. Bei Verdacht auf Tollwut muß zunächst eine strenge Isolierung des Hundes erfolgen, und alle mit ihm in Berührung gekommenen Menschen sollten vorsorglich behandelt werden.
Man unterscheidet zwei Verlaufsformen der Tollwut: die rasende und die stille Wut.
Bei der *rasenden Wut* verweigert das Tier entweder das Futter oder es zeigt eine unmäßige Freßlust (es nimmt Steine, Erde, Holz zu sich) und es verändert sich psychisch; ein scheuer Hund wird anschmiegsam, ein „schmusiger" abweisend.

Der kranke Hund hat großen Durst, kann aber nur mühsam kleine Schlucke Wasser hinunterbringen. Die Speichelabsonderung verstärkt sich. Zwei bis drei Tage später beginnt die zweite Phase der Tollwut. Die Befallenen wollen ausreißen, werden unruhig, beißen nach allem, was ihnen in den Weg kommt, Wutanfälle wechseln mit Apathie und Erschöpfung. Dieser Zustand kann drei Tage dauern. Im dritten Stadium geben sie nur noch heulende, heisere Laute von sich. Sie können nicht mehr schlucken, der Unterkiefer fällt herab, die Lähmung der Muskulatur schreitet fort und erfaßt schließlich den ganzen Körper.
Die *stille Wut* verläuft ohne Tobsuchtsanfälle und Beißen, die Unruhe ist geringer. Erkennungszeichen sind Apathie, die Unfähigkeit zu schlucken und schnell fortschreitende Lähmungen, die ebenfalls am Kopf beginnen und dann die Hinterhand befallen. Meist tritt vier Tage nach Ausbruch der stillen Wut schon die totale Lähmung, die schnell zum Tod führt, ein.
Eine vorbeugende Maßnahme ist die Impfung, die regelmäßig wiederholt werden muß. Ein tollwutgeimpfter Hund kann weder Tollwuterreger übertragen noch an Tollwut erkranken.
Da in vielen Ländern der Welt Tollwut herrscht, fordern manche Länder bei der Einfuhr eines Hundes eine Impfbescheinigung. Ist in einem Gebiet, aus dem das Tier kommt, Tollwut ausgebrochen, kommt es in Quarantäne, bis sich herausstellt, daß es gesund ist.
Lassen Sie niemals einen Hund in tollwutgefährdeten Gebieten herumlaufen. Hat er keine Marke, die ihn als schutzgeimpft aufweist, wird er erschossen.

Toxoplasmose
Jahrelang stand der Hund in Verdacht, Überträger der Toxoplasmose, die ungeborenen Kindern zum Verhängnis werden kann, zu sein. Wissenschaftliche Untersuchungen haben ergeben, daß er nicht daran schuld sein muß, wenn geistesgestörte Babys zur Welt kommen. Werdende Mütter brauchen also nicht auf die Gesellschaft des Hundes zu verzichten.
Die Erreger sind einzellige Lebewesen, Protozoen oder Urtierchen. Sämtliche Säugetiere, auch der Mensch, Vögel, Kaltblütler und besonders Ratten, können Infektionsträger sein. Das Krankheitsbild ist sehr vielgestaltig. Es kann zu Magen- und Darmentzündungen, Lungen- und Bronchialerkrankungen, nervösen Störungen und Hautreizungen kommen. Die Ansteckung erfolgt durch Kot oder Harn, ist also bei normalen hygienischen Verhältnissen nicht gegeben. Schwangere, die viel mit Tieren umgehen, können durch eine Blutuntersuchung bei sich und ihren Tieren einwandfrei feststellen, ob Toxoplasmose vorliegt.
Vorbeugende Maßnahmen sind einwandfreie hygienische Verhältnisse.

Katzenseuche
Seit langem tritt bei Katzen eine Infektionskrankheit auf, die durch Viren hervorgerufen wird und allgemein als „Katzenseuche“ bekannt ist. Seit 1978 beobachtet man auch bei Hunden eine ansteckende Krankheit, deren Erreger sehr eng mit dem der Katzenseuche verwandt ist. Beide Viren gehören zur Gruppe der Parvoviren.

Auffallendstes Krankheitsbild ist ein plötzlich auftretender, blutiger Durchfall. Wenig später kommt häufig starkes Erbrechen hinzu: Erbrochenes kann ebenfalls Blut enthalten. Die befallenen Tiere werden apathisch, verweigern die Nahrung und leiden unter starkem Flüssigkeitsmangel; oft tritt auch leichtes Fieber auf.
Je früher der Tierarzt aufgesucht wird, um so größer sind die Heilungschancen. Infusionen und Antibiotika sind wirkungsvolle Gegenmittel. Ein Impfstoff, der ursprünglich zur Bekämpfung der Katzenseuche diente, schützt den gesunden Hund vor der Parvovirusinfektion. Die Impfung ist zweimal im Abstand von 14 Tagen fällig und völlig unschädlich für das Tier. Es empfiehlt sich, sie wie auch die übrigen Impfungen von Zeit zu Zeit, besonders aber vor Reisen, zu wiederholen. Nähere Auskunft erteilt der Tierarzt.

Tuberkulose

Sie kann Hunden jeden Alters gefährlich werden. Die Erreger (Tuberkel) werden mit der Luft oder Nahrung aufgenommen. Zum Krankheitsbild gehören Lungenerkrankungen, Husten, Störungen im Magen- und Darmtrakt mit anhaltenden Durchfällen, Hautentzündungen, Fisteln und Abmagern. Bei rechtzeitiger Behandlung bestehen gute Genesungsaussichten.
Vorbeugende Maßnahmen sind Fernhalten von Ansteckungsherden. Überträger können sowohl Menschen als auch Tiere sein.

Wundstarrkrampf

Kommt bei Hunden äußerst selten vor. Er wird durch den Bazillus Clostridium tetani, der in der Erde und in tierischen Ausscheidungen vorkommt, verursacht. Eine Infektion wird durch Wunden hervorgerufen, besonders, wenn diese stark verschmutzt sind.
Anzeichen sind Dauerkrämpfe der Kaumuskulatur, die später den ganzen Körper ergreifen. Die Krankheit verläuft oft tödlich.
Als vorbeugende Maßnahme sollte bei verschmutzten Verletzungen eine Behandlung mit Tetanusserum vorgenommen werden.

Pilzkrankheiten

Zu den weitverbreiteten Infektionen gehören auch die Pilzkrankheiten (Mykosen). Alle Organe können angegriffen werden, besonders die Haut, der Magen- und Darmtrakt und die Atemwege. Die Entzündung des äußeren Gehörganges (Ohrenzwang) wird ebenfalls durch Pilzinfektionen hervorgerufen.

Parasiten

Hunde sind durch ihre Eigenart, an Kot und Urin zu riechen und zu lecken, ständig in Gefahr, Wurmeier aufzunehmen. Auch mit rohem Fleisch können Würmer und Eier in den Hundeorganismus gelangen.
Spulwürmer sind 5 bis 12 Zentimeter lang und von weißlicher Farbe. Sie ernähren

Farbtafel 7: Basset-Hound

Farbtafel 8: Boxer

sich von Speisebrei und entziehen so wertvolle Nahrung. Einzelne Spulwürmer sind kaum gefährlich, doch starker Befall kann vor allem bei Welpen zu krampfartigen Zuständen und Zurückbleiben in der Entwicklung führen. Da Welpen schon im Mutterleib mit Wurmeiern infiziert werden können, empfiehlt sich eine Wurmkur der Kleinen zwischen fünfter und siebter Lebenswoche. Wurden Würmer festgestellt, ist es ratsam, die Kur nach zwei Wochen zu wiederholen. Hundespulwürmer können sich nicht im Darm von Menschen festsetzen.

Hakenwürmer haken sich in die Darmschleimhaut des Dünndarmes ein. Der Darm wird verletzt, blutiger Durchfall und Abmagerung ist die Folge.

Magenwürmer sind winzig klein (bis zu einem Millimeter). Wie schon der Name sagt, setzen sie sich im Magen fest und führen zu Magenschleimhautentzündungen. Diese Parasiten werden mit erbrochenem Mageninhalt von anderen Hunden aufgenommen.

Bandwürmer können bis zu 9 Meter lang werden. Sie leben im Darm und entziehen dem Hundekörper wichtige Nährstoffe. Sie führen zu starkem Gewichtsverlust und Blutarmut.

Es gibt mehrere Arten von Bandwürmern. Meist ist der Kopf mit Saugnäpfen und Haken versehen, mit dem er sich festklammert. Ob ein Hund einen Bandwurm hat, erkennt man an den mit dem Kot abgegangenen Gliedern. Meist sind sie flach und rötlich-weiß. Da eine Kur gegen Bandwürmer sehr genau dosiert werden muß, sollte man nicht ohne Rat des Tierarztes entwurmen.

Bandwürmer können nicht direkt übertragen werden, sie brauchen einen sogenannten Zwischenwirt. Hundeflöhe, Läuse, Zecken, aber auch Kaninchen, Schafe, Schweine und Fische dienen als Zwischenwirt. Durch die bei uns seit langem sorgfältig durchgeführte Fleischbeschau ist die Zahl dieser Parasiten sehr zurückgegangen.

Gallengangswürmer setzen sich in die Gallengänge von Hunden (und auch Menschen). Rohes Fischfleisch kann die Quelle des Übels sein. Starker Befall kann Gelbsucht auslösen.

Herz- und Lungenwürmer nisten sich in den Organen ein und richten dort Schaden an. Auch hier weiß der Tierarzt Rat.

Außer den Organen bieten besonders Haut und Haar des Hundes den Parasiten reichen Nährboden.

Flöhe sitzen gern in den längeren Haaren, also am Schwanz, Bauch, Hals. Man kann sie fühlen und weghüpfen sehen. Die Behandlung ist relativ unproblematisch. Man pudert das Fell mit einem Insektenmittel ein und desinfiziert den Hundekorb. Nach einiger Zeit bürstet man das Fell gründlich aus. In hartnäckigen Fällen muß die Behandlung wiederholt werden.

Kommt das Tier mit vielen Artgenossen zusammen, wie z. B. auf Ausstellungen, kann man vorbeugend etwas Puder ins Haar streuen.

Läuse sind gefährlich, weil sie ebenso wie Flöhe Bandwürmer übertragen können. Man unterscheidet zwischen *beißenden* und *saugenden* Läusen. Letztere haben einen Saugstachel, mit dem sie Blut abzapfen. Die beißenden ernähren sich von Hautteilen und Haaren. Sobald man bemerkt, daß der Hund sich intensiv kratzt, sollte man der Ursache auf den Grund gehen, ehe Wohnung und andere Haustiere von den Parasiten befallen werden.

Auch Zecken sind Bandwurmüberträger. Sie lassen sich von niederen Büschen fallen und beißen sich in der Haut fest. Sie können die sogenannte Zeckenparalyse bewirken, eine Lähmung des Rückenmarks. Hat man eine Zecke entdeckt, betupft man sie vorsichtig mit Öl. Dann dreht man sie gegen den Uhrzeigersinn (möglichst mit einer Pinzette) aus der Haut heraus. Wichtig ist, daß man auch den Kopf erwischt. Bleibt er stecken, entstehen üble Entzündungen.
Als vorbeugende Maßnahme kann man seinem Tier im Sommer ein Zeckenhalsband anlegen, das durch einen speziellen Stoff auch andere Hauptparasiten abschreckt.
Milben siedeln sich ebenfalls in den oberen Schichten der Haut an und ernähren sich von ihnen. Besonders unangenehm sind die *Ohrmilben.* Man erkennt sie an rot-braunen Krusten, die sich im Ohr bilden und daran, daß die befallenen Tiere häufig mit dem Kopf schütteln, sich in den Ohren zu kratzen versuchen oder den Kopf auf dem Boden reiben. Fragen Sie den Tierarzt nach dem geeigneten Mittel zur Ohrenpflege.
Auch die *Räude* wird durch Milben hervorgerufen. Die kleinen Parasiten graben sich in die Haut ein, verursachen Juckreiz, Entzündungen und Haarausfall. Zunächst werden die wenig behaarten Stellen in Mitleidenschaft gezogen. Die Behandlung ist unproblematisch. Wichtig ist, daß auch das Hundelager desinfiziert wird.
Haarbalgmilben können gesunden Tieren nichts anhaben. Ist ein Hund durch Würmer, Blutarmut oder mangelhafte Ernährung aber geschwächt, kommt es zu einem Ausschlag im Gesicht.

Erkrankungen der Organe

Auge

Bei Rötungen, Tränen und eiterndem Ausfluß können Zug (wenn Ihr Tier ein leidenschaftlicher Autofan ist und gern den Kopf aus dem Fenster hält), Fremdkörper, Verätzungen (mit klarem Wasser spülen) oder Infektionskrankheiten (Staupe) die Ursache sein.
Eine milchig getrübte Hornhaut läßt auf Hornhautentzündung schließen. Grünen Star und den im Alter häufig vorkommenden grauen Star kann man heute, geschieht es rechtzeitig, erfolgreich behandeln. Operationen bringen jedoch eine für das Tier unangenehme Nachbehandlung mit sich. Da es sich hauptsächlich mit der Nase orientiert, ist ein Abnehmen der Sehkraft nicht allzu tragisch, besonders dann nicht, wenn es sich nur in seiner gewohnten Umgebung aufhält. Rassebedingte Augenkrankheiten sind sowohl das Einrollen (wie beim Chow-Chow) und das Auswärtsgekehrtsein des Lidrandes (wie beim Bernhardiner) oder das Fehlen des unteren Tränenpunktes (wie beim Zwergpudel). Bei Rassen mit einer extrem kurzen Nase ist das Tränen der Augen eine chronische Erschei-

nung, die durch eine angeborene Mißbildung der Tränenkanäle verursacht wird. Eine Operation schafft hier Abhilfe, aber auch das regelmäßige Säubern der Augen, am besten mit frischem, kaltem, dünnem Tee. Ist der Ausfluß trüb, muß der Tierarzt konsultiert werden; es könnte eine Bindehautentzündung vorliegen.

Ohr

Anhaltendes Kopfschütteln, Schiefhaltung des Kopfes, Auf-dem-Boden-Rutschen sind Anzeichen, daß die Ohren schmerzen. Das kann von Fremdkörpern, Entzündungen, Parasiten, Zugluft oder einem Unfall herrühren. Nützt eine vorsichtige Reinigung nichts, ist eine Konsultation des Arztes notwendig.

Das Kupieren der Ohren ist in England, dem klassischen Land der Hundehaltung, schon längst verboten. Bei uns sind Bestrebungen im Gange, die natürliche Ohrform zu lassen. Solange aber kupiert wird, ist streng darauf zu achten, daß nur Fachleute, die dem Tier Schmerzen ersparen, den Eingriff vornehmen.

Mundhöhle und Rachenraum

Ist der Fang (das Maul) geschwollen, kann ein Wespen- oder Insektenstich die Ursache sein. Aber auch Zahnfleischgeschwülste, Paradontose (mit üblem Geruch begleitet), Zahnstein, abgebrochene Zähne und übriggebliebene Milchzähne (bei Jagdhunden) führen zu Freßunlust und Schwellungen. Am besten läßt man die Zähne regelmäßig mituntersuchen und den Zahnstein entfernen.

Schwellungen, die von Insektenstichen kommen, gehen bald zurück.

Entzündete Mandeln können den Hund ebenso quälen wie den Menschen. Bei chronischer Erkrankung ist zur Operation zu raten.

Entzündungen der Speicheldrüsen können zu Schluck- und Atembeschwerden führen. Auch hier kann operativ Abhilfe geschaffen werden. Hindernisse in der Speiseröhre werden meist auf natürlichem Wege durch Erbrechen nach draußen befördert.

Magen und Darm

Der Magen ist auch beim Hund empfindlich. Dauernde Ernährungsfehler (verdorbenes, zu kaltes, zu viel Futter) bringt eine Entzündung der Magenschleimhaut mit sich. Anzeichen sind häufiges Erbrechen und Apathie.

Bei Verdacht auf Vergiftungen hilft der Tierarzt mit einem Gegenmittel. Erste Hilfe ist das Einflößen einer Kochsalzlösung, um dem Tier schnelles Erbrechen zu ermöglichen.

Grundsätzlich gilt: An der Lösung (Kot) erkennt man, ob der Hund gesund ist. Wenn Blut im Stuhl ist, kann es ein Anzeichen für Vergiftung mit Rattengift sein. Es können sich aber auch Tumore gebildet haben. Verstopfung ist oft die Folge, wenn zuviel Knochen gefüttert werden. Leichte Kost, mit einem Löffel Olivenöl vermischt, hilft zur besseren Entleerung. Durchfall wird mit Diät (Kamillentee, Haferschleim, Hackfleisch, eingeweichter Zwieback, Kohletabletten) bekämpft. Hilft das nicht, muß der Tierarzt zu Rate gezogen werden, ebenso, wenn Durchfall und Verstopfung miteinander abwechseln. Darmverschlingung und -verschluß zeigen sich durch einen geschwollenen Leib, der stark druckempfindlich ist. Nur eine rechtzeitige Operation rettet das Tier.

Rutschen die Hunde auf dem Schwanz (Schlittenfahren) und beißen sich am After, der gerötet ist, handelt es sich oft um eine Verstopfung der Analdrüsen. Zu beiden Seiten des Hundeafters liegen Analbeutel, die beim Lösen Duftstoffe abgeben, mit denen die Tiere ihr Revier markieren. Das funktioniert bei stark domestizierten Hunden jedoch nicht mehr so gut. Die Folge ist eine Entzündung der Drüsen. Regelmäßiges Ausdrücken der beiden Analbeutel beugt Schwierigkeiten vor.

Leber

Lebererkrankungen sind immer ernst zu nehmen und sofort zu behandeln. Eine trockene Nase muß kein Alarmzeichen sein. Schlimmer ist eitriger Nasenausfluß, Erkältungen, Entzündungen, Infektionen, Tumore, Zahnentzündungen können hier vorliegen. Röntgenaufnahmen schaffen Klarheit über die Diagnose.

Bronchien

Sind die Bronchien erkrankt, hustet der Hund trocken. Diese Erkältungsanzeichen könnten auch Staupe bedeuten. Oft ist die Ursache auch harmlos: Rauch, verschluckte Fremdkörper oder Einatmen von Abgasen.
Fieber und feuchter Husten lassen auf Lungenentzündung schließen. Sie wird durch Viren, Bakterien, Pilze und Lungenwürmer hervorgerufen. Die schnell erschöpften Tiere leiden unter Atemnot, sie versuchen zu sitzen oder stehen, um möglichst viel Luft zu bekommen. Sofort zum Tierarzt gehen!

Herz

Das Herz zeigt auch beim Hund im fortschreitenden Alter Ermüdungserscheinungen. Am häufigsten kommt es zur Herzklappenschwäche und Herzmuskelschäden. Es gibt auch Infarkte auf Grund von Herzkranzgefäßerkrankungen. Angeborene Herzfehler sind häufig. Schnelle Erschöpfung, Atemnot, Konditionsschwäche lassen darauf schließen, daß das Herz nicht in Ordnung ist.

Nieren

Anzeichen einer akuten Nierenentzündung sind steifer Gang, trüber, dunkler Urin, Harnverhaltung, Blut im Urin, starker Durst. Eine Untersuchung des Urins bringt Gewißheit, ob Steine, Gries oder Bakterien die Ursache der Störung sind. Die Nieren sind ein besonders empfindliches Organ. Während durch Aufklärung, Impfung und gesunde Kost die meisten Hundekrankheiten im Abklingen sind, nehmen Nierenkrankheiten, besonders bei alten Tieren, zu.

Geschlechtsteile

Bleibt ein Hoden in der Bauchhöhle liegen, kann das zu hormonellen Störungen oder Tumoren führen und muß operiert werden. Kommt Eiter aus dem Penis, liegt ein harmloser Vorhautkatharrh vor.
Sind Hündinnen länger als drei Wochen oder öfter als zweimal im Jahr läufig, so liegt wahrscheinlich eine Erkrankung der Eierstöcke vor. Gespannter Gang und Scheidenausfluß zeigen eine Gebärmuttererkrankung an. *Scheinschwanger-*

schaften treten etwa sechs Wochen nach der Läufigkeit auf. Die Hündin zeigt Unruhe, das Gesäuge entwickelt sich. Milch schießt ein. Der Gang zum Tierarzt ist angezeigt.

Erkrankungen des Bewegungsapparates

Die sogenannte *Hüftgelenksdysplasie,* eine angeborene Schwäche der Hüftgelenke, tritt häufig bei großen Rassen (Schäferhund) auf. Manchmal zeigen die betroffenen Tiere erst im Alter Nachhandschwäche und Lahmheit nach längerer Bewegung. Das Leiden läßt sich nicht beheben, wohl aber die Beschwerden.
Zu den für einige Rassen typischen Krankheiten zählt die Teckel- oder Dackellähme. Sie befällt außer Dackeln auch Tiere mit besonders langem Rücken. Meist kommt es innerhalb kurzer Zeit zur vollständigen Lähmung der Hinterbeine. Sie beeinträchtigt auch die Funktionen des Verdauungsapparates. Dennoch kann eine sofortige Behandlung Linderung und Besserung bringen. Die Pflege ist langwierig und erfordert viel Geduld.
Störungen der Bewegungsabläufe sind meist ererbt. Der Tierarzt kann von Schmerzen befreien, die Fehler aber nicht beheben. Die Schäden sollten dem Zuchtwart gemeldet werden. Betroffene Tiere sind von der Zucht auszuschließen.
Die *Rachitis* sollte eigentlich schon längst ausgerottet sein. Sie wird durch mangelhafte Ernährung, zu große Würfe, Kalk- und Phosphormangel hervorgerufen. Bei rechtzeitigem Erkennen (Verdickung der Rippen, geschwollene Gelenke, Schmalbrüstigkeit, steifer Gang, Schwierigkeiten beim Aufstehen, Zahndefekte) und genau dosierter Kalk-, Phosphor- und Vitamin-D-Zufuhr bleiben keine Schäden zurück.
Knochenbrüche werden durch Schienen, Gips, feste Verbände, Nagelung und Operation behoben.
Muskelschwund kommt oft bei alten Hunden und nach Brüchen oder schweren Erkrankungen vor.
Werden bei Unfällen (Treten in Glasscherben) Sehnen verletzt oder durchtrennt, müssen sie möglichst bald genäht werden, um die ungehinderte Bewegungsfähigkeit zu erhalten.
Geschwüre zwischen den Zehen und Ballenverletzungen behandelt man sorgfältig mit einer Heilsalbe, die betroffene Pfote wird, soweit möglich, mit einer Mullbinde und beim Ausgang mit einem Überzug geschützt. Lecken kann die Heilung fördern, aber nicht, wenn dadurch die Medikamente nicht zur Wirkung kommen.
Bei *Geschwülsten* ist der Tierarzt sofort zu Rate zu ziehen. Es kann sich um einen harmlosen Griesbeutel, aber auch um Krebs handeln. Bei Erkrankungen der Organe sollte man mit dem Patienten zum Tierarzt gehen.

Erste Hilfe für den Hund

An der Körpertemperatur kann man erkennen, ob dem Tier etwas fehlt. Sie wird mit einem normalen Thermometer im After gemessen. Einen kleinen bis mittelgroßen Hund stellt man zum Fiebermessen am besten auf einen Tisch. Das Thermometer wird auf 36 Grad Celsius heruntergeschlagen, mit einer neutralen Creme eingefettet und tief in den After geschoben. Ein bis zwei Minuten drinlassen, dabei das Tier nicht nur am Halsband, sondern auch am Schwanz festhalten. Ist es nervös, so versuchen Sie, ihm gut zuzureden. Brauchen Sie keine Gewalt, denn dann wird es immer versuchen, beim Fiebermessen Schwierigkeiten zu machen.

Als normale Körpertemperatur gelten 37,5 bis 39 Grad Celsius. Je jünger und kleiner der Hund, um so höher liegt die Normaltemperatur.

Auch der Pulsschlag sagt etwas über den Gesundheitszustand aus. Man fühlt ihn an der Innenseite eines Oberschenkels. Hier gilt ebenfalls: Je jünger und kleiner ein Tier, um so höher der Puls. Bei Welpen kann man bis zu 200 Pulsschläge pro Minute zählen, bei Junghunden kleinerer Rassen 100 bis 120, bei großen Exemplaren 60 bis 80. Unregelmäßigkeiten müssen nichts Schlimmes bedeuten. Fragen Sie den Tierarzt.

Bei Verstauchungen helfen Umschläge mit essigsaurer Tonerde und Ruhe. Lahmt das Tier nach einigen Tagen noch, liegt eine ernstere Verletztung vor. Verbrennungen kuriert man mit Brandsalbe.

Hat der Hund etwas Unverträgliches gefressen, bringt ihn eine Kochsalzlösung zum Erbrechen. Halten Sie den Fang hoch, flößen Sie die Lösung in kleinen Mengen ein und passen Sie auf, daß der Patient die Flüssigkeit auch hinunterschluckt. Das gilt auch für das Einnehmen von Pillen: Fang hoch, öffnen, Medizin so weit wie möglich in den Hals schieben und abwarten, ob sie geschluckt wird. Viele Arzneien kann man unter Lieblingshappen schmuggeln.

Zäpfchen muß man so tief wie möglich in den After schieben und abwarten, ob sie nicht ausgepreßt werden.

Blutende Verletzungen werden abgebunden, ehe man den Arzt konsultiert. Vor einer Behandlung sollte bissigen Tieren ein Maulkorb angelegt werden. Nach einem Unfall sollten Sie niemals einen Hund sofort berühren, selbst wenn es Ihr eigener ist. Meist stehen die Tiere unter Schock und verhalten sich nicht normal. Reden Sie zuerst beruhigend auf das verunglückte Tier ein und sorgen Sie dafür, daß es nicht noch mehr Aufregung erleidet. Ein Brett oder eine Tasche, auch eine Decke, die an vier Ecken angefaßt wird, eignen sich gut als Tragbahre.

Zum Schluß noch zwei goldene Regeln für den Umgang mit einem vierbeinigen Patienten: Lassen Sie die für ihn unangenehme Behandlung von Bekannten oder Familienmitgliedern machen. Das Vertrauensverhältnis zu Herrchen oder Frauchen könnte einen Knacks bekommen, wenn er annimmt, Sie wollten ihm übel mitspielen. Sie können es ihm ja nicht erklären.

Vertrauen Sie dem Tierarzt. Er hat sehr große Erfahrung. 85 Prozent der Patienten in seiner Praxis sind Hunde. Erleichtern Sie ihm die Arbeit und teilen Sie ihm Ihre Beobachtungen mit. Je schneller die Symptome bekannt sind, um so schneller wird Ihrem Tier geholfen.

Seelische Erkrankungen

Neurosen sind beim Hund nicht selten, der Tierarzt in der Großstadt kann ein Lied davon singen.
Der erfahrenste unter ihnen ist Dr. med. vet. Ferdinand Brunner, Verhaltensforscher, auf Hunde und Katzen spezialisierter Tierpsychiater und Begründer der Wiener „Tierpsychologischen Beratungsstelle". Sechzehn Jahre Erfahrung mit verhaltensgestörten Tieren hat er in seinem bekannten Buch „Der unverstandene Hund" dargelegt. Da ist die Rede vom vierjährigen schottischen Schäferhundrüden „Lord", der plötzlich seinen Herrn attackierte, wenn dieser sich mit ihm im gleichen Raum oder im Garten innerhalb einer Distanz von zwei Metern befand. Es stellte sich heraus, daß „Lord" sich erst so benahm, nachdem sein Herr geheiratet hatte und die junge Frau seinen Platz im Schlafzimmer einnahm. Dolly Gwynne aus Purleigh bei London teilt die Erfahrungen des Wiener Kollegen. Die Tierpsychiaterin, die eine eigene Hundezucht hat, warnt Hundefreunde, Zärtlichkeiten allzu offen vor den vierbeinigen Begleitern zu zeigen. Denn Eifersucht auf die bevorzugten Menschen kann den Hund seelisch beeinträchtigen. Zweifellos rühren viele Störungen daher, daß Menschen ihre Schützlinge wie ihresgleichen behandeln. Das kann keinem Hund bekommen! Welpenerlebnisse spielen eine ähnlich gravierende Rolle wie bei Menschen die Erfahrungen, die sie in frühster Kindheit machten. Aggressionen, Hysterie, Depressionen, Zerstörungswut, Bewußtseinsstörungen, sexuelle und Kontaktstörungen können daher rühren.
Die Scheinträchtigkeit von Hündinnen, die bisher durch nicht immer verträgliche Hormoninjektionen bekämpft wurde, kuriert Dr. Brunner seit einiger Zeit komplikationslos mit Hilfe von Akupunkturnadeln. Auch gegen die Teckellähmung „nadelt" er bereits mit gutem Erfolg. Aus einer chinesischen Akupunktur-Anleitung für Nutzvieh konstruierte der Arzt eine Behandlung für seine Patienten – Hunde und Katzen. Er hofft, daß seine Methode bald Schule in Europa macht und die Leiden der Haustiere dadurch behoben und gemildert werden.

Wie der Tierfreund seinen Hund im Freien hält

Die folgenden Ausführungen sind der „Verordnung über das Halten von Hunden im Freien“ vom 6. Juni 1974 entnommen:

§ 1

Haltung im Freien im Sinne dieser Verordnung ist

1. Anbindehaltung,
2. Zwingerhaltung,
3. Haltung auf Freianlagen,
4. Haltung in Schuppen, Scheunen, nicht benutzten Stallungen.

Anbindehaltung

§ 2

1. Hunde dürfen nur dann angebunden gehalten werden, wenn ihnen im Aufenthaltsbereich ein Schutzraum, z. B. eine Hundehütte, zur Verfügung steht.
2. Der Schutzraum muß allseitig aus wärmedämmendem, gesundheitsunschädlichem Material hergestellt sein. Das Material muß so verarbeitet sein, daß der Hund sich daran nicht verletzen kann. Der Schutzraum muß gegen nachteilige Witterungseinflüsse Schutz bieten, insbesondere darf Feuchtigkeit nicht eindringen.
3. Der Schutzraum muß so bemessen sein, daß der Hund sich darin verhaltensgerecht bewegen und den Raum durch seine Körperwärme warmhalten kann. Das Innere des Schutzraumes muß sauber, trocken und ungezieferfrei gehalten werden.
4. Die Öffnung des Schutzraumes muß der Größe des Hundes entsprechen; sie darf nur so groß sein, daß der Hund ungehindert hindurchgelangen kann. Die Öffnung muß der Wetterseite abgewandt und gegen Wind und Niederschlag abgeschirmt sein.
5. Der Aufenthaltsbereich in der engeren Umgebung des Schutzraumes muß sauber gehalten werden. Der Boden muß so beschaffen oder angelegt sein, daß Flüssigkeit versickern oder abfließen kann.
6. Bei starker Sonneneinstrahlung und hohen Außentemperaturen muß dem Hund außerhalb des Schutzraumes ein schattiger Platz zur Verfügung stehen.

§ 3

1. Hunde dürfen nur mit einem breiten, nicht einschneidenden Halsband oder einem entsprechenden Brustgeschirr angebunden werden.

2. Die Anbindung (Kette, Seil oder ähnliches) muß mit zwei drehbaren Wirbeln versehen sein, die eine Verkürzung der Anbindevorrichtung durch Aufdrehen verhindern. Das Anbindematerial muß von geringem Eigengewicht und so beschaffen sein, daß der Hund sich nicht verletzten kann. Bei Ketten darf die Drahtstärke der Glieder 3,2 mm nicht überschreiten.

3. Die Anbindung darf nur an einer mindestens 6 m langen Laufvorrichtung (Laufseil, Laufdraht, Laufstange) angebracht werden. Die Anbindung muß an der Laufvorrichtung frei gleiten können und so bemessen sein, daß sie dem Tier einen zusätzlichen beidseitigen Bewegungsspielraum von mindestens 2,5 m bietet.

4. Laufvorrichtung und Anbindung müssen so angebracht sein, daß der Hund seinen Schutzraum ungehindert aufsuchen kann. Im Laufbereich dürfen keine Gegenstände vorhanden sein, die die Bewegung des Hundes behindern oder zu Verletzungen führen können.
Kot ist regelmäßig zu entfernen.

Zwingerhaltung

§ 4

1. Hunde dürfen nur dann in offenen oder teilweise offenen Zwingern gehalten werden, wenn ihnen innerhalb ihres Zwingers oder unmittelbar mit dem Zwinger verbunden ein Schutzraum zur Verfügung steht. Der Schutzraum muß den Anforderungen des § 2 genügen.

2. Die Grundfläche des Zwingers muß der Zahl und Art der auf ihr gehaltenen Hunde angepaßt sein. Die Mindestbreite des Zwingers muß der Körperlänge des Hundes entsprechen. Für einen mittelgroßen, über 20 kg schweren Hund ist eine Grundfläche ohne Schutzraum von mindestens 6 qm erforderlich; für jeden weiteren in demselben Zwinger gehaltenen Hund, ausgenommen Welpen beim Muttertier, sind der Grundfläche 3 qm hinzuzurechnen.

3. Boden, Einfriedung und die übrige Einrichtung des Zwingers müssen aus gesundheitsunschädlichem Material hergestellt und so verarbeitet sein, daß die Hunde sich nicht verletzen können. Die Einfriedung muß zusätzlich so beschaffen sein, daß sie von den Hunden nicht überwunden werden kann. Mindestens eine Seite des Zwingers muß den Hunden Sicht nach außen ermöglichen. Besteht der Boden des Zwingers nicht aus wärmedämmendem Material, muß außerhalb des Schutzraumes eine wärmedämmende Liegefläche vorhanden sein. Der Boden muß so beschaffen oder angelegt sein, daß Flüssigkeit versickern oder abfließen kann. Das Innere des Zwingers muß sauber, trocken und ungezieferfrei gehalten werden.

4. Bei starker Sonneneinstrahlung und hohen Außentemperaturen muß den Hunden außerhalb des Schutzraumes ein schattiger Platz zur Verfügung stehen.

5. Hunde dürfen in einem Zwinger nicht angebunden gehalten werden.

6. Gleichgeschlechtliche geschlechtsreife Hunde, die noch keinen Kontakt

miteinander hatten, dürfen in demselben Zwinger nur unter Kontrolle zusammengebracht werden.

7. Werden Hunde in einem Zwinger in Einzelboxen gehalten, so muß die Trennvorrichtung der Boxen so beschaffen sein, daß die Hunde sie nicht überwinden und sich nicht beißen können. Für die Größe der Einzelboxen gelten die Anforderungen des Absatzes 2.

§ 5

Die Vorschriften des § 4 Abs. 2, 3, 5 und 6 gelten sinngemäß für in Festbauweise errichtete Zwinger (Hundehaus). Diese Zwinger müssen darüber hinaus ausreichend vom Tageslicht beleuchtet sein. Die Fläche der Öffnungen für das Tageslicht muß mindestens ein Achtel der Bodenfläche betragen. Die Zwinger müssen ausreichend be- und entlüftet werden.

Sonstige Haltung

§ 6

Werden Hunde auf Freianlagen oder in Schuppen, Scheunen, nicht benutzten Stallungen, Lagerhallen oder ähnlichen Räumen gehalten, so muß ihnen ein Schutzraum zur Verfügung stehen, der den Anforderungen des § 2 genügen muß. In der warmen Jahreszeit kann an Stelle eines Schutzraumes in den genannten Räumen an einem trockenen, zugfreien, gegen Boden- und Wandkälte abgeschirmten Platz eine Lagerstatt aus wärmedämmendem Material eingerichtet werden. Werden die Hunde angebunden gehalten, so gelten die §§ 2 und 3.

§ 7

Der Besitzer oder der mit der Wartung und Pflege des Hundes Beauftragte hat sich mindestens einmal täglich von dem Befinden des Hundes, der Beschaffenheit der Unterkunft und bei Anbindung von dem Zustand der Anbindevorrichtung zu überzeugen und Mängel unverzüglich abzustellen.

Futter- und Tränkebehälter sind sauber zu halten, sie müssen aus gesundheitsunschädlichem Material bestehen und so beschaffen sein, daß der Hund sich nicht verletzen kann. Frischer Trank muß dem Hund jederzeit in ausreichender Menge zur Verfügung stehen.

Hunden, die angebunden oder in Räumlichkeiten gehalten werden, muß täglich mindestens 60 Minuten freier Auslauf gewährt werden.

§ 8

Es ist verboten:

a) Hunde mittels Würge- oder Stachelhalsband,

b) tragende Hündinnen vom letzten Drittel der Trächtigkeit ab,

c) säugende Hündinnen oder

d) kranke Hunde

angebunden zu halten.

Hunde bei anhaltend nasser Witterung angebunden oder in offenen, nicht überdachten Zwingern zu halten. Das neue Tierschutzgesetz verbietet das Kupieren der Ohren, erlaubt aber das Kupieren der Schwänze.

Die Vorfahren des Hundes

Wie wichtig dem Menschen der Hund ist, zeigen auch die zahlreichen wissenschaftlichen Untersuchungen über seine Herkunft. Dicke Bücher wurden geschrieben, Schädelknochen und Skelette vermessen, Hirnmasse gewogen und verglichen, das Verhalten der Hunde und ihrer vermutlichen Ahnen studiert, Theorien aufgestellt und widerlegt. Zwei Tiere lagen vor allem im Rennen um die Ahnherrschaft: Wolf und Schakal. Darwin ließ sogar mehrere Möglichkeiten zu, als er 1868 schrieb: „Nach der Ähnlichkeit der halb domestizierten (gezähmten) Hunde verschiedener Länder mit den in diesen noch lebenden wilden Arten, nach der Leichtigkeit, mit welcher beide oft noch gekreuzt werden können, nach dem Werte, welchen Wilde selbst halb gezähmten Tieren beilegen und nach anderen Umständen, welche ihre Domestikation begünstigen, ist es sehr wahrscheinlich, daß die domestizierten Hunde der Erde von zwei guten Arten von Wolf (nämlich canis lupus und canis latrans) und von zwei oder drei anderen zweifelhaften Arten von Wölfen (nämlich den europäischen, indischen und nordamerikanischen Formen), ferner von wenigstens einer oder zwei südamerikanischen Arten von Kaniden (canis = lateinisch Hund), dann von mehreren Rassen von Schakal und vielleicht von einer oder mehreren ausgestorbenen Arten abstammen."

Heute können wir sagen: Hier irrte Darwin. Mit höchster Wahrscheinlichkeit ist der Wolf der Stammvater aller vierhundert Hunderassen. Als der Leiter des Instituts für Haustierkunde in Kiel, Professor Dr. Wolf Herre, in den 60er Jahren Königspudel Julius und Wölfin Maxi zusammenführte, wollte er keine neue Rasse gründen, sondern nur anschauliches Forschungsmaterial erhalten. Die beiden gingen freudig eine lange und fruchtbare Verbindung miteinander ein, wie die zahlreichen Puwos (Kreuzungen von Pudel und Wolf) beweisen. Große Schwierigkeiten dagegen gab es bei den Kieler Paarungsversuchen zwischen Klein-Pudel und Schakal. Die Freundschaft kam nur dann zustande, wenn beide Tiere miteinander aufgewachsen waren. Die Kreuzung eines Schakals mit einer Hündin gelang, soweit bisher bekannt, außerdem nur noch zweimal: 1887 in Halle an der Saale und dem bekannten Hundeforscher Eberhard Trummler. Die Pudel-Schakal-Nachkommen (Puschas) zeigten sich, obwohl bei Menschen aufgewachsen, scheu und unzugänglich. Prof. Herre bezeichnet sie als „Über-Schakale". Sie sind als Haustiere nicht geeignet. Die Nachkommen aus den Verbindungen zwischen Wölfen und Hunden dagegen sind zum größten Teil sehr zutraulich. Die Puwos wurden inzwischen weiter gekreuzt und tragen die verschiedensten Merkmale: Kippohren, Stehohren, Schlappohren, kurzes, langes, gewelltes, glattes, kräftiges und feines Haar. Sie sind nicht nur äußerlich verschieden; die

einen gebärden sich so zutraulich wie jeder Haushund, die anderen sind scheu wie Wölfe. Die Puwo-Gehirne ähneln in der Form dem Pudel-Hirn, in der Furchung aber dem Wolfsgehirn.
Als wichtiger Beweis für die Abstammung vom Wolf wird die gleiche Chromosonenzahl angesehen: Sie beträgt bei Wolf und Hund 39, bei Schakal dagegen 37. Wie erklärt man sich nun die großen Unterschiede, die zwischen den einzelnen Hunden bestehen? Allein das Gewicht schwankt zwischen 1 (z. B. Chihuahua) und bis zu 100 Kilogramm (Irish Wolfhound). Ähnliche, doch nicht so krasse Unterschiede gibt es auch zwischen den einzelnen 35 Wolfsunterarten. So hat der nordische Wolf (bis zu 75 kg schwer) wenig gemeinsam mit dem zierlichen indischen Wolf (Gewicht etwa 20 kg). Klimatische und Futtereinflüsse spielten gewiß auch eine, wenn auch mehr untergeordnete Rolle. Erst seit etwas über einem Jahrhundert betreibt der Mensch eine intensive künstliche Auswahl. Die Entwicklung vom Wolf zu den verschiedenen Hunderassen hat Jahrtausende gedauert und wurde erst in jüngerer Zeit vom Menschen entscheidend beeinflußt. Früher glaubten die Tierzüchter, daß, wenn extrem verschiedene Rassentypen, wie eine Bulldogge und ein Windhund, miteinander gepaart wurden, bestimmte regulierende Erbanlagen dafür sorgen würden, daß bei den Nachkommen keine Disharmonien auftreten. Haustierforscher Herre konnte jedoch nachweisen, daß so ein Kreuzungsprodukt wie ein Mosaik die Erbanlagen seiner Eltern vereinigt und das keineswegs immer auf harmonische Weise.
Ebenso wie die Frage der Abstammung des Hundes hat die Menschen die Frage beschäftigt, wie der Mensch zum Hund kam. Besser gesagt zum Wolf. Knochenfunde beweisen, daß vor nunmehr wahrscheinlich 14 000 Jahren die erfolgreichste Karriere, die je ein Haustier machte, begann: Irgendwie schloß sich ein zahmer Wolf den Menschen an. Es gibt nur Vermutungen darüber, wie eine der schönsten Freundschaften, die es zwischen Lebewesen gibt, anfing. Konrad Lorenz, der deutsche wissenschaftliche Vater der Tierpsychologie, stellt in seinem Buch „So kam der Mensch auf den Hund“ folgende Theorie auf: „Es ist denkbar, daß einmal eine Frau oder ein puppenspielendes Mädchen einen verwaisten Welpen im Kreise der menschlichen Familie großgezogen hat. Vielleicht war dieses Hundekind das einzige überlebende eines Wurfes, der vom Säbelzahntiger erbeutet wurde. Der Welpe weint, aber kein Mensch kümmert sich darum, da man damals noch starke Nerven hatte. Aber während die erwachsenen Männer in den Wäldern jagen und die Frauen mit Fischfang beschäftigt sind, geht so eine kleine Pfahlbauerntochter dem Weinen nach und findet schließlich das Hundekind, das ihr furchtlos entgegenwackelt und an den vorgestreckten Händen zu lecken und zu saugen beginnt . . .“ Das Mädchen nimmt das Tier mit zu seiner Familie und erreicht durch Bitten und Betteln, daß es nicht im Kochtopf oder in der Wildnis landet. Es wächst unter seinem Schutz zu einem stattlichen Tier heran, das sich, kaum erwachsen, von seiner Gönnerin abwendet und dem männlichen Haupt der Familie folgt.
Lorenz: „Es ist eben die Zeit gekommen, da sich das Tier, wäre es in freier Wildbahn, von der Mutter lösen würde. Hat die Tochter bisher die Rolle der Mutter gespielt, so fällt nun dem Familienvater die Rolle des Rudelleiters zu, dem allein die Gefolgschaftstreue des erwachsenen Wildhundes gehört.“

Schon zur Steinzeit war der Hund domestiziert und schon so zahm geworden, daß er Menschen auch auf Flußfahrten in Einbäumen begleitete.
Das Hündchen, das die ersten Häuser, die wir kennen – es waren Pfahlbauten – bewachte, nennt man Torfspitz. Dieser „Ersthund" ist – nach dem heutigen Stand der Haustierforschung – der älteste vierbeinige Freund und Begleiter des Menschen.
Es gelang ihm, sich so nützlich zu machen, daß seine zweibeinigen Herrn darauf verzichteten, ihn lediglich als Fleisch- und Fell-Lieferanten zu mästen. Als Jagdgehilfe wurde er bald unentbehrlich, ebenso beim Viehhüten der inzwischen seßhaft gewordenen Steinzeitmenschen.

Die Entstehung der Rassen

Der Wolf ist eine sehr „plastische" Tierart. Im Gegensatz zu Fuchs und Katze neigt er dazu, Veränderungen der Körper- und besonders der Schädelform zu entwickeln. Im Dienst des Menschen wurde der Hundeahn mit Aufgaben betraut, dafür nahm der Mensch ihm die Sorge ums tägliche Fleisch und den Kampf ums Überleben ab. Unter diesen günstigeren Bedingungen kamen seine ganzen Wandlungsmöglichkeiten zum Tragen. Wahrscheinlich wurden auch gerade solche Tiere zur Paarung gebracht, die sich deutlich von den anderen unterschieden.
Wesentliche Veränderungen der äußeren Form wie auch im Wesen sind zumeist die Folge von Mutationen, das heißt, Veränderungen des Erbguts. Sie treten bei Nachkommen wieder auf. Wird nun das Weitergeben von gewissen Merkmalen und Eigenschaften gezielt gefördert, nennen wir diesen Vorgang Zucht. Sie ist bei weitem noch nicht abgeschlossen, auch heute noch werden neue Rassen gezüchtet. Ein Beispiel für neue Arten, die in jüngster Zeit in Deutschland entstanden, sind der Eurasier und der Kromfohrländer. Die nach dem Krieg vorwiegend im Siegerland gezüchteten Tiere sehen dem rauhaarigen Foxterrier ähnlich, aber sie werden nicht coupiert. Der Name kommt aus dem westfälischen Dialekt und bedeutet „Krummes Furchenland" (Krom Fohr = Krumme Furche).
Der Kromfohrländer hat sich als Begleithund und Wächter schon hervorragend bewährt.
Inzwischen wurde auch die Kreuzung zwischen Wolfsspitz und Chow-Chow, der Eurasier, anerkannt. Gewöhnlich dauert es zwei bis drei Jahre, bis die FCI eine neue Rasse akzeptiert. Von jeder anerkannten Rasse wurde bei der Kynologischen Weltorganisation ein „Standard" festgelegt, der genau bestimmt, wie diese Hunde aussehen müssen, welche Eigenschaften nachzuweisen sind, woher sie stammen und wie sie heißen dürfen.
Frühe Hundeknochenfunde in Europa zeigen schon verschiedene Rassemerkmale. Zu Beginn der jüngeren Steinzeit in Nordeuropa gab es, nach dem jetzigen Stand der Hundeforschung, außer in England und Dänemark, auch in Norwegen und Rußland domestizierte Hundearten.
Auch in Ägypten kannte man vor 6000 bis 8000 Jahren, wie wir von Bildern wissen, drei verschiedene Typen: Spitze, Jagdhunde und Doggen. Reliefs und

Zeichnungen aus Mesopotamien zeigen verschiedene Arten, die etwa 5000 Jahre alt sein dürften. In Inkagräbern bestattete Hundemumien haben Ähnlichkeit mit Schäferhunden, Teckeln und Möpsen. Vor fünf Jahrtausenden lebten im alten Babylon kräftige Bulldoggen, und in Afrika gab es in prähistorischer Zeit eine Art Jagdhund.
Bronzezeitliche Kulturreste enthalten erstaunlich viele Überreste von fossilen Hunden. Dieser „Bronzehund" ist bedeutend größer und schwerer als der sogenannte „Torfhund" der Jungsteinzeit. Auch im alten Schrifttum finden wir ganz klare Hinweise auf die Zweckgemeinschaft Mensch-Hund. So liest man im ältesten Religionsbuch Persiens, das auf Zarathustra zurückgeht, den Satz: „Durch den Verstand des Hundes besteht die Welt".
Xenophon (430–355 v. Chr.) legte in einem „Hundebuch" schon damals dar, wie der Körperbau eines leistungsfähigen Tieres beschaffen sein müßte.
Aristoteles berichtet, daß man zu seiner Zeit (4. Jahrhundert v. Chr.) schon Schoßhündchen hielt und züchtete, die sich bei der Damenwelt besonderer Gunst erfreuten. Fest steht, daß in dieser frühen Epoche die mannigfachsten Hundeformen existierten, vom gewaltigen Molosser-Hund, der in der Kaiserstadt Rom im Zirkus gegen Gladiatoren und wilde Tiere antreten mußte, bis zum niedlichen Tierchen, das den Frauen Gesellschaft leistete.
Jahrtausende hindurch bewertete man den Vierbeiner danach, ob er seine Aufgabe als Wächter, Jagdhund, Hütehund, Wachhund und Schoßhund erfüllte und suchte wohl entsprechende Tiere zur Paarung aus. Aber man züchtete nicht, wie wir heute, gezielt.
Die Geschichte der eigentlichen Rassehundezucht ist verhältnismäßig jung. Als im Jahre 1868 in England der „Kannel-Club" (Zwingerclub) gegründet wurde, registrierte man 40 von ihm anerkannte Hunderassen. Heute kennen wir 400 Rassen, von denen ca. 300 von der „Fédération Cynologique Internationale" (FCI), der Dachorganisation für die meisten europäischen Züchtervereinigungen, akzeptiert worden sind.
In der zweiten Hälfte des 19. Jahrhunderts nahm man sich auch in Deutschland der Zucht und Förderung der Rassen an. Die europäischen Züchter standen vor dem Problem, Ordnung in den Rassenwirrwarr zu bringen. Die Bemühungen, ein System aufzustellen, wurden erschwert, da fast jedes Land seine eigenen Wege ging und auch die einzelnen Hundegattungen in verschiedene Gruppen einteilte. Frankreich unterschied zum Beispiel acht, Spanien fünf, England nur zwei, die USA aber sechs Unterteilungen. Die gebräuchlichste und zugleich zweckmäßigste ist die in Jagdhunde, Hetzhunde, Schutz- und Diensthunde, Nutz- und Wachhunde, Haus- und Zwerghunde.
Früher pflegte man die Rassen aufgrund anatomischer Merkmale zu bestimmen und jede Rassengruppe auf Hundetypen zurückzuführen, die aus der Stein- und Bronzezeit stammten. Die Hundeforscher sahen aber bald ein, daß es fast nicht möglich war, nach diesen Kriterien scharf zu unterscheiden.
Nicht in ein Schema eingestuft wurden die Primitivhunde. Sie stehen entweder am Anfangsstadium der Domestizierung (Zähmung) oder sind wieder verwildert. Diese relativ große Randgruppe, die hauptsächlich in der afro-asiatischen Tropenzone zu finden ist, wurde in neuerer Zeit Gegenstand emsiger kynologischer

Forschung. Man hofft, durch sie mehr über die Haustierwerdung des Hundes zu erfahren.

Die Primitivhunde lassen sich in drei Gruppen einteilen: Schensihunde, Wildhunde und Pariahunde.

Zu den Schensis (canis familiaris schensi) gehört der Basenji, der inzwischen zur Kulturrasse erklärt wurde. Er ist mittelgroß, hochläufig, hat einen konischen Schädel, Stehohren und eine Ringelrute. Seine Farbe ist kastanienrot bzw. schwarz. Als rassegerecht vorgeschriebene Einzelmerkmale sind weiße Brust, Pfoten und Rutenspitze zu nennen. In seiner zentralafrikanischen Heimat dient der Basenji den Eingeborenen als Jagdhund und zum Schutz gegen kleines Raubzeug. Gänzlich untauglich jedoch ist er als Wachhund. Er würde nämlich keinen Alarm schlagen, denn der Basenji ist der einzige Hund, der nicht bellt. Manchmal gibt er ein zartes Heulen von sich.

1895 wurden die ersten Exemplare nach England verschifft, hatten auf der Insel jedoch klimatische Schwierigkeiten, so daß eine erfolgreiche Zucht erst seit 25 Jahren zu gelingen scheint. In Nordamerika gibt es die ersten Basenjis seit 1937.

Die zweite Gruppe ist die der Wildhunde, von denen der australische Dingo der bekannteste ist. Zur Zeit der Hackbaukultur (ca. 9000–8000 v. Chr.) war er bereits domestiziert. Er kam nach Australien und verwilderte dort wieder.

Der Dingo ist mittelgroß, langgestreckt, hat einen keilförmigen Kopf, eine buschige Rute. Seine Farbe reicht von rötlich bis blaßgelb.

Die dritte Gruppe der Primitivhunde sind die Pariahunde, die in Nordafrika, Ägypten, Kleinasien, Persien, Indien, Südasien, auf den Sunda-Inseln, in Japan und Australien zu finden sind.

Der Paria wurde früher von den Kynologen unter dem Sammelbegriff „herrenlose Straßenhunde des Orients" erfaßt. Moderne Untersuchungen haben eine Reihe von Naturschlägen zu Tage gefördert, von denen einer an den Dingo erinnert, ein anderer an den Hirtenhund, wieder ein anderer an den Windhund. Noch ist nicht ganz geklärt, ob es sich bei den Pariahunden um verwilderte Nachkommen früherer Kulturrassen handelt oder um Hunde im Frühstadium der Domestikation oder um Nachkommen eines dingoähnlichen Grundtyps, der mit modernen Kulturrassen hier und da gekreuzt sein könnte.

Was versteht man unter Schlägen? Hunde, die für eine besondere Tätigkeit hervorragend geeignet erschienen, paarte man zweifellos auch zu Zeiten miteinander, als der Begriff Rasse noch unbekannt war. So entstanden, neben und aus der allgemeinen Vielfalt der existierenden Typen,Gruppen, die ähnliche oder gleiche Sondermerkmale aufwiesen. Entsprachen diese Tiere den Anforderungen, wurden sie weiter gepaart. Jeder Züchter tat das, was er für richtig hielt, denn er war ja nicht an Weisungen oder Vorschriften gebunden. Bewährte sich ein Schlag, nahmen reisende Kaufleute, Kolonisten oder Auswanderer ihre vierbeinigen Helfer mit. Sie vermischten sich in der neuen Heimat mit den dort vorhandenen Exemplaren. Ein einheitliches Bild eines bestimmten Hundetyps gibt es erst, seitdem wir den Begriff „Rasse" kennen. Das Wort selbst stammt aus dem Arabischen (ras) und bedeutet etwa Geschlecht oder Ursprung. Anfänglich wurde es mit der Pferdezucht aus dem Arabischen übernommen, die im 17. Jahrhundert erstmals in Deutschland aufkam. Sie wurde später eine Art Vorbild für die Hunde-

zucht. Erst 1879 legte man dann „Das Deutsche Hundestammbuch" an und begann mit der systematischen Zucht.
Der Rassehund geht ursprünglich auf rasselose Hunde zurück. Er ist ein reines Zuchtprodukt, das durch die Auslese der vorhandenen Kaniden geschaffen wurde. Vor dem 19. Jahrhundert züchtete man hauptsächlich Gebrauchshunde. Erst im 19., vor allem aber im 20. Jahrhundert, entstanden viele Rassen, die vordringlich wegen ihrer Schönheit und nicht wegen ihrer Zweckmäßigkeit ausgewählt und gezüchtet wurden.
Aus modischen Gründen spezialisierten sich die Züchter selten auf praktische, sondern meist auf Tiere, die aufwendige Pflege benötigen, wie zum Beispiel der Pudel oder der Afghanische Windhund. Vor hundert Jahren waren die bei uns am häufigsten gehaltenen Rassen die Deutsche Dogge und der Bernhardiner. Heute steht die Deutsche Dogge mit zwei und der Bernhardiner mit einem Prozent ganz unten auf der Liste der bei uns lebenden Rassehunde. Dafür rangiert der Pudel auf einem der vorderen Plätze.
Welcher Hund ist nun als reinrassig zu bezeichnen? So nennt man einen Hund, der eine bestimmte Anzahl von Vorfahren aufweist, die derselben Rasse angehören. Die Abstammung muß aus den Papieren lückenlos hervorgehen. Diese Papiere müssen vom Zuchtwart des entsprechenden inländischen Rassehundevereins oder einer ausländischen, von der FCI anerkannten Organisation bestätigt sein.
Der äußeren Erscheinung des Hundes kann der Laie nicht mit Sicherheit entnehmen, ob er reinrassig ist oder nicht. Manchmal irren sich sogar die Experten.
Was ist ein Rassezuchtbuch? Es ist der Katalog jeglicher Rassenreinzucht. Von den Paarungen werden Notizen gemacht und damit die Ahnen der Zuchttiere ebenso aufgeführt wie die Nachkommenschaft. Das Prinzip der Zucht- oder Stammbücher verdanken wir den Arabern, die für ihre Vollblutpferde Ahnentafeln und Verwandtschaftsregister führten. Als im 17. Jahrhundert orientalische Zuchtpferde nach England kamen, übernahmen die Engländer mit den Zuchtprinzipien auch die Bücher. Der erste Band erschien 1808 und machte Schule. In Deutschland wurden erst 1879 mit dem ersten Hundestammbuch die Rassenmerkmale für die einzelnen Rassen offiziell niedergelegt.
Für jede Hunderasse müssen zur Dokumentierung des Zuchtziels offizielle Rassekennzeichen, die sogenannten „Standards", festgestellt und vom „Verband für das Deutsche Hundewesen" (VDH) oder der „Fédération Cynologique Internationale" (FCI) genehmigt werden. Dabei wird auch bestimmt, welches Land als Ursprungsland der jeweiligen Rasse gilt. Nur dieses betreffende Land hat dann das Recht, Änderungen vorzunehmen. Bei exotischen Rassen aus Ländern, die keine kynologischen Organisationen haben, wird der Standard von dem Land festgelegt, das die Rasse zuerst eingeführt hat. Die Rassekennzeichen geben eine detaillierte Beschreibung des Kopfes, Rumpfes, der Haarart, Farbe, Größe, des Gewichts sowie eine Aufstellung der rassetypischen Fehler wieder. Neuerdings geht man auch dazu über, allgemeine Auskünfte über Charakter, Verwendung und Eigenschaften beizufügen, die auch für Laien verständlich sind.
Die deutsche Rassehundezucht hat nach dem Zweiten Weltkrieg bedeutende Fortschritte gemacht und große Erfolge verbucht. Die Koordinierung des gesam-

Farbtafel 9: Dalmatiner

Farbtafel 10: Foxterrier

ten deutschen Zucht- und Ausbildungswesens für Rassehunde, einschließlich der Dienstgebrauchs- und Jagdgebrauchshunde, ist die Aufgabe des VDH.
Von den über drei Millionen in der Bundesrepublik Deutschland lebenden Vierbeinern ist der größte Teil rasserein, nämlich ungefähr 2,5 Millionen, der übrige nur stubenrein.
Die Hundehaltung richtet sich heute vielfach nach den vorhandenen Haltungsmöglichkeiten und dem Verwendungszweck. Es leuchtet ein, daß der Großstädter sich mehr und mehr den kleinen niederläufigen Hund hält, da diese Tiere in den industriellen Ballungsräumen mit ihren Hochhäusern am praktischsten sind. Daneben gibt es jeweils eine besondere Vorliebe für die eine oder andere Rasse, eine Modeerscheinung. War beispielsweise in den zwanziger Jahren der Foxterrier noch der große Favorit, so haben ihn heute Teckel, Schnauzer, Pudel und Spaniel unter den niederläufigen Rassen abgelöst. Am beliebtesten von den großen hochläufigen Hunden ist nach wie vor der Deutsche Schäferhund.
Etwa 40 bis 50 Prozent der bei uns lebenden Hunde sind immer noch als Nutztiere eingesetzt. In dieser Zahl sind auch die sogenannten „Aufpaßhunde", die Hab und Gut beschützen, enthalten.
Welche speziell deutschen Hundezüchtungen gibt es? Es sind bis jetzt:
Boxer, Bayerischer Gebirgsschweißhund, Dachshund oder Teckel bzw. Dackel, Deutsche Bracke, Deutsche Dogge, Deutscher Jagdterrier, Deutscher Schäferhund, Deutscher Spitz, Deutscher Wachtelhund, Deutscher drahthaariger Vorstehhund, Deutscher kurzhaariger Vorstehhund, Deutscher langhaariger Vorstehhund, Dobermann, Eurasier, Großer schwarz-weißer Münsterländer Vorstehhund, Hannoverscher Schweißhund, Hovawart, Kleiner Münsterländer Vorstehhund, Kromfohrländer, Leonberger, Pinscher, Rottweiler, Schnauzer, Weimaraner.
Auf der ganzen Welt gibt es, wie schon erwähnt, rd. 400 Hunderassen. In Europa sind davon 200 bekannt. Die wichtigsten bei uns vorkommenden verwandten Gruppen sind: Doggen, Erdhunde, Hütehunde, Laufhunde, Nordlandhunde, Pudel, Retriever, Schäferhunde, Spitze, Stöberhunde, Terrier, Schnauzer, Pinscher, Vorstehhunde, Windhunde.
Es würde den Rahmen dieses Buches im wahrsten Sinne des Wortes sprengen, stellten wir alle 200 Rassen vor. So haben wir uns auf diejenigen beschränkt, für die das meiste Interesse besteht.

Die bekanntesten und beliebtesten Rassehunde

Der Afghane (Siehe auch Farbtafel 1)

Wie schon der Name andeutet, stammt der Afghane aus Afghanistan. In seiner Heimat behauptet man, das schöne, kraftvolle Windspiel gehöre zu den wenigen auserlesenen Tieren, die die Sintflut in der Arche Noah überleben durften. Tatsache ist, daß der Hund in seiner jetzigen Form seit zwei Jahrtausenden gezüchtet wird. Die Ausfuhr war bei Todesstrafe verboten und sein Preis übertraf bei weitem den Handelspreis für Frauen.
Dem englischen Oberst Mackenzie gelang es, 1888 das erste Exemplar nach Europa zu schmuggeln, wo es beträchtliches Aufsehen erregte. Einige Jahre später widmete sich wiederum ein Engländer, Major Bell-Murray, der europäischen Reinzucht. Kurz nach dem Ersten Weltkrieg kam der Afghanische Windhund auch nach Deutschland. Zunächst gab es nur wenige, doch in den letzten Jahren ist die Nachfrage nach dem eleganten Rassehund stark gestiegen.
Den Ruf, hochmütig zu sein, hat der elegante Orientale zu Unrecht. Er ist lediglich zurückhaltend, besonders Fremden gegenüber. Seine menschliche Familie

liebt er dafür um so inniger, auch wenn er das nicht stürmisch zeigt. Er bellt wenig und ist selbst in einer Stadtwohnung ruhig und diszipliniert, wenn er genügend Gelegenheit hat, seiner großen Leidenschaft, dem Laufen, täglich zu frönen. Kinder mag er gerne, wenn er mit ihnen aufgewachsen ist oder an sie gewöhnt wurde.

Die Afghanen haben keine sehr gute Nase, sie orientieren sich wie alle Hetzhunde mit den Augen, jagen also auf Sicht. Trotz ihrer eleganten und schmalen Silhouette sind diese exotischen Hunde alles andere als Schoß- und Salontiere. Sie sind außerordentlich mutige Kämpfer, die sich in ihrer Heimat als Hirten- und Jagdhunde auszeichnen. Mühelos kommen sie auf eine Stundengeschwindigkeit von 60 Kilometern, was sie für die Gazellenjagd prädestiniert. In Meuten nehmen sie es sogar mit Leoparden auf.

Wer glaubt, seinen Windhund wie einen Schäferhund abrichten zu können, wird nie Erfolg haben. Freiheitsliebend und unabhängig, intelligent und eigenwillig wie die Afghanen sind, halten sie nichts von blindem Gehorsam. Man muß sie schon als Persönlichkeit akzeptieren und ihnen mit Geduld und Verständnis nahebringen, welche Aufgaben sie erfüllen sollen. Kurze und prägnante Kommandos, unterstützt von erklärenden Gesten, erreichen mehr als Strenge. Ein Lob zur rechten Zeit kann viel Zeit sparen. Ungerechtigkeit wird von den stolzen Tieren bitter empfunden und lange nicht vergessen.

Haltung: Ein Afghane ist kein Zwingerhund, auch wenn er Kälte gut verträgt. Das Wichtigste ist Auslauf. Das Flitzen auf der Rennbahn ist ein Äquivalent für die fehlende Hetze in freier Wildbahn und verhindert Krankheiten und Degeneration. Ist der Junghund sechs Monate alt, kann man ihn zum Trainingsplatz mitnehmen, um ihn an Atmosphäre und Konkurrenten zu gewöhnen. Mit acht Monaten darf er schon aktiv werden, zunächst auf einer geraden Strecke. Der Rennleiter weiß, wie es richtig gemacht wird. Mit 12 Monaten ist ein Afghane ausgewachsen, mit 22 Monaten zuchtfähig.

Die Pflege des dichten Haares ist unproblematisch, wenn man es häufig kämmt, beim ausgewachsenen Tier möglichst täglich. Spezialbürsten oder Handschuhe aus Gummi mit kleinen Noppen erleichtern die Arbeit und verhindern, daß Wohnung und Kleidung Hundespuren zeigen. Ein Trick läßt den Exoten besonders glänzen: Kurz mit einem feuchten Fensterleder abwischen.

Ein- bis zweimal im Jahr darf das edle Tier in warmem Wasser mit alkalifreiem Shampoo gebadet werden, Augen und Ohren sind vor Wasser zu schützen.

Aussehen: In Afghanistan wird ein nördlicher und ein südlicher Schlag gezüchtet, in England wurden beide miteinander gekreuzt. Muster für den 1907 aufgestellten Standard war der Rüde „Zardin".

Haar und Farbe: Inzwischen haben die europäischen Afghanen infolge des kälteren Klimas eine viel reichere Behaarung bekommen, die Haarfülle der Kopfhaube ist besonders auffallend. Das Haar ist weiß, rotgrau, braun, rotbraun, schwarz, grau oder zeigt Kombinationen der genannten Töne.

Schulterhöhe: Rüden 69–72 cm; Hündinnen 65–68 cm.

Verwandte Rassen: Saluki, Irish Wolfhound, Whippet, Greyhound, Windspiel, Barsoi.

Fazit: Ein Hund, bei dem das Wort Gentleman eher ein Understatement ist.

Der Airedale-Terrier (Siehe auch Farbtafel 2)

Um den Namen des größten Vertreters der Terrier-Rasse gab es ein langes Hin und Her. Das kam nicht zuletzt daher, weil sehr viele Rassen bei diesem Tier mitgemischt hatten und nun auch namensgebend sein sollten. 1880 einigte man sich auf den Namen Airedale nach dem Tal der Aire in Yorkshire. Dort hatten sich englische Züchter bemüht, aus dem Gemisch eine tüchtige Rasse zu machen. 1882 wurden die Airedale-Terrier als zuchtbuchfähige Rasse anerkannt.
Beteiligt am „König der Terrier" sind ursprünglich die verschiedenen Terrier-Arten wie Irish-, Welsh- und Black-and-Tan-Terrier, Otterhund, Foxhound und Bulldog. Später kam wahrscheinlich noch Collieblut und das vom Gordon Setter hinzu. Das Ergebnis ist ein hochläufiger Hund mit ebenso vielen guten Eigenschaften wie Vorfahren. Doch empfand man ihn, der zunächst englischen Bauern, Fuhrleuten, Fischern und Gewerbetreibenden als Rattenfänger und Wilddieb diente, als häßlich. Das hinderte jedoch Herrn Sittig aus Königstein im Taunus nicht, 1893 das erste Exemplar nach Deutschland zu importieren. Erst 1910 erhielt der Airedale die Form, wie es die Rassekennzeichen heute verlangen: Die verschiedenen Teile des Hundes sollten in Proportion zueinander stehen, so daß sich eine symetrische Erscheinung ergibt.
Seine Zähigkeit, Ausdauer und Zuverlässigkeit wurden schon beim Boxeraufstand und im Russisch-Japanischen Krieg erprobt. In beiden Weltkriegen war er mit an vorderster Front, was ihm den Namen „Kriegshund" einbrachte. Er ist überaus friedlich, gutmütig, nimmt nichts übel und erledigt gern alle übertragenen Arbeiten und Aufgaben. Als idealer Babysitter, treuer Blinden- und tapferer Polizei-

Etagen- oder Hochhauswohnung. Es braucht viel Platz. Das lange Haar wird mit Kamm, Bürste und einem feuchten Tuch gepflegt. Die langen Fransen an der Rückseite der Vorderbeine sind besonders gefährdet. Es versteht sich von selbst, daß auch das Futter für dieses Lauftier mehr kostet als für einen durchschnittlichen Hund.

Aussehen: Besonders eindrucksvoll ist der lange schmale Kopf, der mit dem übrigen Bau des Tieres vollendet harmoniert. Die Nase muß schwarz sein, die Augen sind länglich geformt und dunkel, die Lider schwarz umrandet. Die beweglichen Ohren sind hoch angesetzt, laufen in einer Spitze aus und liegen in Ruhestellung rückwärts auf dem Hals auf. Ist er erregt, so trägt er die Ohren hoch oder kippt die Spitzen der aufgerichteten Ohren nach vorne um. Die Rute ist lang, unbefranst und in der Ruhe säbelförmig herabhängend.

Haar und Farbe: Das Fell ist lang, seidig, gewellt, auch großgelockt. An Kopf, Ohren und Vorderseite der Läufe kürzer, auf dem Rücken etwas länger. Die Behaarung ist an den Schenkeln stärker und am Hals besonders lang und lockig, so daß es wie eine dichte Krause wirkt.

Die Farben sind Reinweiß, Weiß mit Gelb, Orangerot. Gestromte oder graue Abzeichen sind erlaubt, schwarze jedoch nicht erwünscht.

Schulterhöhe: Rüden 70–82 cm und mehr; Hündinnen 65–77 cm und mehr.

Verwandte Rassen: Whippet, Greyhound, Windspiel, Afghane, Saluki, Irish Wolfhound.

Fazit: Eine fremdländische Schönheit für Leute, die Erlesenes zu schätzen und zu behandeln wissen.

Der Basset-Hound (Siehe auch Farbtafel 7)

Der Name kommt vom französischen bas (niedrig) und weist auf das Aussehen des Hundes hin. Niederlaufhunde wurden aus verschiedenen größeren „chiens courants", also Laufhunden – besonders in der Schweiz – gezüchtet. Das war notwendig geworden, weil im Hinblick auf die ständige Abnahme des Wildbestandes die meisten Schweizer Kantonalregierungen sich 1904 veranlaßt sahen, die Verwendung von Laufhunden bei der Jagd durch die Begrenzung der Schulterhöhe einzuschränken.

Mit Hilfe von Dachshunden gelang es in kurzer Zeit, aus den jagderprobten Laufhunden Niederlaufhunde zu machen: Kleine Abbilder der großen Rassen mit den gleichen guten Eigenschaften. Sie sind in kleineren Revieren sogar besser zu gebrauchen als ihre hochläufigeren Verwandten, weil sie nicht so flüchtig sind.

Der Basset-Hound wird seit 1880 in England gezüchtet. Zunächst wurden einige englische Bloodhounds mit den aus Frankreich kommenden Bassets Artésien-Normand gekreuzt. Der Basset Artésien-Normand entstand durch eine Verbindung zwischen Normand und Artois auf dem Gut des Grafen Le Couleux de Canteleu. Durch Mutation wiesen einige Tiere Beine mit verkürzten Röhrenknochen auf, d. h. die Beine entwickelten sich nicht zu der bei den damaligen Laufhunden normalen Höhe. Vom Bloodhound blieb im Lauf der Zeit nur der mächtige Kopf.

Der Basset-Hound ist ein Kindernarr. Obwohl ursprünglich ein Jagdhund, fühlt sich das anhängliche Tier auch in einer Stadtwohnung wohl, wenn ihm genug Auslauf geboten wird. Der Basset-Hound ist widerstandsfähig, kann also auch im zuggeschützten Zwinger leben. Dann sollte er aber noch einen Artgenossen zur Gesellschaft haben, denn als Meutehund ist er nicht gerne allein.

Treu wartet er auf seine menschlichen Freunde; feinfühlig merkt er, wenn er stört und zieht sich lautlos zurück. Zum Wachhund muß man ihn erst erziehen, denn er ist zu menschenfreundlich. Seine Stimme ist kraftvoll und dunkel, er ist kein Kläffer und auch kein Angstbeißer.

Wegen seines angenehmen Charakters und einfühlsamen Wesens ist der Basset-Hound in der letzten Zeit in Deutschland auch als Stadthund immer beliebter geworden. Seine menschlichen Freunde sollten dabei nicht vergessen, daß er passionierter und begabter Schweißhund mit einer fantastischen Nase ist, zwar langsamer als die hochbeinigen Verwandten, aber dafür auch um so gründlicher. Wer also die Möglichkeit hat, ihn ausbilden zu lassen, sollte es tun, um alle guten Eigenschaften dieses Niederlaufhundes zur Entfaltung zu bringen. Sie sollten dann aber auch nicht brachliegen.

Haltung: Der Basset ist pflegeleicht, schon weil er kurze Haare hat. Mit einer Borstenbürste wird der Staub aus dem Fell entfernt, kämmen ist nicht nötig.

Mit einem feuchten Gummihandschuh streicht man mal gegen, mal mit dem Strich und bekommt so totes Haar aus dem Basset-Pelz. Die langen Ohrlappen wischt man mit einem feuchten Tuch ab, aber niemals innen. Wenn nötig, reinigt man den Gehörgang einmal im Monat mit Öl, niemals mit Wasser. Die Ölreste müssen gründlich entfernt werden.

Ist der Basset Etagenbewohner, sollte er erst Treppen steigen, wenn er über sechs Monate alt ist. Dann hat sich der Knochenbau gefestigt. Um die Schönheit, Beweglichkeit und Gesundheit des Basset zu erhalten, muß man darauf achten, daß er nicht zu dick wird. Ein Rüde soll zwischen 20 und 25 kg, eine Hündin etwas weniger wiegen. Mit 12 Monaten ist ein Tier ausgewachsen, mit zwei Jahren erwachsen.

Aussehen: Der Basset-Hound hat schwerere Knochen, dickere Pfoten und einen melancholischeren Blick als irgendein anderer Artgenosse. Der ganze Kopf soll mit loser Haut bedeckt sein, so daß sie an Oberkopf und Wangen nach vorne fällt und Falten bildet, wenn die Nase zu Boden gerichtet ist. Der Behang ist sehr lang. Die sehr tief am Kopf angesetzten Ohren reichen fast bis zum Boden. Nach vorne gezogen, müssen sie vor der Nasenspitze übereinandergelegt werden können. Die Augen liegen tief im Kopf und sind von tiefbrauner Farbe.

Hundekenner Ulrich Klever – er war übrigens einer der ersten Basset-Besitzer in Deutschland – beobachtete, daß der Basset von allen Hunden der einzige ist, der nach Wolfsart zur Begrüßung eines Artgenossen seine Rute im Kreis drehen kann. Die Kreisbewegung wird – laut Klever – nie für Menschen verschwendet. Ansonsten wird die Säbelrute in der Waagerechten getragen und bei Erregung oder der Jagd nach oben gereckt.

Haar und Farbe: Das Fell ist stockhaarig, hart, glatt und so dicht, daß der Hund bei jedem Wetter als Jagdhund arbeiten kann. Alle Jagdhundfarben sind erlaubt.

Schulterhöhe: Rüden 32,5 cm, Hündinnen 30 cm.

Verwandte Rassen: Französische Bassets, Schweizer Niederlaufhunde, Dachsbracke, Deutsche Bracke, Hannoverscher und Bayerischer Gebirgsschweißhund, Europäische Laufhunde, Bloodhund, Beagle, Foxhund, Dalmatiner.

Fazit: Ein wertvolles, tüchtiges Tier, das die beste Hundenase besitzt und viel zu schade ist, als Modehund zu gelten.

Der Beagle

Die Rassebezeichnung „Beagle“ soll es erst seit Anfang des 16. Jahrhunderts geben. Angeblich geht sie auf „beag“ oder „beg“ zurück, was damals „klein“ bedeutete. Es gibt auch die Version, daß der Name vom italienischen „piccolo“ kommt. Fest steht, daß der Beagle der kleinste der englischen Laufhunde ist, der Ursprung des Namens hat also seine Berechtigung. Um 1750 sollen die Beagles mit kleinen Greyhounds und Lurchers gekreuzt worden sein, um ihre Schnelligkeit zu erhöhen. Woher der liebenswerte Jagdgenosse ursprünglich kommt, wissen die Forscher nicht genau. Einige glauben, schon Xenophon (5. Jahrhundert v. Chr.), ein begeisterter Jäger, habe ihn erwähnt. Sicher ist, daß Königin Elisabeth I. von England (1533–1603) diese Laufhunde liebte und bevorzugte – eben weil sie so zierlich waren. Die königlichen Favoriten gingen – so wird berichtet – in einen Handschuh.

Äußerlich gleicht die moderne Version des Beagle bis auf die Rute ziemlich genau dem Foxhound, wenn auch die beiden keine nahe Verwandtschaft verbindet. Schon lange vor dem Foxhound wurde der kleinste Laufhund in England bei Treibjagden in kleineren Meuten auf Fuchs und Hase angesetzt. Lebendigkeit und Schärfe lassen auf Terrierblut schließen. Und es ist sogar denkbar, daß der als rein englische Zucht deklarierte Beagle französische Ahnen hat.

So unklar wie seine Herkunft, so klar ist der Siegeszug, den der begabte Jagdhund nicht nur in seiner Heimat England, sondern auch in Frankreich und besonders den USA angetreten hat. In den Staaten gehört er zu den meistgehaltenen Hunden, er wurde dank seiner guten Eigenschaften zum Hausgenossen umfunktioniert. Auch bei uns gewinnt er immer mehr Freunde.

Da der Beagle mindestens ein halbes Jahrtausend als Meutehund gehalten wurde, hatte er viel Zeit, Anpassung zu üben. Er ist geradezu zum aufmerksamen und wachsamen Begleiter des Menschen prädestiniert. Auch als Kinderhund ist er ideal. Er sieht nämlich jedes Kind (bis zu etwa zehn Jahren) als Artgenossen an und ist dafür bekannt, zu Mit-Hunden besonders gutmütig und verträglich zu sein. Teenager betrachtet er schon als Autorität, er nimmt von ihnen Befehle entgegen.
Wird der Vierbeiner mit dem lustigen Säbelschwanz nur als Hausfreund gehalten, sollte man ihm für seine Sanftheit, Liebenswürdigkeit und Treue auch einen Gefallen tun und sich daran erinnern, daß er jahrhundertelang frei laufen durfte. Also muß er auch heute noch genügend Auslauf haben. Er ist ein lustiger Etagen-Hund, der wegen seiner kurzen Haare kaum Spuren hinterläßt. Das intelligente Tier erfaßt schnell, wenn es nicht bellen soll, es ist von Natur aus ruhig und kein Kläffer.
Haltung: Das kurze Haar ist pflegeleicht. Einmal in der Woche reicht eine etwa fünfminütige Bürstenpflege. Wird das Fell täglich gepflegt, genügt eine kürzere Zeit. Das Haar glänzt natürlich, englische Züchter helfen mit einem Mittel manchmal etwas nach (besonders vor Ausstellungen).
Das Tier ist wenig krankheitsanfällig und (noch) nicht überzüchtet.
Aufgrund seiner Robustheit kann der Hund im Zwinger gehalten werden. Als Meutehund braucht er Gesellschaft, sei es im Zwinger oder in der Wohnung. Menschen akzeptiert er ebenso wie Artgenossen.
Der Beagle ist ein Frühentwickler. Mit einem Jahr ist der Rüde zuchtfähig, mit 14 Monaten ausgewachsen. Eine Hündin kann ab 18 Monaten bis zu acht Jahren gedeckt werden. Mit einem Jahr kann man den Beagle zur Jagd abrichten. Er soll aber nur Sicht- und Spurlaut lernen, wenn er auch jagen darf. Lebt er in der Stadt, sollten seine Fähigkeiten nicht erst voll entwickelt werden, weil sie dann doch brachliegen.
Der Etagenbeagle möchte bis zu 1½ Stunden täglich Bewegung, am liebsten nach dem Fressen. Ab acht Monaten läuft er auch gerne am Rad.
Aussehen: Der Beagle hat eine fast quadratische Form. Die Augen sind dunkelbraun bis haselnußfarben, die Nase ist breit und schwarz. Die Ohren hängen lang in einer Falte in Wangennähe herunter.
Haar und Farbe: Das Haar ist kurz, glatt und dicht. Oder Rauhhaar, dicht und drahtig. Die Farbe ist meist weiß, schwarz, lohbraun oder eine Mischung dieser drei.
Schulterhöhe: Rüden 40 cm bei Normalschlag, Zwergbeagle unter 25 cm. Hündinnen etwas kleiner.
Verwandte Rassen: Der Beagle gehört zu den Laufhunden wie auch der Bloodhound, der Hannoversche Gebirgsschweißhund, der Bayerische Gebirgsschweißhund, der Dalmatiner, der Basset Hound, die Dachsbracke und die Deutsche Bracke.
Fazit: Ein idealer Weggefährte in Stadt und Land, für groß und klein.

Der Bedlington (Siehe auch Farbtafel 5)

Seinen Namen verdankt er einer kleinen Stadt Bedlington in Nordengland. Dort züchtete der Maurer Ainsly diesen Terrier-Typ und benannte ihn 1825 nach seiner Heimatstadt. Englische Kynologen behaupten, daß er mit dem Dandie Dinmont eng verwandt sei und auch Blut vom Whippet und der Französischen Bulldogge habe.
Der elegante Hund, heute oft als Modehund falsch eingeschätzt, begann seine Karriere als Helfer des Menschen recht bescheiden. Bergwerks- und Fabrikarbeiter schätzten ihn als Rattenvertilger, er wurde auch zur Jagd auf Hasen, Kaninchen, Füchse, Dachse und Ottern angesetzt.
Allerdings sah er damals viel robuster und ungepflegter aus, erst der Eintritt in die feine Gesellschaft sicherte ihm den regelmäßigen Termin beim Friseur oder die Haarpflege im Hause.
1931 wurde erstmalig ein Bedlington auf der Berliner Hundeausstellung gezeigt. Er fand besonders bei den Damen Anklang und avancierte gleich zum ständigen Begleiter. Doch sein Schafsaussehen täuscht. Er ist immer noch der wachsame Jäger mit einem vorzüglich funktionierenden Gebiß.
Das Idealbild vom sanften Salonhund erfüllt kein anderer so gut wie er. Der liebenswürdige Ausdruck auf seinem edlen, langen Gesicht ist keine Täuschung. Ist er aber zum Bewacher des Hauses oder Autos bestellt, erwacht in ihm die Wolfsnatur. Er kann ebenso scharf wie sanft sein, aber alles zu seiner Zeit. Zu zweit oder in der Meute gehalten, wird er angriffslustig wie zu den alten Zeiten, da er seinen armen Herren den Vorratsschrank füllen helfen mußte.

Auslauf braucht er auch heute noch, doch ist er zum idealen Etagenhund geworden, weil er nicht kläfft und nicht haart. Die abgestorbenen Haare bleiben so lange im Fell, bis sie ausgekämmt werden.
Der Bedlington Terrier mag Kinder ausgesprochen gern. Er ist sehr anhänglich, umgänglich und sensibel, überhaupt nicht schwierig und kein Einzelgänger. Er hat gerne Gesellschaft und sollte, falls er im Zwinger gehalten wird, nicht allein sein. Doch muß man beim Umgang mit dem Bedlington stets daran denken, daß er ursprünglich als Jagdhund diente, auch zu Hundekämpfen herhalten mußte und als Renntier eingesetzt wurde. Seine Geduld sollte nicht überstrapaziert werden. Er ist eben ein Hund geblieben und trotz seines stilisierten Aussehens kein Modegeschöpf!
Haltung: Der Bedlington ist ein ausgesprochen schönes, elegantes Tier. Das kommt nicht von ungefähr. Es muß – um anmutig zu bleiben – gepflegt werden. Sein schafsähnlicher Pelz sollte etwa alle sechs Wochen geschnitten werden. Wird der Friseur – es muß schon ein guter sein, der die Standardvorschriften kennt – zu teuer und hat er keine Zeit, kann man, nach vorheriger Anweisung, auch selbst zur Friseurschere greifen.
Die Augen werden mit einem Mull-Läppchen abgewischt, nach den Mahlzeiten wird die Schnauze mit einem feuchten Tuch gesäubert, damit das Haar nicht verfilzt. Die gleiche Pflege sollte auch dem Hinterteil zuteil werden. Je öfter das Fell gekämmt wird, um so weniger kann es zusammenkleben. Besonders gefährdete Stellen sind die Unterseiten der Vorderläufe und der Bauch. Waschen ist nur in Fällen extremer Verschmutzung nötig, meist hilft Puder.
Eine Stunde Auslauf täglich (mindestens) sollte man seinem Tier schon gönnen. Er muß kaum erzogen werden, da er von Natur aus Sanftheit und Schärfe in der richtigen Reihenfolge anwendet. Er ist gut abzurichten, Schutzhundprüfungen besteht er meist mit Glanz. Er ist nicht kälteempfindlich und tapfer.
Aussehen: Der Kopf ist schmal, aber gerundet und mit einem dichten, seidigen Schopf bedeckt, der beinahe weiß sein soll. Die Augen sind klein, glänzend und tiefliegend, die Dreiecksform gilt als ideal. Die Ohren sind mäßig groß, tief angesetzt und flach an den Backen herunterhängend. Sie sollen mit kurzem, feinem Haar bedeckt sein und an der Spitze eine weißliche, seidige Franse tragen. Der Schwanz ist mäßig lang und verjüngt sich an der Spitze.
Haar und Farbe: Das Haar ist dick, flockig und von der Haut abstehend, aber nicht drahtig, hat Neigung zur Lockenbildung, besonders an Kopf und Gesicht. Es ist blau, blau- und lohfarben, leber- oder sandfarben. Blaue Tiere sollen dunkle Augen haben, blau- und lohfarbene hellere mit Bernsteinschimmer, leber- und sandfarbene haselnußbraune.
Schulterhöhe: Rüden 40 cm; Hündinnen etwas kleiner.
Verwandte Rassen: Terrier, Pinscher, Schnauzer.
Fazit: Ein echter Hund, dem Unrecht geschieht, wenn er zum Modehund degradiert wird.

Der Bernhardiner

Der Name Bernhardiner stammt von den Augustiner-Mönchen vom St. Bernhard, die in einsamer Höhe im Graubündener Land diesen außergewöhnlichen Hund züchteten. Seit ungefähr 1650 diente er zunächst als Wachhund, wurde aber bald aufgrund seines ausgeprägten Spür- und Ortssinns der zuverlässigste Helfer seiner geistlichen Herren, wenn diese Erschöpften und Lawinen-Verschütteten zu Hilfe eilten. Bis zu sechs Meter tief im Schnee vergrabene Menschen kann er noch wittern. Der berühmteste Vertreter seiner Rasse, der Bernhardinerhund Barry, hat in den Jahren von 1800 bis 1812 in den Schweizer Alpen 40 Menschen vor dem sicheren Tod im Schneesturm bewahrt. Dann wurde er vom einundvierzigsten, der ihn in seiner Panik für ein wildes Tier hielt, getötet. Auf dem Hundefriedhof von Paris steht sein Denkmal, im Museum von Bern sein ausgestopfter Körper.
Nachdem die Mönche die außergewöhnlichen Fähigkeiten des Tieres erkannt hatten, bildeten sie es als Rettungshund aus und verstärkten die Zucht.
Die Herkunft des Kloster- oder Hospizhundes – so nannte man den Bernhardiner früher – ist nicht ganz klar. Die Vorfahren des „Schweizer Nationalhundes" lebten wahrscheinlich schon zu Cäsars Zeiten als doggenartige Wachhunde, die sich nach der Eroberung Helvetiens durch die Römer mit den einheimischen Hunden vermischten und so zu gutmütigen, zuverlässigen, starken Tieren entwickelten, die die Mönche von St. Bernhard dann weiterzüchteten. Um 1850 begann man mit der Reinzucht. 1865 bekam die neue Rasse, die sich schnell außerordentlicher Beliebtheit erfreute, ihren heutigen Namen.

Als die ersten Bernhardiner in England auftauchten, erregten sie sofort große Aufmerksamkeit. Um die Zuchtgrundlage zu erweitern, kreuzte man sie mit Neufundländern oder Mastiffs, was sich als nachteilig erwies. Denn die englischen Vettern waren plumper und unbeweglicher als die wendigen, widerstandsfähigen Schneehunde in der Schweiz. Durch die moderne Technik, wie zum Beispiel die Lawinensonde, verlor der Bernhardiner seine eigentliche Aufgabe und der Bestand ging in den Bergen immer mehr zurück. Zur Zeit gibt es in der Bundesrepublik über 22 000 Exemplare. Der „St. Bernhards Club e. V.“ zählt ungefähr 1400 Mitglieder.

Mit seinem leuchtend rotweißen Fell und seiner stattlichen Größe ist der Bernhardiner ein sehr repräsentativer Hund. Er ist ein machtvoller Schutzhund, der ideale, gutmütige Babysitter und Spielgefährte für Kinder. Außerordentlich liebebedürftig, braucht er viel Kontakt mit Menschen. Er mag Ortswechsel nicht, und man sollte ihn, wenn die Familie Urlaub macht, möglichst zu Hause bei zuverlässigen Freunden lassen. Das Tier bellt selten und ist dennoch äußerst wachsam. Ruhig, rührig und treu erfüllt er seine Aufgabe, die Bewachung seiner Leute. Sein Spürsinn ist nicht mehr so ausgebildet, seit er als Retter aus Bergnot ausgedient hat.

Haltung: Der junge Bernhardiner wächst dreimal so schnell wie andere Hunde. Das bedeutet, er nimmt etwa drei Pfund pro Woche zu. Mit zwei Jahren erreicht er seine Endhöhe, mit ungefähr drei Jahren ist er ausgewachsen. Dann braucht er 2 kg Innereien am Tag. Das erste Vierteljahr seines Lebens ist besonders maßgebend. Was man jetzt versäumt, wird nicht mehr aufgeholt. Die Züchter geben meist einen Futterplan mit. Vigantol und Lebertran gehören auf den Speisezettel, ebenso wie Salz. Trotz seiner Passivität ist das mächtige Tier kein Etagen- und erst recht kein Kettenhund. Ein großer, überdachter Zwinger, viel frisches Wasser, ein Garten und viel Auslauf sind ideale Lebensbedingungen. Wegen seines dichten Felles leidet der Bernhardiner unter Hitze. Im Winter kann er zeitweilig im Zwinger bleiben, der mit genügend Stroh oder einem Holzrost ausgestattet ist.

Aussehen: Kräftiger, gut proportionierter, großer Hund mit mächtigem Kopf. Augen mittelgroß, dunkelbraun, das untere Lid schließt meist nicht völlig. Rute breit, kräftig und lang, in der Ruhe hängend getragen.

Schulterhöhe: Rüden mindestens 70 cm, bei einem Gewicht bis zu 100 kg; Hündinnen 65 cm, bei einem Gewicht bis etwa 90 kg.

Haar und Farbe: Das Stockhaar ist glatt und derb, beim Langhaar mittellang, auch leicht gewellt, nie stark gekraust. Es ist weiß und rot in verschiedenen Nuancen und hat gestromte Patten mit weißen Abzeichen. Es ist niemals einfarbig rot oder weiß.

Verwandte Rassen: Rottweiler, Kuvasz, Puli, Neufundländer, Europäische Hütehunde, Berner Sennenhund, Schweizer Sennenhund, Entlebucher.

Fazit: Ein idealer Hütehund für Liebhaber großer Hunde mit genug Platz.

Der Boxer (Siehe auch Farbtafel 8)

Kaum ein Hund klettert so stetig die Erfolgsleiter und Beliebtheits-Skala hinauf wie der Boxer. Das kummervoll scheinende „Gesicht“ mit der eingedellten Boxernase scheint Empfindungen und Verstehen wiederzugeben.
Der Name geht auf die Eigentümlichkeit zurück, daß die Tiere wie Boxer mit ihren Vorderpfoten „arbeiten“ können.
1896 wurde der erste deutsche Boxerclub gegründet. Man fand damals das Aussehen dieser vierbeinigen Komiker einfach lächerlich. Schon zehn Jahre später waren sie auf Ausstellungen zahlenmäßig mit am stärksten vertreten. 1925 wurden sie als Gebrauchshunde anerkannt, und 1975 war die Nachfrage so gestiegen, daß es schon Kaufanwärter für ungeborene Welpen gab.
Die Rasse, die Ähnlichkeit mit der Bulldogge hat, geht auf die schweren Packerhunde zurück, die im Mittelmeerraum schon im Altertum vorkamen. Wir wissen, daß sie einst mit den Cimbern gegen die Römer zu Feld zogen und nach der Niederlage dieses Germanenstammes 101 v. Chr. bei Vercellae mit Todesmut das Lager der Frauen und Kinder verteidigten. Diesen Schneid und diese Uneigennützigkeit haben ihre Nachkommen bis heute bewahrt – ein Grund für die menschliche Vorliebe für diesen Vierbeiner.
Der Welpe sollte nicht zu jung abgegeben werden, also nicht vor acht Wochen. Vor allem aber müssen die Narben der kupierten Ohren verheilt sein und die Ohren stehen. Das dauert erfahrungsgemäß 14 Tage.
Die herausragendste Eigenschaft ist Gutmütigkeit und Treue allen gegenüber, die zur Familie gehören. Der Boxer ist ohne Falsch und kann wie kaum ein Tier seine Freude ausdrücken. Da auch der Schwanz im allgemeinen kupiert wird,

tänzelt er mit seinem ganzen, kräftigen Körper. Fremden gegenüber ist er mißtrauisch und zurückhaltend. Der oft als finster interpretierte Blick täuscht, der brave Hund wird nur gefährlich, wenn er die Seinen und ihre Habe verteidigen muß. Auch Artgenossen gegenüber ist er ritterlich, schwächere Tiere sind für ihn tabu. Kläffer ignoriert er indigniert, er ist ruhig und läßt nur selten ein kurzes, tiefes Bellen hören.
Auf Kinder ist er ganz versessen und es wird nie vorkommen, daß er mit einem zarten Kleinkind rauhbeinig umspringt.
Die Unart zu sabbern, hat der Boxer längst abgelegt. Dennoch kann es mal vorkommen, daß ein aufgeregter Rüde Speichelfäden absondert, bei Hündinnen ist das ganz selten. Der treuherzige Kerl ist verspielt, auch wenn er längst erwachsen ist (ab zwei Jahre). Es ist einfach unmöglich, ihn zu beobachten, ohne sich an ihm zu erfreuen.
Haltung: Der Boxer ist pflegeleicht, schon wegen seines kurzen Haares. Er riecht nicht und kann auch auf der Etage gehalten werden, wenn er pro Tag mindestens 5 bis 7 Kilometer Auslauf hat. Ab 14 Monate kann er am Rad laufen. Das Tier ist wind- und wetterfest, sollte aber nicht im Zwinger gehalten werden, weil es die Nähe seiner menschlichen Freunde braucht. Deshalb ist es auch ratsam, es selbst zum Gebrauchshund auszubilden. Wenn man sich mit ihm liebevoll beschäftigt, gewinnt man den idealen Schutzhund, der seine gute Nase und seine positiven Eigenschaften ganz in den Dienst der Menschen stellt.
Das Haar reinigt man am schnellsten und besten mit einem Noppenhandschuh aus Gummi (Bürsten reizt leicht die Haut). Investiert man täglich zehn Minuten in die Fellpflege, wird es in der Wohnung keine herumfliegenden Haare geben. Ein Bad ist höchstens fällig, wenn der Hund sich wirklich im Schlamm gewälzt hat. Leinsamenschrot (1 Teelöffel) oder Algenmehl ($1/2$ Teelöffel) ist gut fürs Fell, ebenso ein rohes Ei (ein- bis zweimal pro Woche).
Hündinnen lieben Abwechslung im Speisezettel. Die Ohren sollten einmal pro Woche mit einem vom Tierarzt empfohlenen Mittel gereinigt werden.
Aussehen: Der Boxer ist ein mittelgroßer, kräftiger, nervenfester Hund. Seine Knochen sind stark, die Brust ist breit und der Kopf muß in gutem Ebenmaß zum Körper stehen, darf also weder zu klein noch zu mächtig sein. Jedes Gramm zuviel ist fehl am Körper des Boxers. Das Tier ist Vorbeißer, nach dem Standard sollen aber die Zähne bei geschlossenem Fang nicht zu sehen sein.
Haar und Farbe: Das Fell ist dicht und kurz. Die Haarfarben sind gelb oder gestromt. Gelb kommt in den verschiedensten Tönungen vor, von dunkelhirschrot bis hellgelb. Die Maske ist schwarz, sie sollte sich jedoch auf die Schnauze beschränken, damit kein unfreundlicher Ausdruck entsteht. Weiße Abzeichen sehen sehr hübsch aus, sie dürfen aber höchstens ein Drittel der Körperoberfläche ausmachen. Sonst werden die Tiere nicht – wie auch schwarze, ganz weiße oder andersfarbige – ins Zuchtbuch eingetragen.
Schulterhöhe: Rüden 57–63 cm; Hündinnen 53–59 cm.
Verwandte Rassen: Bordeauxdogge, Mastiff, Deutsche Dogge, Französische Bulldogge, English Bulldogg, Mops.
Fazit: Ein liebenswerter, zuverlässiger vierbeiniger Freund, der im Dienst für seinen Herrn aufgeht.

Die Englische Bulldogge

Seit altersher mußten in England Doggen bei den beliebten Tierhetzen ihren Mut und ihre Kraft beweisen. Ihre Aufgabe war es, einen kräftigen Bullen anzufallen, ihn an der Nase zu packen und so lange festzuhalten, bis er sich geschlagen gab. Trotz der Rohheit dieses Kampfspiels erfreute es sich regen Zulaufs. Ihm verdanken die Bulldoggen ihren Namen (bull = Bulle, dog = Hund).
Damit sie für den harten Kampf körperlich geeignet waren, züchtete man Exemplare, die eine möglichst gedrungene Form hatten, dennoch über eine gewisse Schnelligkeit verfügten und stark waren. Es kam vor allem darauf an, daß Kopf und Gebiß eine große Kraft hatten.
Die Vorfahren dieser Bullenhunde waren höchstwahrscheinlich die alten Kampfhunde, die bereits die Römer aus dem eroberten Britannien mitgebracht hatten.
Im Jahre 1835 wurden, um Tierquälerei zu verhüten, Tierhetzen verboten. Damit waren die Bulldoggen arbeitslos geworden und ihre Zucht ging stark zurück. Dank der Vorliebe der Engländer für diese Hunderasse überlebte sie jedoch. Allerdings ging man daran, den starken Kampftrieb, der nun nicht mehr gefragt war, zu unterdrücken und einen verträglichen angenehmen Haushund zu züchten.
Bereits um die Jahrhundertwende kamen englische Bulldoggen nach Deutschland. Sie konnten sich allerdings bei uns nicht durchsetzen, denn sie wirken auf den ersten Blick für den Nichtkenner häßlich, und allzu schnell ist man bereit, vom Äußeren auf den Charakter zu schließen. Damit tut man jedoch dem Tier bitter unrecht. Es ist kein Griesgram und Rauhbein, sondern sensibel, braucht besonders viel Liebe und ist als Gegengabe bereit, für Herrchen oder Frauchen durchs Feuer zu gehen. Als ausgezeichneter Wächter und angenehmer Hausgenosse, der im Notfall den ganzen Kampfesmut seiner alten Rasse beweist, hat er sich bewährt.

Haltung: Die Bulldogge ist an und für sich pflegeleicht, da das Fell kurz und glatt ist. Sie kann auch in einer größeren Etage gehalten werden, wenn genügend Auslauf und Bewegung geboten wird. Das anhängliche Tier braucht Zeit, denn es möchte, daß man sich ihm intensiv widmet.
Aussehen: Die Englische Bulldogge ist ein untersetzter, kompakter Hund mit runden Füßen und viel loser Haut, die ihn faltig erscheinen läßt. Der Kopf ist viereckig und im Verhältnis zur Größe zu massiv. Die Rute ist tief angesetzt und soll sich nach unten biegen. Sie darf nicht über dem Rücken getragen werden. Die Ohren sind klein, hoch am Kopf angesetzt. Ihre Form hat rosenförmig zu sein, das heißt, sie sind auf ihrer Rückseite nach innen gefaltet und am oberen Rand gebogen, so daß die Ohrläppchen und das Innere der Ohrmuscheln teilweise zu sehen sind. Das Nasenbein ist kurz und nach oben gerichtet, dadurch enthält das Gesicht eine aufwärts gebogene Form. Sie ist charakteristisch für die Rasse.
Haar und Farbe: Das Haar ist fein, anliegend, glatt, sehr dicht. Die Englische Bulldogge kann weiß, gestromt, rot, rotgelb oder fahlgelb sein, einfarbig, buntscheckig, gemischt oder scheckig. Schwarz-Weiße oder Weiße mit schwarzen Punkten sind nicht erwünscht.
Schulterhöhe: Rüden ca. 30 cm; Hündinnen etwas kleiner.
Idealgewicht bei Rüden 23 kg, bei Hündinnen 21 kg.
Verwandte Rassen: Deutsche Dogge, Bordeauxdogge, Dogo Argentino, Boxer, Mastiff, Mops, Französische Bulldogge.
Fazit: Ein Hund, der mit seinem grotesk erscheinenden Äußeren wenig Gefallen findet. Wer ihn dennoch ins Haus nimmt, lernt ihn sehr zu schätzen.

Der Chihuahua

Der Chihuahua gilt als der kleinste Hund der Welt. Er geht bequem in eine Suppentasse. Er gehört einer uralten Rasse an, deren Vorfahren schon bei den Azteken gehalten wurden. Kolumbus hat angeblich von den kleinen Geschöpfen, die er in Mexiko sah, berichtet.
Der Name, „Tschiwawa" gesprochen, kommt von der gleichnamigen mexikanischen Provinz. Zu Beginn des 20. Jahrhunderts entdeckten die Nordamerikaner ihre Vorliebe für diese Zwerghunde, die sich in Amerika schnell zu einer der beliebtesten Rassen entwickelten. Der „American Kennel Club" erkannte sie als eigenständige Rasse an; 1942 wurde ein Spezialclub gegründet.
Auch in England eroberte sich der liebenswürdige Zwerg bald die Herzen der Hundefreunde. Allmählich kamen die Chihuahuas auch auf den Kontinent, sind aber hier noch relativ selten.
Trotz seiner Zierlichkeit ist dieses Hündchen klug, neugierig und beweglich. Wachsam verteidigt er, wie seine großen Brüder, Hab und Gut seiner menschlichen Freunde. Was ihm an Kraft fehlt, macht er mit seiner durchdringenden Stimme wett. Wie alle kleinen Rassen, neigen auch die Chihuahuas zum Kläffen. Ihre Anhänger sind davon überzeugt, daß diese Winzlinge noch lebenstüchtig genug sind, um sich in der Wildnis allein durchzuschlagen, wie einst ihre Urahnen.
Dennoch wird er aufgrund seiner Zartheit als Modehund gehalten, den es auch in einer langhaarigen Version gibt.

Haltung: Der kurzhaarige Chihuahua ist pflegeleichter als sein langhaariger Vetter. Der temperamentvolle kleine Kerl braucht Auslauf wie jeder Hund. Besonders wichtig ist, daß er nicht überfüttert wird. Das Idealgewicht beträgt zwischen einem bis zwei Kilogramm. Das bedeutet jedoch nicht, daß das Tier unterernährt oder mickrig sein muß. Es findet Platz in der kleinsten Hütte, ist genügsam, anhänglich und wachsam. Der lebhafte Kerl sollte täglich Bewegung haben wie ein normaler Hund und nicht dauernd auf dem Arm oder in Damenhandtaschen transportiert werden.

Aussehen: Die Ohren sind groß und stehen aufrecht, wenn das Tier erregt ist. Im Ruhezustand sind sie in einem Winkel von 45 Grad seitlich geneigt. Die Augen sind groß und dunkel; helle Augen sind bei blonden Typen gestattet. Die Rute ist mäßig lang, entweder im Bogen nach oben oder nach außen getragen, auch ringförmig über dem Rücken. Stummelrute oder Rutenlosigkeit sind gestattet, wenn sie angeboren sind.

Haar und Farbe: Beide Versionen, die lang- sowie die kurzhaarige, haben ein dichtes Haarkleid. Es ist weich, dicht anliegend und glänzend. Langhaarige Hunde sollen Fransen an Ohren, Läufen und Rute haben. Alle Farben, einfarbig, gefleckt oder gesprenkelt, sind erlaubt.

Schulterhöhe: Rüden 25 cm; Hündinnen etwas kleiner.

Verwandte Rassen: Der Chihuahua gilt als eine Sonderform der Terrier.

Fazit: Ein quicklebendiger Geselle, bei dem man nie vergessen sollte, daß er ein Hund ist.

Der Chow-Chow

Als der Chow-Chow in den Jahren nach dem Ersten Weltkrieg über England nach Deutschland kam, verhielt man sich dem Tier mit der Löwenmähne gegenüber sehr reserviert. Bald aber wurden seine guten Eigenschaften bekannt, und er eroberte sich immer mehr Sympathien.
Sein Name kommt aus dem chinesischen Tschau-Tschau, das die Engländer in Chow-Chow umwandelten und bei uns Schau-Schau ausgesprochen wird. Es bedeutet so viel wie lecker-lecker. Das läßt darauf schließen, daß der Hund als Delikatesse auf den Tisch kam.
Über seine Herkunft wissen wir nichts Genaues. Die Ähnlichkeit mit dem Spitz läßt vermuten, daß seine Ahnen unter den Urhundformen, wie zum Beispiel dem Torfspitz, zu suchen sind. Fest steht, daß er einer sehr alten Art angehört, die sich schon vor 2000 Jahren in China großer Beliebtheit und Verbreitung erfreute. Englische Reisende brachten den Exoten nach Europa. Wir haben es den erfahrenen englischen Züchtern zu danken, daß sie den heute so geschätzten Rassehund in die uns bekannte ansprechende Form brachten. Um die Jahrhundertwende interessierte sich Königin Victoria lebhaft für den Neuling, nachdem sie ihn auf einer Ausstellung zum ersten Mal gesehen hatte. Im Deutschen Zuchtregister wurde die Rasse zum ersten Mal 1924 registriert.
Er ist ein typischer Einmann-Hund, der nur dem eigenen Herrn Treue und Anhänglichkeit entgegenbringt. Gegen Fremde ist er reserviert, ja sogar mißtrauisch – ein ganz „unhündischer" Hund. Selbstbewußt und freiheitsliebend ordnet er sich nicht gerne unter.

Haltung: Der Chow-Chow braucht eine gute Aufsicht, da er jedes Eingesperrtsein haßt und gerne versucht, in die Freiheit zu entkommen. Er ist selten zum Spiel aufgelegt und hat nichts für Possen übrig. Seine Erziehung ist nicht einfach, doch für einen vom Chow-Chow anerkannten „Oberhund“ problemlos.
Vor 2000 Jahren diente er schon in China als Jagd-, Wach- und Schlittenhund. Er ist auch heute noch ein zuverlässiger Wächter, obwohl er kaum bellt. Er äußert selten seine Gefühle, von Freudenausbrüchen hält er nichts. Er braucht viel Auslauf und ist kein Etagenhund. Der mürrische Blick täuscht, der Chow-Chow ist freundlich. Das dichte Haarkleid sollte täglich gebürstet und gepflegt werden.
Aussehen: Typisches Merkmal ist die blau-schwarze Zunge. Bei den Welpen ist sie zunächst rosa, zeigt aber bald einen blau-schwarzen Fleck, der immer größer wird. Ebenfalls charakteristisch wirkt der stelzige Gang. Der Fachausdruck dafür lautet „steile Hinderhand“.
Welpen und Junghunde sehen zunächst aus wie Wollknäule mit Beinen. Ein Chow-Chow mit einem Mongolengesicht ist ursprünglicher als der zottelige Bärentyp.
Die Rute wird über dem Rücken getragen. Die Nase ist groß, breit und schwarz, außer bei cremefarbigen und weißen Tieren, bei denen eine hellere Nase gestattet ist und bei blauen und zimtfarbigen Tieren, die eine gleichfarbige Nase haben.
Haar und Farbe: Neben der langhaarigen Form gibt es noch eine kurzhaarige. Sie ist zwar pflegeleichter, bei uns jedoch kaum bekannt. Der dichte Pelz, der früher einmal gelb war, wurde auf ein kräftiges Braunrot umgezüchtet. Daneben gibt es schwarze, beige in allen Schattierungen und, allerdings sehr selten, blaue Chow-Chows.
Schulterhöhe: Rüden 50–55 cm; Hündinnen 50 cm.
Verwandte Rassen: Der Chow-Chow gehört zur Familie der Nordlandhunde wie der Samojedenspitz, Finnenspitz, Laiki, Grahund, Karelische Bärenhund und Huskie.
Fazit: Ein Lebewesen mit viel Würde und Persönlichkeit, das so gar nichts „Hündisches“ an sich hat.

Der Cocker-Spaniel

Obwohl er ein sehr begabter Jagdhund ist, wurde der Cocker-Spaniel als Haushund bei uns immer beliebter. Das mag an seinem wunderschönen Aussehen und seinen angenehmen Charaktereigenschaften liegen.
Diese englische Rasse verdankt ihren Namen ihrer ursprünglichen Tätigkeit – man benutzte sie speziell für die Schnepfenjagd (woodcock). Vielleicht aber stammt der Name auch von cock pheasant, was Fasanenhahn bedeutet.
Es ist schade, daß dieses für die Jagd so begabte Tier heute überwiegend zweckentfremdet wird. Es ist ein ausdauernder Stöberer, hat eine ausgezeichnete Nase und tut sich als Verlorenbringer hervor. Auch vor Wasser zeigt er keine Scheu. Cocker lernen sehr leicht. Mit einem guten Wort erreicht man bei ihnen viel mehr als mit Tadel. Sie sind sensibel, doch nicht wehleidig, anschmiegsam und liebenswürdig, wissen aber doch, was sie wollen und handeln entsprechend. Ist Not am Mann, gehen sie scharf gegen Eindringlinge oder Raubzug vor.
Über die Herkunft weiß man nichts Genaues. Vermutlich stammt die Art ursprünglich aus Afrika und kam über Spanien (daher der Name „Spaniel") zu uns. In ganz Europa schätzte man ihn bald als Jagdhund.
Haltung: Der Cocker-Spaniel, der zu den beliebtesten Rassen zählt, ordnet sich angenehm in jeden Haushalt ein. Er ist niemals zu laut, obwohl lebhaft, nicht zu scharf, obwohl wachsam, kein Schoßhund, obwohl sehr hübsch anzusehen. Hat er einmal Unmut erregt, macht der Blick aus seinen großen sprechenden Augen alles wieder wett. Man kann dem anmutigen Vierbeiner einfach nicht böse sein.

Mit seinen seidigen Haaren ist er nicht pflegeleicht. Er haart, besonders im Frühjahr und Herbst. Da er im Grunde wie ein Jagdhund fühlt, muß er viel bewegt werden. Auch sollte seine feine Nase sich nicht nur an eintönigen Wohnungsgerüchen erproben.
Aussehen: Der Körper soll kompakt und festgefügt sein. Der Kopf ist hübsch geformt. Ober- und Unterkiefer sollen gut aufeinander passen. Die Nase ist breit geformt, damit der Cocker seine Riechfähigkeit möglichst gut nutzen kann. Die Iris der Augen ist haselnußfarbig oder braun und harmoniert mit der Farbe des Haarkleides; der Ausdruck der Augen ist fröhlich, freundlich und intelligent. Die Behänge sind lappenförmig, tief angesetzt und mit langem Seidenhaar bedeckt. Die Enden treffen sich an der Nasenspitze. Die Rute darf etwas höher getragen werden, aber höchstens bis zur Rückenlinie. Je niedriger die Rutenhaltung, desto wertvoller ist das Tier. Wenn der Hund eine Spur verfolgt, soll die Rute immer in Bewegung sein.
Haar und Farbe: Das Haar ist glatt anliegend, niemals rauh und auf keinen Fall gelockt. Die Farbe ist unterschiedlich. Bei Einfarbigen ist weißer Brustfleck nicht gewünscht, ebenso wenig wie weiße Pfoten.
Schulterhöhe: Rüden ca. 41 cm; Hündinnen etwas kleiner.
Verwandte Rassen: Deutscher Wachtelhund, King Charles Spaniel, Britain Spaniel, Japan Chin, American Spaniel.
Fazit: Einer der anmutigsten Vertreter der Hunderassen, der von jedem zweibeinigen Hausgenossen geliebt wird.

Der Collie (Siehe auch Farbtafel 6)

Weil er die von den Schotten Colleys genannten Bergschafe im Hochland hütete, gab man ihm den Namen Colley-dog. Er wurde später zu Collie abgekürzt. Über die Vorfahren wissen wir nichts Genaues. Die kurzhaarige Version soll auf die Treibhunde zurückgehen, die mit den Römern nach Britannien kamen. Bei der langhaarigen könnten die alten Isländer-Hunde mitgemischt haben.

Das rauhe schottische Klima machte den Collie widerstandsfähig. Anfang des 19. Jahrhunderts wurde er wegen seiner Schönheit gefragt und immer weniger zum Schutz anderer Tiere eingesetzt. Bald avancierte er überall zum beliebten Haustier, ohne jedoch seine guten Hunde- und Hüteeigenschaften zu verlieren. Die britische Armee setzte ihn als Sanitäts- und Meldehund ein.

Um 1880, als der Collie in England Mode wurde, bot man für ihn bis zu 1500 £, was damals ein Vermögen war. Um die Farbe zu verbessern, kreuzte man den ursprünglich schwarzweißen, verhältnismäßig kleinen Hund mit dem Gordon Setter und erhielt den dreifarbigen Collie: Schwarz-weiß mit tan Zeichnungen. Später kam noch der Irische Setter zu der Blutmischung hinzu.

Der einst in Deutschland so beliebte Hüte- und Schutzhund ging zahlenmäßig vor einigen Jahren zurück. Seit ein Collie namens „Lassie" die Rasse in Film und Fernsehen populär machte, stieg die Nachfrage enorm. Das von dem Filmhund gezeigte Bild war jedoch in vielen Punkten falsch und trug mit dazu bei, daß Hunde weiterhin falsch behandelt, vermenschlicht und nicht verstanden werden.

Haltung: Der schottische Schäferhund muß, wie auch sein deutscher Namensvetter, viel Auslauf haben. Er ist durch seine Überfülle von Haar nicht pflegeleicht und muß regelmäßig mit Kamm und Bürste behandelt werden. Hat er ausgedehnt getobt, bringt man das an den besonders gefährdeten Stellen verschmutzte Haarkleid mit einem feuchten Tuch in Ordnung.
Es gibt einen kurzhaarigen Schlag, der einfacher zu halten ist. Doch ist er bei uns kaum bekannt und selbst in England und Amerika selten.
Der Collie gehört in energische Hände. Ideal ist, wenn seine Fähigkeiten ausgebildet werden und voll zum Tragen kommen können. Er ist einfach zu schade, um als niedliches Kinderanhängsel oder eleganter Damenhund herumgezeigt zu werden. Wird er richtig angefaßt, ordnet er sich gut ins Familienleben ein. Das große, lauffreudige Tier ist jedoch nichts für enge Etagenwohnungen.
Aussehen: Der Collie muß in seiner Körperstruktur ebenso kraftvoll wie beweglich sein und frei von jeder Schwerfälligkeit. Typisch sind die Ohren, die in Ruhestand gewöhnlich nach hinten liegen, in Aktion jedoch nach vorne gerichtet werden, bis sie mit etwas herunterhängenden Spitzen aufrecht stehen. Ein Ohr, das nicht leicht geknickt ist, sondern aufrecht steht, ist ein Fehler. Die Augen sollen mittelgroß, mandelförmig, schräg eingesetzt und von dunkelbrauner Farbe sein. Ihr Ausdruck ist intelligent und aufmerksam.
Wichtig sind die Proportionen des Kopfes. Er ist lang, flach und mäßig breit zwischen den Ohren. Die Rute ist mittellang, sie wird herabhängend getragen, in der Erregung höher, aber nicht seitlich oder über den Rücken gerollt.
Haar und Farbe: Beim Langhaar-Collie ist das Deckhaar hart und etwas steif, die Unterwolle weich und so dicht, daß man kaum die Haut findet. Vorder- und Hinterläufe haben üppige Fransen, die Rute ist ebenfalls stark behaart. Der muskulöse Hals ist von einer dichten Fellkrause umgeben. Farbe und Zeichnung sind nicht wichtig. Doch wird bei gleicher Qualität der am schönsten gezeichnete Collie bei Prämierungen vorgezogen. Glänzend weißes Fell oder rotes, wie beim Irish-Setter, sind abzulehnen, in den USA ist jedoch die weiße Version sehr gefragt. Gute Farben sind schwarz-weiß-braun, schwarz-weiß.
Schulterhöhe: Rüden 56–61 cm; Hündinnen etwas kleiner.
Verwandte Rassen: Bobtail, Hovawart, Sheltie, Welsh Corgie, Europäischer Schäferhund, Deutscher Schäferhund.
Fazit: Ein liebenswerter, sehr schöner, tüchtiger Geselle, der aber kein Wunderhund wie „Lassie“ ist.

Der Dackel (Dachshund oder Teckel) (Siehe auch Farbtafel 4)

Kein Hund aus deutscher Zucht wurde außer dem Schäferhund so bekannt wie der Dackel. Der tapfere, muntere Kumpan eroberte sich nicht nur bei uns eine Favoritenstellung, auch in England, Frankreich und den USA liegt er um Dackellänge vor anderen Rassen. Im Ausland bellte sich der Kurzhaardackel in die Herzen der Hundefreunde, bei uns rangiert der Langhaardackel an der Spitze der Hitliste. Sogar die Münchner Olympiade 1972 stand im Zeichen von „Waldi". War der Teckel bis dahin noch nicht bis ins kleinste afrikanische Nest bekannt, seit München ist er es.
So scheint es auch nicht verwunderlich, daß die Großen dieser Welt – vom bayerischen Politiker Franz Josef Strauß über das englische Königshaus bis hin zum Präsidenten der amerikanischen Filmgesellschaft Metro-Goldwyn-Mayer in Hollywood – eins gemeinsam haben: Den tüchtigen Jagddackel aus dem niederbayerischen Dorf Gergweis. Im 480-Seelen-Dorf im Kreis Vilshofen leben tausend reinrassige Dackel, die in alle Welt exportiert werden. Einige von ihnen können ihre Abstammung vom berühmten und deckfreudigen Stammvater Wanki nachweisen, der die ersten der 250 000 „Zamperl", die inzwischen von Gergweis in die Welt wanderten, zeugte.
Der angeblich krummbeinige Hund hat sich den weltweiten Ruhm wacker verdient. Bei der Jagd ist er nicht nur der tapfere Kämpfer unter der Erde, auch als Stöberer und Schweißhund leistet er über der Erde Hervorragendes.
Als Haushund ist er anspruchslos und hat auch in der kleinsten Hütte Platz. Er ist wachsam und ein Freund der Kinder. Älteren Leuten ist er ein einfühlsamer, geduldiger Gefährte.

Aber der Dackel ist ein Dickkopf. Bei aller Anpassungsfähigkeit hat er doch immer noch seinen eigenen Willen. Das bedeutet jedoch nicht, daß er ungehorsam ist. Wie jeder intelligente Hund merkt er schnell, wem er auf dem Kopf herumtanzen kann. Wen er als Autorität anerkennt, dem wird er sich auch unterordnen.
Der Name Dackel, Dachshund, Dächsel oder Teckel stammt von der ursprünglichen Tätigkeit, unter Tage Dachse aufzuspüren. Über die Teckel-Herkunft gibt es verschiedene Auffassungen. Wahrscheinlich stammen sie ursprünglich von Bracken ab, die von altersher zur Jagd bestimmt waren. Irgendwann züchtete man eine kurzbeinige Version weiter, welche die gute Nase und den Mut der Bracken besaß und trotz der kurzen Beine gerne und viel lief.
Als 1888 der deutsche Teckelclub gegründet wurde, kannte man nur den Kurzhaardackel mit den faltigen Pfoten. Durch Zuchtverbesserungen sind diese jedoch fast verschwunden, ebenso wie die krummen Beine (die Krummbeinigen waren ihren Kollegen mit geraden Beinen im Laufen unterlegen).
Der Rauhhaardackel entstand wahrscheinlich durch Einkreuzung von Terriern. Er gilt als der robusteste Vertreter der Dackelfamilie. In Deutschland zieht man jedoch den besonders schönen Langhaardackel vor, obwohl er nicht so pflegeleicht ist. Er entstand durch Einkreuzungen mit Spaniels.
Die kleinste Dackelform ist der Kaninchenteckel. Wie schon der Name sagt, ist er so bemessen, daß er in Kaninchenhöhlen schlüpfen kann. In den Charaktereigenschaften sollte er seinen größeren Brüdern gleich sein. Wie bei allen extrem kleinen Hunden muß man bei den Kaninchenteckeln besonders darauf achten, daß sie wenig Futter und viel Bewegung haben.
Um nicht Gefahr zu laufen, daß lebensuntüchtige Tiere zur Zucht verwendet werden, beschloß man im Jahre 1968, rassereine Welpen zu tätowieren. Ein weiterer Grund war auch, daß der Nachweis der Abstammung bei Verlust der Ahnentafel durch Kennzeichen erheblich vereinfacht wird. Auch bei Verwechslungen, Entlaufen und Diebstahl ist ein tätowiertes Tier besser zu identifizieren. Die Tätowierungsnummer wird bei den einzelnen Verbänden hinterlegt.
Haltung: Das anspruchslose Tier braucht als ehemaliger Jagdhund Auslauf und die Möglichkeit, seine ausgezeichnete Nase zu nutzen. Wird es ausgebildet, tut es sich vor aller Konkurrenz hervor: Es wittert selbst noch eine 48 Stunden alte Schweißfährte. Wird es nur im Haus gehalten, geht ein Teil seiner ererbten Fähigkeiten verloren.
Der Langhaardackel braucht mehr Pflege als sein kurzhaariger Bruder. Das glänzende Fell muß regelmäßig gebürstet werden.
Besonderer Aufmerksamkeit bedürfen die Zähne bei allen Teckelformen. Sie müssen öfter von Zahnstein befreit werden. Eine gefährliche Krankheit, besonders der langrückigen Tiere, ist die Dackellähmung.
Aussehen: Die Rassekennzeichen des Dachshundes werden in den Zucht- und Eintragungsbestimmungen des „Deutschen Teckelklubs" so definiert:
Niedrige, kurzläufige, langgestreckte, aber stramme Gestalt, mit derber Muskulatur; mit keck herausfordernder Haltung des Kopfes und klugem Gesichtsausdruck. Trotz der, im Verhältnis zum langen Körper, kurzen Gliedmaßen weder krüppelhaft, plump oder in der Bewegungsfähigkeit beschränkt, noch wieselartig, schmächtig erscheinend.

Kopf: Langgestreckt, von oben und von der Seite gesehen sich gleichmäßig bis zur Nasenspitze verschmälernd, scharf ausgeprägt, trocken. Oberkopf nur flach gewölbt und allmählich ohne Stirnabsatz (je geringer der Absatz, desto typischer) in den fein geformten leicht gewölbten Nasenrücken verlaufend. Die Augenjochbogen kräftig hervortretend.

Nasenknorpel und Nasenkuppe lang und schmal. Lippen straff gespannt, den Unterkiefer gut deckend, weder tief noch rüsselartig spitz, mit leicht angedeutetem Mundwinkel. Nasenlöcher gut offen.
Augen: Mittelgroß, oval, seitwärts liegend, mit klarem, energischem und doch freundlichem Ausdruck, nicht stechend. Farbe leuchtend dunkelrotbraun bis schwarzbraun bei allen Haarfarben der Hunde. Glas-, Fisch- oder Perlaugen bei grauen und gefleckten Hunden sind nicht sehr fehlerhaft, aber auch nicht erwünscht.
Behang: Hoch, nicht so weit vorn angesetzt, reichlich, doch nicht zu lang, schön abgerundet, nicht schmal, spitz oder faltig. Beweglich. Mit dem vorderen Saum dicht an der Wange anliegend.
Pfoten: Geschlossen und gut gewölbt, kräftige Fußballen.
Rute: In derselben Linie wie das Rückgrat angesetzt und verlaufend, ohne Krümmung.
Haar und Farbe: Der Teckel wird in drei verschiedenen Haararten gezüchtet, und zwar als Kurzhaariger, Rauhhaariger und Langhaariger Dachshund. Für alle drei Arten gelten die vorher angeführten Rassekennzeichen in gleicher Weise.
Kurzhaariger Dachshund: Behaarung: Kurz, dicht glänzend, glatt anliegend, nirgends unbehaarte Stellen zeigend.

Rauhhaariger Dachshund: Behaarung: Mit Ausnahme von Fang, Augenbrauen und Behang am ganzen Körper vollkommen ausgeglichene, mit Unterwolle durchsetzte, anliegende, dichte, drahtige Jacke. Am Fang bildet sich ein Bart. Die Augenbrauen sind buschig. Am Behang ist die Behaarung kürzer als am Körper, fast glatt, jedoch immerhin der übrigen Behaarung angepaßt. Rute derb, aber möglichst anliegend behaart, verjüngt auslaufend, ohne Büschel.
Langhaariger Dachshund: Unterscheidendes Merkmal gegen den kurzhaarigen Dachshund ist allein die längere, seidenartige Behaarung.
Einfarbige Teckel: Rot, rotgelb, gelb, alles mit oder ohne schwarze Stichelung. Indes ist reine Farbe vorzuziehen und rot wertvoller als rotgelb und gelb zu betrachten. Auch stark schwarzgestichelte Hunde gehören hierher und nicht unter die andersfarbigen.
Nase und Nägel schwarz. Rot ist auch zulässig, aber nicht erwünscht.
Zweifarbige Teckel: Tiefschwarz oder braun oder grau oder weiß, je mit rostbraunen oder gelben Abzeichen (Brand) über den Augen, an den Seiten des Fanges und der Unterlippe, am inneren Behangrand, an Vorderbrust, den Innen- und Hinterseiten der Läufe, an den Pfoten, um das Weidloch und von da ab bis etwa ein Drittel bis zur Hälfte der Unterseite der Rute.
Nase und Nägel bei schwarzen Hunden schwarz, bei braunen Hunden braun oder schwarz, bei grauen oder weißen Hunden Nase und Nägel grau, auch wohl fleischfarben, doch ist letzteres nicht erwünscht, bei weißen schwarz bevorzugt. Bei einfarbigen und nicht direkt weißen zweifarbigen Teckeln ist Weiß nicht erwünscht, aber in einzelnen kleinen Flecken nicht gerade disqualifizierend.
Gefleckte (getigerte, gestromte) Teckel: Die Haarfarbe des Tigerteckels ist ein heller, bräunlicher, grauer bis sogar weißer Grund mit dunklen unregelmäßigen Flecken (große Platten nicht erwünscht) von dunkelgrauer, brauner, rotgelber oder schwarzer Farbe. Erwünscht ist, daß weder die helle noch die dunkle Farbe vorherrscht. Die des Gestromten ist rot oder gelb mit dunklerer Stromung.
Nase und Nägel wie bei den Ein- und Zweifarbigen.
Andersfarbige Teckel: Alle vorher nicht erwähnten Farben.
Schulterhöhe: Bei Dackeln wird nicht die Schulterhöhe, sondern der Brustumfang gemessen. Die tiefste Stelle der Brust bis zum Widerrist (Schulterhöhe) ergibt den Brustumfang. Er beträgt beim Kaninchenteckel bis 30 cm, bei den übrigen 35 cm und mehr.
Das Gewicht des Normalteckels sollte 9 kg nicht überschreiten.
Verwandte Rassen: Die Teckel gehören zur Gruppe der Erdhunde.
Fazit: Ein Vielzweckhund, der allen Aufgaben und Freunden gerecht wird.

Der Dalmatiner (Siehe auch Farbtafel 9)

Er wird auch Dalmatinische Bracke genannt. Obwohl er den Namen von Dalmatien trägt, hat man trotz Nachforschungen nicht herausfinden können, ob dort diese Rasse beheimatet ist. Italien und Spanien erheben ebenfalls den Anspruch, Ursprungsland des edlen Vierbeiners zu sein. Auch Indien käme als Heimat infrage, da er Mitte des 18. Jahrhunderts auch unter der Bezeichnung „Bengalische Bracke" lief. Fest steht, daß, lange bevor man sich in England der Zucht annahm, in südlichen Ländern auffällig gefleckte Hunde lebten.
Am Anfang des 19. Jahrhunderts war der Dalmatiner in Frankreich und England der „Fahrzeughund"; er lief zwischen den Rädern und unter der Unterachse der Pferdekutschen mit. Bis jetzt hat er seine Vorliebe für Pferde nicht verloren. Er begleitet sie für sein Leben gern.
Die elegante schnittige Körperform, die durch die typische schwarz- und braungefleckte Zeichnung noch unterstrichen wird, verdankt er der guten Arbeit von englischen Züchtern. Sie nannten ihn auch, wegen seiner Arbeit als Wagenbegleiter, „Coach-dog" (Wagenhund).
Seit 1920 wurde er auf dem Kontinent und kurz darauf auch in Deutschland bekannt. 1903 tauchte er schon auf Ausstellungen auf. In England und den Vereinigten Staaten erfreut sich der Dalmatiner außerordentlicher Beliebtheit. Auch bei uns setzt er sich immer mehr durch.
Ursprünglich arbeitete der Dalmatiner wohl als Jagdhund. Seine Ähnlichkeit mit dem Pointer verführt dazu, ihn den Vorstehhunden zuzuzählen. Manche möchten ihn auch zu den Laufhunden rechnen. Tatsache ist, daß er als Jagdhund sau-

Farbtafel 11: Deutsche Dogge

Farbtafel 12: Deutscher Schäferhund

bere Arbeit leisten könnte, wenn er durch sein bestechendes Äußere nicht vorwiegend als Hausfreund dienen müßte. Dafür ist er zweifellos ebenfalls sehr begabt. Leicht zu leiten, anhänglich, aufmerksam, kinderfreundlich und liebenswürdig ist er ein geradezu ideales Familienmitglied.

Haltung: Das schöne Tier ist pflegeleicht, braucht jedoch viel Bewegung. Die Wohnung, in der es gehalten wird, darf nicht zu klein sein. Es ist ausdauernd und schnell, also kein Begleiter für Gebrechliche.

Aussehen: Mittelgroßer, kurzhaariger, eleganter Hund mit herabfallenden Behängen. Er ist kräftig und ebenmäßig gebaut. Der Kopf ist mäßig lang, der Oberkopf flach, die Haut straff, das heißt ohne Falten. Die runden Augen sind mittelgroß, sie glänzen und haben einen intelligenten Ausdruck. Schwarze Augenränder sind erwünscht, bei hellem Gesicht jedoch nicht Bedingung. Die Rute ist nicht zu lang, sie läuft spitz aus. Sie wird waagerecht gestreckt, ist schwach nach oben gebogen, darf aber nicht geringelt sein.

Haar und Farbe: Die Welpen sind bei der Geburt reinweiß. Die Zeichnung entwikkelt sich erst vom 14. Lebenstag an und kann sich verändern bis der Hund ausgewachsen ist. Das Haarkleid ist kurz, dicht und fein, soll jedoch nicht wellig und seidig sein, sondern glatt und glänzend.

Farbe und Form der Flecken sind bei der Bewertung von großer Bedeutung. Die Grundfarbe muß reinweiß sein, die Farbe der Flecken hat bei schwarzgefleckten Hunden rein schwarz, bei braungefleckten rein braun zu sein. Die Nase ist bei den Schwarzgefleckten schwarz, bei Braungefleckten braun. Schwarzgefleckte Hunde haben dunkelbraune, braungefleckte braune bis hellbraune Augen. Die Flecken dürfen nicht zerfließen, sie sollen so klar wie möglich abgesetzt sein. Das Gesicht kann Flecken haben, aber auch weiß sein. Schwarze bzw. braune Kopfzeichnung ist gestattet.

Schulterhöhe: Rüden ca. 55–60 cm; Hündinnen etwas kleiner.

Verwandte Rassen: Jagdhunde, eventuell auch Laufhunde.

Fazit: Schönheit und Charakter sind einander ebenbürtig.

Die Deutsche Dogge (Siehe auch Farbtafel 11)

Aus primitiven Urhunden züchtete der Mensch vor langer Zeit große starke Hunde. Diese ersten Schutzhunde mußten nicht nur Herr, Herden und Hof verteidigen, sie hatten sich auch im Kampf gegen Bären, Wölfe und Wildschweine zu bewähren. Bei fast allen alten Völkern, den Assyrern, Persern, Griechen, Römern, Kelten und Germanen finden wir Überreste und Darstellungen riesiger Hunde. In frührömischer Zeit wurden die Molosser als mächtige Kampfhunde gehalten. Die germanischen Zimbern setzten sie in der Schlacht von Vercellae 101 v. Chr. gegen die Römer ein.

Die Nachkommen der kräftigen Vierbeiner lebten im Mittelalter in veränderten Erscheinungsformen und unter verschiedenen Namen in vielen Ländern Europas fort. In Deutschland wurden sie „Bärenfänger", „Saupacker", „Hatzrüden" und „Bullenbeißer" genannt – Bezeichnungen, die auf die Verwendung dieser Tiere schließen lassen. Die Bezeichnung Dogge stammt aus dem Englischen und kommt von dog = Hund. Die Engländer waren es, die Formen und Eigenschaften der jahrtausende alten Schutzhunde veredelten und so Rassen schufen, die wir heute als Doggen kennen.

In Deutschland lief das Tier unter den verschiedensten Benennungen. So gab es die „Ulmer Dogge", weil sich Württemberg um die Haltung des Kraftprotzes besonders verdient gemacht hatte.

In anderen Teilen Deutschlands wurde das Tier „Dänische Dogge" genannt, was sich bis heute in Frankreich („Grand Danois") und England („Great Dane") gehalten hat. Warum diese Bezeichnung zustande kam, ist unerklärlich, denn die Dänen hatten sich um Zucht und Veredlung der Dogge nicht sonderlich bemüht.

Da die Deutschen die Rasse mit Erfolg züchteten, wurde im Jahre 1879, als man die Rassekennzeichnung zum ersten Mal bestimmte, der Name „Deutsche Dogge“ eingeführt.
Die Deutsche Dogge ist ein ausgesprochener Wach-, Schutz- und Begleithund, der in eine energische und zugleich einfühlsame Hand gehört. Er ist nervenstark und äußerst intelligent. Fremden gegenüber bleibt er zurückhaltend und mißtrauisch. Im menschlichen Rudel benimmt er sich freundlich, liebevoll und anhänglich. Kinder mag er gerne. Er schließt sich nur wenigen Menschen an. Hat er einmal jemanden akzeptiert, verteidigt er ihn und seine Habe aufopfernd und treu.
Haltung: Dem stattlichen Tier ist nicht mit einer Etagenwohnung gedient. Seine Dimensionen brauchen Platz. Seiner Größe entsprechend muß auch der Auslauf sein. Das ausdauernde Tier, das einst viele Kilometer zurücklegte, um Wild zu verfolgen, ist nicht mit kurzen Spaziergängen zufrieden. Es hat keine Vorstellung von seiner Körperkraft und muß daher energisch im Zaun gehalten werden. Alte und schwache Menschen sowie Kinder sind nicht die geeigneten Begleitpersonen. Die Deutsche Dogge ist auch nichts für einen Haushalt mit wenig Geld. Ein Tier mit mindestens 80 cm Schulterhöhe vertilgt entsprechend große Portionen. Das Fell ist pflegeleicht, muß aber öfter gebürstet werden, damit es seinen schönen natürlichen Glanz behält.
Aussehen: Die Deutsche Dogge hat einen besonders schönen Kopf, er ist langgestreckt und schmal. Die Augen sind mittelgroß und rund, möglichst dunkel und haben einen lebhaften intelligenten Ausdruck. Die Ohren sind hoch angesetzt, spitz geschnitten und werden stehend getragen. Doggen mit Hängeohren und zu kurz kupierten Ohren erhalten schlechte Noten, unkupierte Doggen sind bis jetzt noch von der Prämierung ausgeschlossen. Die Rute ist mittellang, unkupiert, nur bis zum Sprunggelenk hinabreichend, am Ende schlank und dünn. In Ruhestellung hängt sie gerade herab, in Erregung oder im Lauf wird sie leicht säbelartig gebogen, aber nicht übermäßig über der Rückenhöhe getragen.
Haar und Farbe: Das Haarkleid ist kurz und dicht, es liegt glatt an. Gestromte Doggen: Grundfarbe von Hellgoldgelb bis zu sattem Goldgelb, stets mit schwarzen kräftigen Querstreifen gestromt. Je leuchtender die Grundfarbe und je kräftiger die Stromung ist, um so besser wird das Tier bewertet. Gelbe Doggen: Hellgoldgelb bis zu sattem Goldgelb, schwarze Maske erwünscht, ebenso schwarze Krallen. Blaue Doggen: Möglichst reines Stahlblau, ohne Gelb oder Schwarz, hellere Augen sind erlaubt, auch weiße Abzeichen an Brust und Pfoten. Schwarz-weiß gefleckte Doggen (Tigerdoggen): Grundfarbe Reinweiß mit über den ganzen Körper verteilten ungleich geformten tiefschwarzen Flecken. Augen dunkel, helle oder zweierlei Augenfarben zugelassen. Nase schwarz, schwarzgefleckt oder fleischfarben. Plattenhunde: Doggen mit weißer Grundfarbe und großen schwarzen Platten. Manteltiger: Das Schwarz ist mantelartig über den ganzen Körper verteilt, nur Hals, Läufe und Rutenende sind weiß.
Schulterhöhe: Rüden mindestens 80 cm; Hündinnen mindestens 72 cm. Wesentliche Überschreitung dieser Maße ist erwünscht.
Verwandte Rassen: Dogo Argentino, English Bulldog, Boxer, Mastiff, Bordeauxdogge, Französische Bulldogge, Mops.

Der Dobermann

Der Dobermann ist der einzige deutsche Hund, der den Namen seines Züchters trägt. Die Rassegeschichte beginnt im Jahr 1860, als der Thüringer Karl Dobermann (1834–1894) zu seinem Schutz einen wehrhaften Begleithund züchtete. Den hatte Karl Dobermann auch nötig: Er war Steuereinnehmer und trug oft größere Geldbeträge bei sich. Nebenbei fungierte er noch als Abdecker und Hundefänger. Der „Schweijk von Apolda" kreuzte so viele Tiere ein, daß man noch heute rätselt, wer bei dem so eleganten Vierbeiner mitgemischt haben mag. Man spricht von Doggen, Pinschern, Rottweilern, Schäferhunden, Neufundländern. Der Steuereinnehmer führte keine Zuchtbücher; Gewißheit wird es also nie geben. Die ersten häßlichen, aber scharfen Dobermänner kreuzte Adolf Göller, ebenfalls aus Apolda, weiter. Greyhounds und Manchester Terrier sollen Feingliedrigkeit weitergegeben haben, ohne den Charakter der zuverlässigen Wachhunde zu verändern. 1899 gründete ihr Förderer Göller den Dobermann-Club. Ein Jahr später wurde die neue Rasse anerkannt.
Der Dobermann erhielt bald nach seiner Anerkennung als Diensthund im Jahre 1900 den Spitznamen „Gendarmenhund". Damit tut man dem gutmütigen, braven Vierbeiner Unrecht. Er besitzt eine natürliche Schärfe, denn er bewachte ja ursprünglich Geldtransporte. Doch ist er weder bissig noch hinterhältig. Er lernt schnell und ist in seiner Jugend sehr temperamentvoll. Der Hund aus Apolda besitzt Charakter. Ungerechte Behandlung nimmt er übel, Inkonsequenz in seiner Erziehung akzeptiert er nicht.

Soll der Dobermann im Zwinger gehalten werden, muß man ihn schon als Welpen daran gewöhnen. Unarten, die ihm als Jungtier nachgesehen worden sind, wird er auch als ausgewachsener Hund nicht ablegen und eine Bestrafung übelnehmen.
Das Leben im Zwinger schadet dem Hund nicht, wenn der Kontakt mit seiner Familie gewährleistet ist. Er ist absolut treu und sehr auf seinen Herrn fixiert. Kindern ist er besonders zugetan; als zuverlässiger Bewacher hat er sich viele Verdienste erworben. Der Dobermann ist sensibel, Grobheit kränkt ihn.
Haltung: Das kurze Fell ist pflegeleicht. Der Dobermann kann sogar in einer Stadtwohnung glücklich sein, wenn man ihm genug Auslauf bietet. Er läuft bis zu 20 km am Tag, auch gern am Fahrrad. Mit acht, neun Monaten kann man ihn schon über kürzere Entfernungen ans Rad nehmen.
Je nach Stärke ist das Tier mit 15 bis 24 Monaten ausgewachsen. Ab 18 Monate ist es zur Zucht zugelassen. Hat man Zuchtambitionen, sollte man es einer Zuchttauglichkeitsprüfung unterwerfen, sobald es zehn Monate alt ist. Exemplare, die weiße Flecken aufweisen, sind nicht zur Zucht zugelassen.
Das Kupieren von Rute und Ohren sollte am zweiten oder dritten Lebenstag von einem Tierarzt vorgenommen werden. Er stellt eine Bescheinigung über das schmerzlose Kupieren aus.
Aussehen: Der Dobermann ist mittelgroß, muskulös und kräftig, doch elegant.
Haar und Farbe: Das kurze, harte, dichte, fest anliegende, glänzende, nicht wellige Haar ist schwarz, braun, mahagonibraun oder blau mit rostrotem, scharf abgegrenztem Brand (Abzeichen).
Schulterhöhe: Rüden 68–70 cm; Hündinnen 63–66 cm.
Verwandte Rassen: Der Dobermann wird zur Familie der Terrier, Schnauzer und Pinscher gezählt.
Fazit: Ein eleganter, lebhafter Gebrauchshund mit Charakter, Intelligenz, Nervenstärke und Mut, der für seinen Herrn durchs Feuer geht.

Der Eurasier

Der Name für die deutsche Neuzüchtung existiert erst seit dem 1. April 1973. Vor diesem Datum hieß der Eurasier – eine Kreuzung von Chow-Chow und Wolfspitz – Wolf-Chow. Die Namensänderung erschien notwendig, um die neue Rasse gegen andere abzugrenzen. Inzwischen wurde der Eurasier auch international anerkannt.

Auf der Suche nach einem Hund, der den heutigen Umweltbedingungen gewachsen ist, ohne seine guten Eigenschaften zu verlieren, entstand unter Berücksichtigung der neuesten Erkenntnisse der Verhaltensforschung und unter Beratung von Professor Konrad Lorenz so etwas wie ein idealer Hund. Initiator der Neuzüchtung ist Julius Wipfel in Weinheim an der Bergstraße. 1960 gründete er die „Kynologische Zuchtgemeinschaft für Wolf-Chow Polarhunde." Heute gibt es außer den Weinheimer Zwingern die „Zuchtgemeinschaft für Eurasier", die der Lorenz-Schüler Werner Schmidt mit anderen Züchtern, die sich um den neuen Hund verdient gemacht haben, ins Leben rief und die Zuchtgemeinschaft in Gaggenau/Mittelberg.

Wie schon der ehemalige Name besagt, wurden bei der Neuzüchtung Wolfspitz und Chow-Chow gekreuzt; um die Polarhundnatur zu verstärken, mischte auch der Samojede mit. Das Ergebnis der deutschen Zuchtbemühungen beurteilt Konrad Lorenz, der selbst eine schwarze Eurasier-Hündin besitzt, mit den Worten: „Der Hund mit dem besten Verhalten, den ich je hatte."

Der Eurasier hat einen angeborenen Schutztrieb und ist sehr kinderlieb, ein ausgesprochener Familienhund mit einem ausgeprägten Sozialinstinkt. Seine Treue

ist sprichwörtlich. Aufmerksam bewacht er das Eigentum seines Herrn, hat ein ruhiges Wesen und zeigt bei Gefahr große Unerschrockenheit. So eng sein Kontakt zur Familie ist, so zurückhaltend benimmt er sich Fremden gegenüber. Er biedert sich nicht an. Seine Stimme ist tief, er schlägt kurz an und kläfft nicht. Den häuslichen Verhältnissen paßt er sich sofort an. Er fühlt sich in einem großen Haus ebenso wohl wie auf der Etage, liebt aber frische Luft. Hat er freien Auslauf, kommt er mit einem mindestens halbstündigen täglichen Spaziergang aus. Zwei Stunden Bewegung am Tag sind ideal. Er läuft gut am Rad und ist durch sein kräftiges Polarhundfell wind- und wetterfest.
Der Eurasier ist sehr leicht zu lenken. Das Abrichten oder die Erziehung mit der Peitsche sind bei ihm völlig unangebracht. Hinweise versteht er schnell und merkt sie sich. Er gehorcht ohne Schwierigkeit und benimmt sich doch nicht unterwürfig.
Neben vielen Vorteilen ist die junge Rasse auch noch nicht überzüchtet, also nervenstark und nicht nervös.
Haltung: Die deutsche Neuzüchtung ist pflegeleicht. Idealfutter ist für sie Blättermagen. Geschnitten, mit einem halben Teelöffel Olivenöl übergossen, kann zweimal pro Woche bis zu 500 Gramm roher Blättermagen statt Fleisch gefüttert werden. Wichtig ist, daß immer frisches Wasser bereit steht.
Wenn das Fell voll entwickelt ist, muß es nur einmal wöchentlich mit einem breitzinkigen Kamm leicht durchgekämmt und nachgebürstet werden. Man muß gegen den Strich kämmen, damit das Haar gut durchlüftet wird.
Aussehen: Er ist ein mittelgroßer, polarartiger Hund mit mittlerer Haarlänge. Bei Ruhe und Unlust wird die Rute bis zum Sprunggelenk hängend getragen. Sonst wird sie nach vorn über den Rücken oder seitwärts gerollt.
Haar und Farbe: Das Haar ist dicht und kräftig, mit seiner gesunden Unterwolle ein idealer Schutz gegen jede Witterung. Der Eurasier haart nicht, wechselt aber im Frühjahr und Herbst das Fell. Dann muß er täglich gekämmt und gebürstet werden. Die Färbung ist rot bis falben, wolfsgrau, schwarz und schwarz mit abgegrenzten Abzeichen.
Schulterhöhe: Rüden 52–60 cm; Hündinnen 48–56 cm.
Verwandte Rassen: Der Eurasier gehört zur Familie der Nordlandhunde wie Laiki, Grahund, Chow-Chow, Huskie, Samojeden- und Finnenspitz.

Der Foxterrier (Siehe auch Farbtafel 10)

Der Foxterrier war einmal ein großer Favorit der deutschen Hundefreunde, bis der Pudel seinen Platz einnahm. Der hübsche muntere Kerl hat ohne Zweifel viele positive Eigenschaften, zum Beispiel Mut, und er ist ein passionierter Jäger, besonders wenn es um Füchse geht. Einst sorgte er im Stall dafür, daß Ratten und Mäuse vernichtet wurden, und schmeichelte sich als anmutiger Haushund in die Herzen von Damen und Kindern.

Auch der Foxterrier stammt aus dem uralten Geschlecht der Torfhunde. Er wurde schon im Mittelalter erwähnt, aber erst Mitte des vorigen Jahrhunderts in England reingezüchtet. So entstanden allmählich die vielen Terrier-Rassen.

Der Name Terrier kommt wohl von Terra (lateinisch = Erde). Er deutet an, daß die Tiere Dachse und Füchse in ihren Höhlen aufstöberten (Fox ist im Englischen Fuchs).

Von England aus gelangte der gescheite Vierbeiner in sämtliche Länder des britischen Commonwealth und zählte bald zu den beliebtesten Hunden. Vor ungefähr hundert Jahren kam er auch nach Deutschland und wurde begeistert aufgenommen. Zunächst eroberte die glatthaarige Art die Herzen der Hundefreunde. Heute bevorzugt man dagegen die rauhhaarige Version.

Obwohl der „Foxl" nicht mehr vorwiegend zur Jagd verwendet wird und immer mehr zum Haushund wurde, hat er doch seine Fähigkeiten und seinen hervorragenden Ruf als Jagdhund erhalten können.

Immer noch sind sein Mut, seine Ausdauer und seine zierlichen Maße bei der Bodenjagd gefragt.

Der erste drahthaarige Foxterrier wurde von einem Geistlichen in Oxford entdeckt und weiter gezüchtet. Die Favorisierung des Foxterriers mag daran schuld sein, daß er heute ein bißchen ins Hintertreffen geraten ist: Er teilt das Schicksal aller Rassen, die in Mode kommen und damit in die Gefahr, überzüchtet zu werden oder als überzüchtet zu gelten.
Haltung: Der Foxterrier ist äußerst temperamentvoll. Er bellt gerne, aber nie ohne Grund, und ist ein sehr angenehmer Hausgenosse, wenn er autoritär erzogen wird. Wird er zu weich geführt, bekommt seine angeborene Schärfe die Überhand. So niedlich er aussieht, ist er doch kein Kinderspielzeug, da er sich nicht alles gefallen läßt. Auf der Straße und auf dem Lande hält man ihn am besten ständig unter Kontrolle, da man nie weiß, wann seine angeborene Jagdpassion mit ihm durchgeht.
Der Drahthaarfox ist ein sehr auf Sauberkeit bedachter Hund, der kaum Haare läßt. Doch muß er regelmäßig getrimmt werden, was mit Zeitaufwand und Kosten verbunden ist. Bart und Läufe müssen täglich mit einem weitzinkigen Kamm bearbeitet werden. Das überflüssige Haar am Körper wird so oft wie möglich entfernt.
Um die elegante Kopflinie nicht durch zu starke Backen zu beeinträchtigen, soll man dem Hund keine Knochen zum Beißen geben. Als Ersatz gibt es Knochenmehl und Kalk.
Wie alle Jagdhunde braucht auch der Foxterrier viel Bewegung.
Aussehen: Der Foxterrier ist klein, weder zu hoch- noch zu niederläufig. Sein Bau ist quadratisch und kraftvoll, die Knochen sind stark, aber nicht plump. Der Oberkopf ist flach und ziemlich schmal, zwischen den Ohren breiter und ab da sich bis zur Nase verjüngend. Die Nase ist schwarz, die Augen sind dunkel, klein, tiefliegend, von feurigem Ausdruck; die Ohren V-förmig, klein, mäßig dick, nach vorne gerichtet und gekippt. Die Rute ist ziemlich hoch angesetzt und kräftig, sie wird kupiert und nicht über dem Rücken getragen. Die Läufe müssen, von welcher Richtung auch betrachtet, völlig gerade sein.
Haar und Farbe: Die Glatthaarterrier haben dichtes, flach anliegendes, nicht gewelltes Haar. Bauch und Innenseiten müssen behaart sein. Der Drahthaar-Terrier darf nicht wollig aussehen. Je drahtiger sein Fell, um so besser. Die Unterwolle ist feiner. Er ist weiß mit schwarzen bis lohfarbenen und gelben Platten und Flecken.
Schulterhöhe: Rüden 38–40 cm; Hündinnen etwas kleiner.
Verwandte Rassen: Der Foxterrier gehört zur Gruppe der Schnauzer, Pinscher und Terrier.
Fazit: Klein, aber oho. Nichts für Nervöse.

Der Greyhound

Der Greyhound ist so schnell und windschnittig, daß die amerikanischen Überlandbusse nach ihm benannt wurden. Die uralte Rasse stellt heute die klassischsten und ausdauerndsten Läufer auf den Hunde-Rennbahnen.
Die Vorfahren des Greyhounds lebten rudelweise in der tropischen Steppe. Aus Furcht vor Krokodilen tranken sie niemals stehend aus Flüssen und Gewässern, sondern im raschen Lauf. In den Grabkammern der Pharaonen fand man naturgetreue Darstellungen der großen, schlanken Hunde, die ihre äußere Erscheinung bis heute nicht veränderten. Man sagt es den Phoeniziern nach, daß sie die herrlichen Tiere nach Großbritannien brachten, wo sie als Hetzhunde bei den jagdfreudigen Aristokraten offene Türen fanden. Das Volk ergötzte sich bei Greyhound-Rennen, weil es dabei seiner angeborenen Wettleidenschaft frönen konnte. Das hat sich bis heute nicht geändert. 1776 gründete Lord Oxford, der sich besonders für die Greyhoundzucht einsetzte, in Norfolk den ersten Rennklub. Durch Kreuzung mit Lurcher, Bulldogge und Italienischem Windhund schuf er so fanatische Läufer, daß man ihnen nachsagte, sie würden lieber sterben, als das Rennen aufgeben. Auch heute noch werden die schnellen Flitzer, genau wie ihre Vorfahren, zur Hasenhetze in freier Wildbahn verwendet.
Der Name geht wahrscheinlich auf das englische Wort grey (grau) zurück.
Haltung: In Deutschland sind Windhundrennen noch nicht zum Volkssport geworden. Man schätzt das wertvolle Tier bei uns mehr als Haushund. Der Halter eines Greyhounds muß sich aber darüber klar sein, daß er, wie bei allen Windhundrassen, dem Tier Gelegenheit geben muß, seinem Instinkt zu folgen und sich auszulaufen.

Bereits wenn der Welpe drei bis vier Monate alt ist, kann man ein Stückchen Fell an einem Strick befestigen und fünf bis zehn Minuten lang vor ihm herziehen. Mit den Junghunden trainiert man auf der Rennbahn, möglichst einmal pro Woche. Das Hasenfell darf zunächst nicht zu schnell gezogen werden. Es ist darauf zu achten, daß das Jungtier ab und zu das Hasenfell fangen kann. So wird es hasensicher. Haben seine Eltern und Vorfahren eine gute Ausbildung und ausgesprochene Rennpassion, wird der Neuling sich bald in der Bahn heimisch fühlen. Wenn nicht, leistet ein erfahrener Rennhund, den man ihm voranschickt, gute Dienste. Kommt der Hund erhitzt vom Rennen, muß er abfrottiert oder mit einer Decke geschützt werden.

Bei echten Rennen sind Maulkörbe obligatorisch. Sie bestehen heute fast ausschließlich aus luftdurchlässigem Drahtgeflecht.

Das feine, kurze und dichte Haar ist pflegeleichter als die lange Mähne der Afghanen. Dennoch muß es täglich gebürstet werden. Man arbeitet dabei auch gegen den Strich, um Staub und Schmutz aus dem Fell zu bekommen. Verklebte Stellen werden vorsichtig mit warmem Seifenwasser aufgeweicht und gleich wieder trockengerieben. Das Haarkleid soll glänzen. Das erreicht man leicht mit einem Trick: Man gibt eine Handvoll Schafwolle in einen Mullbeutel und reibt damit nach dem Bürsten noch einmal gegen den Strich.

Aussehen: Bei der Bewertung des Hundes ist die Harmonie der Linien von großer Wichtigkeit. Doch darf die Schönheit nicht auf Kosten des Gebäudes (Körpers) gehen, denn dieses ist die Voraussetzung für Schnelligkeit und Kraft. Der Kopf muß lang sein, aber nicht zu schmal zwischen den Ohren. Die Augen sind groß und feurig. Ihre Farbe entspricht der Haarfarbe. Die Rute ist lang und dünn, sie wird zwischen den Sprunggelenken herabfallend getragen, ist am Ende elegant eingebogen.

Haar und Farbe: Die dünne Haut unter dem kurzen Haar zeigt Adern und Meißelung der Muskeln. Alle Farben sind zugelassen.

Schulterhöhe: Rüden ungefähr 67,5 cm bei einem Gewicht von ungefähr 22,5 kg; Hündinnen ungefähr 65 cm bei einem Mindestgewicht von 20,5 kg.

Verwandte Rassen: Der Greyhound gehört zur Familie der Windhunde.

Fazit: Ein elegantes Tier, das zu schade ist, um nur als Haushund zu dienen.

Der Irische Wolfshund

Der größte Hund der Welt ist der Irische Wolfshund. Er ist nicht so massiv wie zum Beispiel die Deutsche Dogge, sondern hat die schnittige Form der Windhunde. Mönche brachten ihn aus den Pyrenäen auf die grüne Insel Irland. In der Geschichte Irlands wurde ihnen ein Denkmal gesetzt: „Die Irländer haben Wölfe und Windhunde, um sie zu jagen, die größer an Knochen und Gliedern sind als ein Füllen, und die die Wölfe vernichten und die die Herden der Leute von Irland beschützen.“
Auch im Alten Rom machte der Riesenhund Furore, als er im Zirkus gegen wilde Tiere und Gladiatoren auftrat. Die Kunde von dem eleganten überdimensionalen Vierbeiner machte schnell die Runde. Könige, Sultane, Kirchenfürsten und Diplomaten rissen sich darum, ein solches Tier ihr Eigen nennen und vorführen zu können. So wurde der Irische Wolfshund zu einem gefragten Exportartikel und in Irland Anfang des 18. Jahrhunderts sehr selten. Mit dem Aussterben der Wölfe ließ auch das Interesse an ihm nach.
Wir verdanken seine Wiedergeburt einem Captain Graham, der vor etwa 100 Jahren begann, aus Deerhounds, Barsois, Deutschen Doggen und Mastiffs die Rasse zu rekonstruieren. Dennoch gibt es nur noch wenige Exemplare in der ganzen Welt. In den USA und Holland gibt es einige Zuchten.
Im Jahre 1885 wurde der Standard aufgestellt, nachdem die Rückzüchtung erfolgreich verlaufen war.

Haltung: Es ist einleuchtend, daß der größte Hund der Welt weder in die Großstadt noch in beengte Wohnverhältnisse paßt. Wer Superlative liebt, sich also für einen Vierbeiner vom Umfang eines Kalbes entschließt, muß ihm schon entsprechende Lebensumstände bieten. Wie alle Windhunde braucht auch der Irische Wolfshund besonders viel Auslauf. Es ist klar, daß ein so großes Tier nicht mit dem Speiseplan für einen normal großen Hund zufrieden ist.
Der Aufwand lohnt, denn dieses wahrhaft königliche Tier hat einen edlen Charakter. Er ist ruhig, unbestechlich, ein besonders guter Wachhund. Kenner behaupten von ihm, er sei sanft gegen Freunde und wild gegen Feinde. Dies mag sein, aber ein Hund mit einer Widerristhöhe von nahezu 90 cm und einem Gewicht von über 50 Kilogramm ist kein idealer Begleiter für kleine Kinder und alte Menschen.
Aussehen: Bei aller Größe ist der Irische Wolfshund weder massig noch plump. Er ist muskulös, hat aber einen leichten, lockeren Gang. Die Rute wird aufwärts getragen und ist an der Spitze gebogen.
Haar und Farbe: Die Behaarung ist rauh und hart am Körper. Über den Augen und unter dem Unterkiefer sind die Haare lang und wirr.
Anerkannt sind die Farben Grau, Gestromt, Rot, Schwarz, Reinweiß oder jede andere Farbe, die beim Deerhound zugelassen ist.
Schulterhöhe: Rüden mindestens 81,5 cm bei 54 kg; Hündinnen mindestens 71 cm bei 41 kg.
Kleinere Tiere sind von Ausstellungen ausgeschlossen. Das bisher größte Exemplar, „Caragh Chieftain op De Dreef" maß mit 15 Monaten 75 cm bei 72 kg Gewicht. Dabei war es noch keineswegs ausgewachsen.
Verwandte Rassen: Whippet, Greyhound, Windspiel, Barsoi, Afghane und Saluki.
Fazit: Der Außenseiter mit den hervorragenden Hundeeigenschaften ist nichts für jedermann.

Der Kuvasz

Der Name dieses ungarischen Hirtenhundes soll einigen Quellen zufolge vom türkischen Wort Kawasch (Leibwächter) kommen, laut anderen Angaben vom ungarischen Kuwacz (Bastard). Dr. Sandor Pálfalvy, ein Sumerologe, der in den Vereinigten Staaten lebt, will die Rassebezeichnung auf Lehmtafeln in Keilschrift entdeckt haben. Das Wort Kuvasz (sprich Kuwass), das vor einigen hundert Jahren noch Kuass hieß, ist den Forschungen von Dr. Pálfalvy nach vor drei- bis viertausend Jahren v. Chr. in Keilschrift „KU-AS-SA" geschrieben worden. Das würde genau den damaligen Lebensumständen des Tieres entsprechen – es wurde zusammen mit Pferden als Schutzhund gehalten (das Symbol, das für KU steht, bedeutet Hund, AS-SA Pferd). Obwohl diese wissenschaftlichen Untersuchungen noch lange nicht abgeschlossen sind, weiß man, daß der Kuvasz zu einer alten Rasse gehört; tausend Jahre hat sie nachweislich auf ihrem weißen Rücken.
Die ungarischen Hirtenhundrassen Komondor, Kuvasz, Puli, Pumi und Mudi kamen im 9. Jahrhundert n. Chr. durch die Ungarn ins Karpatenbecken und wurden mit der Zeit auch von anderen Nationen liebgewonnen und gezüchtet. In Deutschland gibt es seit 1901 Kuvaszzucht. Das schöne, zuverlässige Tier erfreut sich immer größerer Beliebtheit. Einstmals mußte es das Haus bewachen, Herden schützen und entlaufenes Vieh zurückbringen.
Mit dem Rückgang der Landwirtschaft wurden die lebenswichtigen Aufgaben dieses Hütehundes stark eingeschränkt. Er sank zum Kettenhund herab und es ist treuen Freunden und Züchtern zu danken, daß eine der schönsten Rassen nicht ausstarb. In Deutschland gibt es heute den zahlenmäßig größten Club.

Blutauffrischung aus unserem Land hilft jetzt dem Kuvasz in seinem Heimatland Ungarn wieder auf die Beine.

Der Kuvasz ist immer noch ein idealer Hütehund. Er bewacht zuverlässig Haus und Eigentum, ist sehr kinderlieb und ein verantwortungsbewußter Spielgefährte. Er ist anhänglich und seinen Freunden und Herren treu ergeben. Leicht erziehbar und empfindlich trotz seines „dicken Fells", reagiert er auf Härte schlecht, auf Liebe dagegen sofort.

Der besonnene, ruhige Hund kläfft nicht und zeigt keine nervösen Reaktionen. Er ist unempfindlich gegen Kälte, kann daher sehr gut im zuggeschützten Zwinger leben, wenn er es von klein auf gewöhnt ist. Das große Tier, das ohne Anstrengung 25 bis 30 km gleichmäßig traben kann, muß viel Auslauf haben. Im Alter von vier Monaten läuft es schon am Rad und sollte später nicht mit kurzen Spaziergängen abgespeist werden. Der Kuvasz, der jahrhundertelang auf den großen Weiden der ungarischen Tiefebene das Vieh zusammenhielt oder als weithin sichtbarer, weil schneeweißer Jagdgehilfe Wild aufspürte, ist kein Etagenhund. Es sei denn, die Etage ist entsprechend groß.

Haltung: Ein Hund mit so dichtem Fell ist nicht pflegeleicht. Dennoch hat man nach kurzer Zeit einige Erfahrung, wie man den Kuvasz zeitsparend pflegt. Am besten stellt man ihn auf eine Unterlage und legt sich eine Plastiktüte für die ausgekämmten Haare zurecht. Ein fester weitzinkiger Hornkamm und eine Drahtbürste helfen, das Tier, das sich früher an Dornbüschen selbst kämmte, zu pflegen. Die ausgekämmten Haare kann man sammeln und spinnen lassen. Sie ergeben die ideale feste Wolle für Kostüme und Jacken. Kämmt und bürstet man den Hund einmal täglich, so kommt man mit einem Bad im Jahr aus. Verschmutzungen an den Hinterläufen beseitigt man schnell, indem man die Haare naß auskämmt. Ist der Hund patschnaß, macht man ihm ein Strohlager, dann ist er nach wenigen Stunden trocken und sauber.

Je nach Gewohnheit können Innereien roh oder gekocht gefüttert werden. Zuviel Schweinefleisch greift die Nieren an, Knochen können bei jungen Tieren zu Zahndeformationen führen. Gewürzte Speisen schaden dem Kuvasz im Gegensatz zu anderen Hunden nicht. Mit 18 Monaten ist er erwachsen, ein Rüde wird mit zwei Jahren deckfähig, die Hündin mit 18 Monaten.

Aussehen: Der Kuvasz ist von großem Wuchs und hat einen gut proportionierten Körper mit starkem Knochengerüst. Der Kopf ist länglich, aber nicht spitz, die Rute tief angesetzt, sie wird herabhängend getragen, das Ende ist etwas angehoben, doch nicht geringelt.

Haar und Farbe: Kopf, Ohren und Pfoten sind mit kurzem, gerade anliegenden Haar bedeckt (1–2 cm lang), ebenso die Vorderseite der Vorderbeine und Teile der Hinterbeine. Sonst ist die Behaarung 4–12 cm lang, derb, dicht und leicht gewellt. Sie verfilzt nicht. Die Farbe ist weiß, auch elfenbeinfarben ist noch gestattet. Die etwas gelblichen Haare der Jungtiere verschwinden nach der ersten Haarung. Auch das Unterhaar ist weiß.

Schulterhöhe: Rüden 71–75 cm; Hündinnen 66–70 cm.

Verwandte Rassen: Der Kuvasz gehört zur Familie der Hütehunde wie der Neufundländer, Bernhardiner, Rottweiler.

Fazit: Wer einmal einen Kuvasz hatte, will immer wieder einen.

Der Mops (Siehe auch Farbtafel 14)

Ganz genau weiß man nicht, wie der Mops zu seinem Namen gekommen ist. Niederdeutsche Worte wie „moppen" oder „möpen" bedeuten das-Gesicht-verziehen und könnten der Ursprung für die Bezeichnung Mops sein.
Ebenso ungenau sind die Angaben über das Herkunftsland des kleinen, kräftigen Burschen. Manche Forscher tippen auf Afrika als Stammland. Eine andere Theorie besagt, daß er von holländischen Seefahrern aus China mitgebracht wurde. Fest steht dagegen, daß er Mitte des 18. und bis weit in das 19. Jahrhundert in unserem Land weitverbreitet und beliebt war. Kein Fürstentum war ohne Möpse, keine Dame von Welt mochte auf ihre Gesellschaft verzichten. Doch dann sank die Kurve der Gunst rapide und sie gerieten in Vergessenheit.
Vor etwa 100 Jahren besann man sich in England, dem klassischen Hundeland, des einst so beliebten Modehundes und versuchte seine Renaissance. Zwar lebt der Mops in vielen Sprichwörtern und Redensarten, doch gehört er heute zu den selteneren Rassen. Dazu kommt, daß vielfach eine falsche Vorstellung vom Mops herrscht. Immer noch gilt er als griesgrämiger, fetter Schoßhund, eher einer Karikatur als einem Hunde gleich.
Es ist schade, daß ein Tier mit so guten Eigenschaften heute noch das Opfer einstiger Modetorheiten ist. Der Mops ist ein intelligenter, liebenswürdiger Haushund, lustig, zurückhaltend und aufmerksam. Er hat seinen eigenen Kopf, ist kein Kriecher und sensibel.

Weil er peinlich auf Sauberkeit achtet, eignet er sich besonders gut zum Hausgenossen. Seine Stimme ist kräftig; freut er sich oder ist er erregt, drückt er das durch lautes Schnarchen aus.
Haltung: Der Mops ist pflegeleicht, da er kurze Haare hat und auch sonst unproblematisch ist. Man muß darauf achten, daß das niederläufige Tier nicht zuviel Fett auf die Rippen bekommt und daran denken, daß es, wie alle Hunde, Bewegung in frischer Luft braucht.
Aussehen: Der Körperbau muß deutlich quadratisch sein und ebenmäßig. Ein magerer, hochläufiger Mops ist ebenso unerwünscht wie einer mit zu kurzen Läufen und einem langen Rumpf. Die Ohren sind schwarz, klein und dünn, nach vorne überfallend, so daß die Ohrmuschel bedeckt wird.
Die Nase ist breit und schwarz, der Hals kurz und dick mit reichlich loser Haut, die eine starke Wamme bildet. Die Stirnrunzeln müssen ausgeprägt sein. Die Rute ist glatt, stark, sie wird möglichst doppelt geringelt über dem Rücken getragen.
Haar und Farbe: Das Fell ist kurz und dick. Es soll glänzen und weich, silbergrau, gelb, braun bis weißgelb sein.
Die Gesichtsmaske ist schwarz.
Schulterhöhe: Rüden höchstens 32 cm; Hündinnen etwas kleiner.
Das Gewicht sollte nicht über sieben Kilo betragen.
Verwandte Rassen: Bordeauxdogge, Dogo Argentino, Deutsche Dogge, Französische Dogge, English Bulldogg, Mastiff, Boxer.
Fazit: Ein Hund, der weit besser ist als sein Ruf.

Der Große Münsterländer

Im Münsterland, das dem großen schwarz-weißen Vorstehhund den Namen gab, lebten bis nach dem Ersten Weltkrieg noch einige Exemplare des alten langhaarigen Vorstehhundes, dessen Farbenspiel – weiße Grundfarbe mit weißen Platten – seine Reinzucht nicht zuließ. Doch die Westfalen, die mit diesen Tieren zur Jagd gingen, hingen an ihnen und wollten sich nicht von ihnen trennen, auch wenn man die Anerkennung als Rassehunde versagte. Im Jahre 1919 wurde ein Zuchtverein gegründet, und der Name „Große Münsterländer" festgelegt, im Gegensatz zum „Kleinen Münsterländer", der schon einige Zeit vorher anerkannt worden war. So kam endlich eine Rasse zu Ehren, die sich schon zu Zeiten Karls des Großen als „Hapichthunde" bewährt hatte.
Der Große Münsterländer ist ein ausgezeichneter Stöberer und Buschierer in Mooren und Bruchlandschaften, ein sehr guter Vorsteher und Apportierer, auch bei der Waldjagd. Was ihn unter den deutschen Vorstehhunden besonders auszeichnet, ist seine Fähigkeit, erlegtes Wild auf Kilometer aufzuspüren, man nennt es Verlorenbringertätigkeit. Besonders wertvoll ist die Arbeit des Hundes nach dem Schuß. Die Nase tief am Boden, zeigt er größte Ausdauer, auch bei schwierigen klimatischen Verhältnissen. Er hat ebenfalls eine ausgesprochene Passion für die Wasserjagd.
Horst Stern nannte die Jagdhunde einmal „die letzten Männer unter den Schweifwedlern." Diese „letzten Männer" sind keine Schoßhunde und sollten nicht gegen ihre Eigenschaften und Tugenden gehalten werden, d. h. sie gehören in die Hände jagderfahrener Leute und vor allem nicht in zu enge Stadtwohnungen ohne Auslauf. Nicht nur als Jagdgehilfe ist dieses außergewöhnliche Tier beliebt und geschätzt. Es fühlt sich eng mit seinem Herrn und der ganzen Familie

verbunden und braucht ständigen Kontakt. Wachsam, treu und kinderlieb ist es ein Hausgenosse, den man nicht mehr missen mag. Seine Intelligenz und sein fester Charakter machen die Erziehung leicht.
Haltung: Der große Münsterländer kann nur dann in einer Etagenwohnung gehalten werden, wenn ihm genügend Auslauf geboten wird. Das bedeutet täglich mindestens eine Stunde. Er läuft gerne am Rad, muß aber unbedingt auch frei laufen. Wird er in der Wohnung gehalten, ist ein guter Staubsauger nötig, denn er haart. Als Zwingerhund fühlt er sich besonders wohl.
Das lange Haar sollte täglich mit einer Drahtbürste oder Eisenkämmen gepflegt werden, da es sonst verfilzt, besonders wenn der Hund viel mit Wasser in Berührung kommt und zur Jagd geht.
Seine guten Eigenschaften sollten nicht brach liegen, sondern ausgebildet werden. Die ideale Ausbildungszeit ist zwei Jahre. Die Erziehung zum Jagdgebrauchshund kann schon in der Kinderstube, also mit zwei Monaten, beginnen. Eine gewisse Härte ist angebracht, auch wenn das bei dem gutmütigen, anhänglichen Tier, das seinem Herrn jeden Wunsch vom Auge abliest, schwerfällt. Dieser Jagdgebrauchshund sollte zweimal am Tag gefüttert werden.
Aussehen: Der Kopf ist schwarz, auch mit weißer Blesse. Die Rute wird waagerecht oder leicht aufwärts getragen.
Haar und Farbe: Der Große Münsterländer ist weiß mit schwarzen Platten oder weiß mit Platten und Tupfen oder schwarzgeschimmelt. Das Haar ist lang und dicht, nicht lockig oder abstehend.
Schulterhöhe: Rüden 60–65 cm; Hündinnen 58–63 cm.
Verwandte Rassen: Der große Münsterländer gehört zur Familie der Vorstehhunde wie die Europäischen Vorstehhunde, der Irish Setter, English Setter, Gordon Setter, Griffon, Kleine Münsterländer, Pointer.
Fazit: Ein Hund, bei dem es sich lohnt, Herr zu sein.

Der Kleine Münsterländer (Siehe auch Farbtafel 15)

Ein Entdecker und besonderer Förderer des Kleinen Münsterländers war Edmund Löns, ein Bruder des bekannten Heimatdichters. Er nannte den mittelgroßen, langhaarigen Jagdhund „Heidewachtel".
1912 schon ging man zu seiner Reinzucht über und legte die Rassekennzeichen fest. Zu dieser Zeit gab es zwei Schläge: den „Heitmann"- und „Dorstener"-Schlag. Aus beiden entstand der Kleine Münsterländer, den wir heute kennen. Er wird in Niedersachsen gezüchtet, doch hat er auch außerhalb seiner Heimat bei vielen Jägern Anklang gefunden und wird in ganz Deutschland als Haushund geschätzt. Das Interesse am Kleinen Münsterländer nimmt immer mehr zu; besonders in Schweden, Norwegen und Frankreich ist er sehr gefragt. Denn der Kleine Münsterländer-Vorstehhund ist ein Gebrauchshund, der sich den verschiedensten Aufgaben sehr schnell anpassen kann. Wird seine Jagdpassion nicht gefordert, ist er ein unbestechlicher Wächter und treuergebener Freund der Familie.
Haar und Farbe: Er ist weißbraun mit braunen Platten oder gemantelt.
Schulterhöhe: Rüden zwischen 48 und 56 cm; Hündinnen zwischen 44 und 52 cm.

Der Neufundländer (Siehe auch Farbtafel 16)

Sein Name stammt von der Insel Neufundland an der Nordostküste des amerikanischen Kontinents. Wann und wie das Tier auf die Insel, die ihm den Namen gab, kam, ist bis heute ungeklärt. Man sagt, daß es die Rasse der Neufundländer noch nicht gab, als die Engländer 1622 ihre ersten Niederlassungen auf Neufundland gründeten. Die Vorfahren und Verwandten des Hundes kennt man nicht; es können Schäferhunde und Bullenbeißer gewesen sein, aber auch sibirische, lappländische oder isländische Tiere. Fest steht, daß die Engländer es waren, die den Neufundländer seit Mitte des 19. Jahrhunderts populär machten und die Kennzeichen seiner äußeren Erscheinung festlegten.
Wir kennen im allgemeinen die tiefschwarze Version. Der weiß-schwarze Farbschlag war ursprünglich eine eigene Rasse. Sie starb reinrassig aus und wurde mit schwarzen Exemplaren weitergekreuzt. Seit 1959 werden sie wieder als eigene Rasse geführt. Berühmt wurden diese Tiere durch den englischen Tiermaler Sir Edwin Landseer, der sie so oft darstellte, daß sie auch nach Landseer genannt werden.
1883 kamen die ersten Neufundländer nach Deutschland. Sie erwarben sich schnell Freunde und bald wurde ein Club gegründet. Literarische Ehren wurden ihnen allerdings nur in England zuteil. Lord Byron widmete seinem Freund Boatswain folgenden Nachruf: „An dieser Stelle ruhen die Gebeine von einem, der Schönheit besaß ohne Eitelkeit, Stärke ohne Übermut, Wut ohne Wildheit und alle Tugenden des Menschen ohne seine Laster."

Von seiner Heimat an der Küste hat er seine Vorliebe fürs Wasser und seine Fähigkeit, dem Menschen bei Katastrophen beizustehen. Ein Neufundländer mit Namen Boatswain, also ein Namensvetter des Hundes von Lord Byron, rettete Napoleon vor dem Ertrinken, als er bei seiner Flucht von Elba ins Wasser fiel. Viele dieser tapferen Gebrauchshunde wurden schon mit der Lebensrettungsmedaille dekoriert. Sie halten den Kopf eines Ertrinkenden über Wasser und ziehen ihn an Land. Manche Schiffsbesatzung verdankt es nur ihrem Hund, daß sie bei schwerem Sturm heil an Land kam. Die starken Tiere, den Umgang mit Fischern und Booten seit Jahrzehnten gewohnt, können schwimmend Netze an Land ziehen oder Schiffstaue.

Der Neufundländer ist außerordentlich gutmütig, nicht nervös und lärmempfindlich. Als Hüter von Kindern ist er auch ohne Anleitung hervorragend geeignet. Er ist der geborene Schutz- und Begleithund, hilfsbereit und intelligent, sehr liebebedürftig und braucht Kontakt mit Menschen. Er zeigt sich gelehrig, handelt aber sehr selbständig. Seine Treue ist beispielhaft.

Haltung: Das glatte Fell ist leichter zu pflegen als das lockigere. Es muß mit Stahlkamm und Drahtbürste vor dem Verfilzen bewahrt werden. Das fettige Haar verhindert, daß der wassernärrische Hund bis auf die Haut naß wird und sich erkältet. Er ist kein Etagenhund und kein Kettenhund. Im Wasser ist er beweglicher als auf dem Land. Er braucht dennoch Platz zum Auslaufen und kann im Zwinger gehalten werden, wenn er geräumig ist. Überheizte Wohnungen schaden ihm mehr als der kühlere Aufenthalt im Freien.

Der Neufundländer hat ein natürliches Gespür für alles, was er soll und auch für das, was er nicht darf. Er ist leicht zu erziehen und wird, wenn abgerichtet, sehr scharf.

Aussehen: Großer, lang behaarter Hund mit massigem Kopf, kleinen, herabhängenden Ohren, langer buschiger Schwanz.

Haar und Farbe: Unterwolle dicht und weich. Tiefschwarz. Anflug von Braun und kleiner weißer Fleck an Brust und Zehen gestattet.

Landseer: Viel Weiß mit schwarzen oder auch braunen Platten, am Kopf symmetrische Zeichnung.

Schulterhöhe: Rüden 68–72 cm; Hündinnen 62–68 cm.

Verwandte Rassen: Der Neufundländer gehört zur Familie der Hütehunde.

Fazit: Ein Tier, das alle idealen Eigenschaften hat.

Die Pinscher (Siehe auch Farbtafel 17)

Seine Vorfahren sind die Torfhunde. Lange Zeit mußte er sich von Ratten und Abfällen ernähren und stand immer im Schatten der Hunde, die es geschafft hatten, vom Stall- zum Haustier emporzuklettern. Es ist nicht lange her, da mußte noch der Name Pinscher (er kommt aus dem Englischen „to pinch" = zupacken oder kneifen) als politische Beschimpfung herhalten.
1836 erwähnte der Hundeforscher Heinrich Gottlieb Ludwig Reichenbach die Rasse zum ersten Mal. Aber es dauerte noch einige Jahre, bis man auf ihre positiven Eigenschaften aufmerksam wurde.
Der mittelgroße, kurzhaarige Pinscher ist bei uns leider kaum mehr verbreitet. Der Glatthaar-Pinscher hat ähnliche Eigenschaften wie ein Terrier. Das nervenstarke Tier ist anspruchslos, mutig, wachsam und anhänglich. Es ist von angenehmem Äußeren, läuft gerne und tummelt sich mit Vergnügen im Wasser. Ohren und Schwanz werden, wie beim Schnauzer, kupiert. Seine Schulterhöhe beträgt 40 bis 48 cm. Die häufigsten Farben sind schwarz mit rotem Brand, reinschwarz, rehbraun bis rot, schokoladenbraun, blaugrau mit roten Abzeichen und pfeffer- und salzfarben.
Der Österreichische Pinscher, der eine große Ähnlichkeit mit dem Black-and-tan-Terrier zeigt, darf Ohren und Rute unkupiert tragen.
Der Zwergpinscher ist die kleinere Ausgabe des Glatthaar-Pinschers ohne Schmälerung der Qualität.

Der Rehpinscher, ein rötlicher Zwergpinscher, war lange Zeit ein Favorit, da er genügsam und angenehm ist. Es bekommt und steht ihm nicht, wenn Frauchen ihn mit den besten Bissen füttert und er fett und unbeweglich wird.
Bei einer Schulterhöhe von 25 bis 30 cm muß man auf die Proportionen achten. Wie der nah verwandte Schnauzer und Terrier sind auch die verschiedenen Pinscher-Rassen als Begleiter des Menschen sehr zu empfehlen.

Der Pointer

Der Name dieses kurzhaarigen Vorstehhundes kommt höchstwahrscheinlich aus dem Englischen („to point" heißt vorstehen). Die Rasse stammt ehemals, so wird angenommen, aus Spanien. Der ursprünglich schwere Jagdhund wurde in England zu einem außerordentlich wendigen Gehilfen des Waidmannes herangezüchtet. Das erreichte man, so wird vermutet, durch die Kreuzung mit Foxhounds. Die Ähnlichkeit der beiden Rassen ist nicht zu bestreiten. Dennoch nehmen einige Hundeforscher an, daß es keiner anderen Rasse bedurfte, um den Pointer zu dem hochleistungsfähigen Vorstehhund zu machen, der er heute ist. Wir verdanken es britischen Züchtern, die Mitte des 19. Jahrhunderts mit der Reinzucht begannen, daß wir diesen eleganten, mutigen, feinnasigen Hund haben, der mit erhobenem Fang sucht. Nach englischem Jagdbrauch darf der Pointer nicht apportieren, da man befürchtet, daß dies die Fähigkeit des Vorstehens beeinträchtigt. Man setzt deshalb besondere Apportierhunde ein, die Retriever. Schon zu Beginn des 18. Jahrhunderts brachte der in Hannover residierende Herzog von Cambridge die ersten Pointer nach Deutschland. Sie konnten jedoch bei uns nie so recht Fuß fassen. Im Ausland dagegen sind sie auch heute noch die bevorzugten Jagdhunde.
Wer sich für diesen hochleistungsfähigen Vorstehhund entscheidet, muß sich darüber klar sein, daß es ein Jammer ist, seine Talente nicht auszubilden. Auch ist zu bedenken, daß ein Tier, dessen Freude es ist, sich in der freien Natur auszulaufen, nicht mit Gassigehen zufrieden sein kann.
Wenn ein junger Pointer am Wege sitzende Vögel belauert, muß man Verständnis dafür zeigen. Der Spatz oder die Taube sind für ihn Wildersatz. Und es liegt nun einmal in seiner Natur zu pointieren, das heißt, Wild anzuzeigen, sobald er „fündig" wurde. Er verdient ein dickes Lob, wenn er zur Salzsäule erstarrt, vor dem aufgespürten Tier verharrt, um seinem Herrn zu signalisieren, „komm, hier ist etwas für dich!" Scheucht er dagegen Wild oder versucht er auf eigene Faust zu jagen, ist er falsch erzogen und muß mit Nachdruck auf seine Rechte und Pflichten hingewiesen werden. Hat der Vorstehhund nie Gelegenheit, seinen Urinstinkten zu frönen, sollten jagdähnliche Situationen simuliert werden, damit seine Talente in die richtigen Bahnen gelenkt werden. Dann ist der Pointer auch ein liebenswürdiger Haus- und Kinderfreund.
Haltung: Wichtig ist, daß dem Pointer Auslauf im freien Gelände geboten wird. Dabei muß darauf geachtet werden, daß er nicht mit dem Jagdgesetz in Konflikt kommt. Erzieht man ihn von klein auf mit einer Hundepfeife, kommt er auf ein bestimmtes Signal von jedem beliebigen Platz zu seinem Herrn zurück. Wird er ausgebildet, schult man seine Nase und das Vorstehen am besten an Rebhühnern.
Ist das Tier etwas älter, kann man es mit der Wasserjagd vertraut machen. Wichtig ist, daß es sich nach der Wasserarbeit trockenlaufen kann.
Zwei Stunden Bewegung am Tag braucht der Pointer, um gesund zu bleiben. Auslauf allein genügt nicht, er muß Gesellschaft haben, einen gleichaltrigen Hund oder einen zweibeinigen Freund.

Im Alter von sieben Monaten kann man anfangen, ihn neben dem Rad laufen zu lassen. Das kurzhaarige Fell ist pflegeleicht.
Aussehen: Der Kopf mit der Stupsnase und die sehr dünne, kerzengerade Rute sind typisch. Die Ohren sind tief angesetzt, herabhängend. Der Hals ist kräftig, die Rippen sind leicht gewölbt.
Haar und Farbe: Die Behaarung ist dünn, dicht und nicht zu weich. Das Haar soll glatt anliegen und glänzen. Wegen der guten Erkennbarkeit auf weite Entfernung sind Tiere mit weißer Grundfarbe und Platten, sowie Tupfen in Schwarz, Braun, Orange und Gelb am gefragtesten. Auch Gelb, Braun, Schwarz oder Dreifarbig ist erlaubt.
Schulterhöhe: Rüden durchschnittlich 65 cm; Hündinnen etwas kleiner.
Verwandte Rassen: Europäische Vorstehhunde, Irish Setter, English Setter, Gordon Setter, Griffon, Kleiner Münsterländer, Großer Münsterländer.
Fazit: Dieser Hund sollte bei Jagdfreunden leben, die seine Talente zu schätzen und zu nutzen wissen.

Der Pudel (Siehe auch Farbtafel 18)

Sowohl Frankreich als auch Deutschland stritten sich um die Ehre, des Pudels Heimatland zu sein. Die Fédération Cynologique Internationale (FCI) hat ihn Frankreich zugeordnet.
Man kennt das begabte, allseits beliebte Tier schon seit Jahrhunderten – nur seinen Ursprung nicht. Die bisher älteste Darstellung eines Zwergpudels stammt von Tillmann Riemenschneider, der ihn 1489 auf einem Relief für das Grabmal Heinrich II. verewigte. Auch Albrecht Dürer stand der gelehrige Vierbeiner Modell (ungefähr um 1500). Konrad Gesner (1516 bis 1564) erwähnt in seiner Geschichte der Tiere den canis aquaticus avarius, den Wasservogelhund. Er war höchstwahrscheinlich ein Vorfahr unseres Pudels. Seine Vorliebe für das nasse Element brachte ihm auch den deutschen Namen ein. Pudel soll von Pfudel (= Pfütze) kommen oder von puddeln, das heißt im Wasser panschen. 1678 nannte man den Lockenkopf schon Pudelhund und seit Beginn des 18. Jahrhunderts Budel oder Buddel.
Wahrscheinlich ist der Pudel in seiner heutigen Form ein Produkt deutscher Züchter und kam als Begleiter von Soldaten und Handelsreisenden nach Frankreich, Spanien und Italien. Die französische Bezeichnung caniche (von canard = Ente) weist darauf hin, daß man auch in Frankreich die Wasserleidenschaft des Tieres erkannte und zur Entenjagd nutzte. Der Zwergpudel war zur Zeit Ludwig XIV. der große Favorit unter den Schoßhunden.
Nach jüngsten Forschungen hat unser heutiger Pudel jedoch nichts mit den ihm ähnlichen Tieren auf griechischen und römischen Reliefs zu tun. Das sind angeb-

lich Löwen und Mantelpaviane. Wie alt der Pudel nun wirklich ist, kann man bis heute ebensowenig mit Bestimmtheit sagen, wie man seine Ahnen genau kennt. Er soll aus einer Kreuzung zwischen zottelhaarigen Schäferhunden und kurzhaarigen Jagdhunden hervorgegangen sein. Ähnliche Schläge entwickelten sich unabhängig voneinander überall in Mittel- und Westeuropa. So sind der dunkelbraune irische Wasserspaniel, der ungarische Wasserhund und der französische Barbet höchstwahrscheinlich Verwandte.
Anfang des 19. Jahrhunderts kannte man nur den Schnürenpudel, der heute fast ganz von der Bildfläche verschwunden ist, weil seine Haarpflege zu zeitraubend ist. Er wurde nur aus der Hand gefüttert, damit er sich nicht beschmutzte. Die Schnürenbildung entstand dadurch, daß das abgestorbene Haar nicht abfällt, sondern sich mit den Locken eng verbindet. Der wie mit Fransen reich behangene Hund verdrängte zu jener Zeit seinen Namensvetter mit dem wolligen, kurz gehaltenen Haar. Durch die aufwendige Pflege des Schnürenpudels ließ das Interesse am Pudel allmählich nach. Das änderte sich jedoch schlagartig, als der Züchter Hans Thum in den 20er Jahren die Karakulschur einführte. Dabei wird die Wolle an Ohren, Hals, Rumpf und der lustigen Schwanzquaste entfernt, nur Bart, Schopf und die Wolle an den Beinen bleiben stehen.
Diese Schur wurde während des Dritten Reiches als „undeutsch" verboten, setzte sich jedoch nach dem Krieg als „Modeschur" immer stärker durch. Bei der Standard-Schur wird dem Hund das Hinterteil geschoren, nur „Ringelsöckchen" an den Beinen dürfen bleiben.
Will man seinen Pudel auf Ausstellungen präsentieren, muß man sich genau erkundigen, welche Schurvorschriften erfüllt werden müssen. Außerdem weiß ein guter Hundefriseur nicht nur, was Mode ist, sondern auch, welche Haarlänge zur jeweiligen Jahreszeit am besten paßt.
Das ist des Pudels echter Kern: Er ist nicht nur possierlich anzusehen, er ist auch ein äußerst tüchtiger, intelligenter, zuverlässiger und liebenswürdiger Geselle. Im Wasser fühlt er sich immer noch „pudelwohl". Leicht abzurichten, läßt er sich für viele Arbeiten gut verwenden. Der Groß- oder Königspudel ist sogar als Gebrauchshund und Blindenführer tätig.
Pudel sind nicht aggressiv, obwohl sie jahrhundertelang bei der Jagd mithalfen. Treu, wachsam, kinderlieb, liebebedürftig und zuverlässig – das sind nur einige ihrer positiven Eigenschaften.
Es gibt sie in drei Größen, sozusagen für „jeden Bedarf": den Groß- oder Königspudel, den Kleinpudel und den Zwergpudel.

Haltung: Die Pflege des Haarkleides ist (mit Ausnahme des Schnürenpudels) nicht so kompliziert, wie sie immer dargestellt wird. Bürstet und kämmt man die Lockenpracht regelmäßig, kann sie nicht verschmutzen und verfilzen, auch bleibt die Wohnung frei von Haaren. Das Tier ist von sich aus sehr sauber und weiß es zu schätzen, wenn es gepflegt wird. Im Abstand von 4 bis 6 Wochen muß der Pudel geschoren werden, da sonst die Haare verfilzen und sich Schnüre bilden.
Er liebt Auslauf und muß je nach Größe mehr oder weniger bewegt werden. Die Kleinpudel sind ideal für Städter, Kinder und ältere Leute.

Aussehen: Der Pudel ist ein anmutiger Hund von gleichmäßigem Körperbau. Er ist von lebhaftem, aber nicht nervösen Gebaren. Er hat elegante Bewegungen und einen federnden, leichten Gang. Der Kopf ist zwischen den Augen breit, sich nach hinten verjüngend. Die mandelförmigen Augen sind leicht schräg gestellt, schwarz oder ganz dunkelbraun bei schwarzen und weißen Pudeln, bei braunen dürfen sie auch in der Farbe von dunklem Bernstein sein. Der Rand der Lider ist schwarz, dunkelbraun bei braunen, auch schattiert bei weißen Pudeln. Die Ohren hängen an den Wangen herab, sie sind flach und an den Ecken abgerundet, reichen mindestens bis zur Mitte des Fanges und sind mit langem gewellten Haar bedeckt. Die Pfoten sind mit Schwimmhäuten versehen, die Ballen hart und dick. Die Krallen sind bei schwarzen Tieren schwarz, bei braunen braun, bei weißen gleichmäßig gefärbt oder hell. Die Rute darf bis zur Hälfte, höchstens bis zu zwei Drittel der Länge kupiert werden. Dennoch ist eine lange Rute, die gut getragen wird, kein Fehler. In der Bewegung wird sie schräg aufwärts getragen. Der Schnürenpudel wird im allgemeinen nicht kupiert. Das Tragen des Schnurrbartes gilt für alle Tiere, ist jedoch nicht in allen Ländern Vorschrift.
Haar und Farbe: Der Wollpudel hat reiches Haar von drahtiger wolliger Struktur. Es ist stark gekräuselt, dicht und üppig, von gleichmäßiger Länge. Schnürenpudel: Da er nicht geschoren wird, können die Schnüre im Laufe der Jahre bis auf den Boden hängen. Mindestlänge 20 cm.
Jede Art kommt in vier anerkannten Farben vor: Weiß, schwarz, braun und seit kurzem silbergrau. In England und den USA sind zum Beispiel aprikosenfarbige Tiere besonders beliebt.
Schulterhöhe: Königs- oder Großpudel: Rüden 45–55 cm; Hündinnen etwas kleiner; Kleinpudel: Rüden 35–45 cm; Hündinnen etwas kleiner; Zwergpudel: bis zu 35 cm.
Verwandte Rassen: Die Pudel gehören zur Gruppe der pudelartigen Hunde, wie auch die Bologneser und Malteser.
Fazit: Unter dem modischen Aussehen verbergen sich beste Hundeeigenschaften.

Die Retriever

Nach englischem Jagdbrauch werden Pointer und Setter nicht zum Apportieren verwendet. Man befürchtet nämlich, daß durch diese Tätigkeit ihre Festigkeit als Vorstehhunde gemindert werde. Deshalb züchtete man Apportierhunde, Retriever genannt (vom englischen to retrieve = wiederfinden, zurückbringen), in verschiedenen Arten und Haarfarben. Bei uns bekannt wurden der Golden-Retriever und der Labrador-Retriever. In Deutschland werden sie allerdings kaum zum Apportieren gebraucht.
Der *Labrador-Retriever* kam 1835 mit Fischerbooten nach England. Den Namen Labrador erhielt er, weil er von der gleichnamigen Halbinsel nach Großbritannien

kam. Die jagdfreudigen Engländer erkannten sofort seine Bringlust und Wasserfreude. So begann man, ihn planmäßig zu züchten. Bald trug diese Mühe Früchte. Das unermüdliche Tier wagt sich in jedes Gelände, um erlegtes Niederwild aufzuspüren, es arbeitet sich durch meterhohes Schilf, um Enten zu bringen. Sein Eifer ist mindestens so groß wie seine Nase gut. Scottland Yard hat die Retriever mit Erfolg auf Rauschgift angesetzt.

Haltung: Der Labrador braucht als Jagdhund viel Bewegung und die Möglichkeit, seine ausgezeichnete Nase zu trainieren. Es ist schade, wenn man seine Fähigkeiten als Verlorenbringer brach liegen läßt. Er ist leicht abzurichten. In Gefahrenmomenten zeigt er sich mutig und besonnen. Man kann ihn aufgrund seiner Intelligenz sogar als Blindenhund einsetzen. Seine Pflege ist unproblematisch. Er darf jedoch nicht auf zu engem Raum leben.

Aussehen: Der Labrador-Retriever ist ein mittelgroßer Hund mit Hängeohren und mittellanger dicker Rute. Seine dreieckigen Behänge sind relativ hoch an den breiten langen Schädel angesetzt. Hals, Rumpf und Läufe sind muskulös.

Haar und Farbe: Das Haarkleid ist kurz, sehr dicht, das einzelne Haar glatt und hart; schwarz, auch gelb, doch sind auch andere Farben erlaubt, solange das Fell einfarbig ist.

Schulterhöhe: Rüden: 56 cm; Hündinnen etwas kleiner.

Verwandte Rassen: Der Labrador gehört zur Gruppe der Retriever (Apportierhunde).

Fazit: Ein begabtes, besonders ausdauerndes und treues Tier, das nicht nur zur Jagd taugt.

Der *Golden-Retriever* ist unter den Apportierhunden der beliebteste und verbreitetste. Es läßt sich heute nicht mehr feststellen, wer an seiner Wiege Pate stand. Man nimmt an, daß in seinen Adern das Blut vom Neufundländer, Setter und Spaniel fließt. Das Ergebnis ist ein besonders schöner, gut zu lenkender Hund mit hervorragenden jagdlichen Eigenschaften. Er ist aber als Begleit- und Haushund ebenso begabt. Heute lebt er vorwiegend in England, Frankreich und den Vereinigten Staaten. Wegen seiner Bedachtsamkeit, Zuverlässigkeit und Intelligenz kann er auch als Blindenhund arbeiten. Den Beinamen „Golden" bekam er, weil sein Fell goldene Schattierungen aufweist.

Haltung: Der langhaarige Hund ist nicht pflegeleicht. Er braucht Auslauf, regelmäßige Haarpflege, Zeit und eine geübte Hand.

Aussehen: Der Golden-Retriever ist ein schönes, kräftiges, mittelgroßes Tier mit langer buschiger Rute und mittellangen Behängen. Der Schädel ist breit, die Nase schwarz oder dunkelbraun. Die Augen liegen weit auseinander, sind mittelgroß mit dunklen Lidern. Ihr Ausdruck ist freundlich und intelligent. Die Rute reicht bis zum Sprunggelenk herab und wird gerade getragen.

Haar und Farbe: Das Deckhaar ist lang, reich, glatt und leicht gewellt. Es liegt an. Die Unterwolle ist dicht und wasserabstoßend. Jede Nuance von Gold ist erlaubt, ebenso einzelne weiße Haare an der Brust.

Schulterhöhe: Rüden 53–63 cm; Hündinnen etwas kleiner.

Verwandte Rassen: Flat coated Retriever, Curly Retriever, Labrador-Retriever.

Fazit: Ein treuer, intelligenter, unerschrockener Begleiter, der sich jeder Aufgabe gewachsen zeigt.

Der Rottweiler

Seinen Namen verdankt der Rottweiler einer schwäbischen Stadt, dem im Schnittpunkt alter Handelsstraßen zwischen Bodensee und Main gelegenen Rottweil. Im ehemals bedeutenden Viehhandelszentrum züchteten Metzger und Händler einen besonders zuverlässigen und robusten Hund, dem sie unbesorgt ihre Herden anvertrauen konnten. Seine Abstammung ist edel: Molosser, die ausgestorbenen Kampfgefährten Alexanders des Großen, römische Treibhunde, Brabanter Bullenbeißer und einheimische Hirtenhunde. Trotz seiner hervorragenden Eigenschaften als Gebrauchshund wurde er mit dem Verschwinden der Viehherden von den Straßen arbeitslos. Um 1900 gab es in seiner Geburtsstadt kaum noch Rottweiler. Doch als die Polizei wachsame Hunde mit eisernen Nerven suchte, kam es zu einer Rottweiler-Renaissance. 1910 wurde die relativ junge Rasse bereits als Diensthund anerkannt. Der Rottweiler ist ein hervorragender Wach- und Diensthund, selbstsicher, nervenfest, unerschrocken, intelligent, nicht allzu lebhaft, er zeigt keine Jagdpassion. Nicht zu scharf, ist er dennoch ein gefährlicher Gegner. Gutmütig und treu verhält er sich Menschen gegenüber und liebt kleine Kinder. Er nimmt nicht leicht übel und kann auch mal einen Puff vertragen. Deshalb ist er als Kinderhund besonders geeignet. Er hat ein gutes Gedächtnis und merkt sich Gelerntes. Er übt Gehorsam und ist widerstandsfähig gegen Krankheiten. Zur Zucht (erst ab 24 Monaten) eignet er sich gut, da er sehr fruchtbar ist.
Er braucht viel Liebe und Familienanschluß. Er sollte – schon um seine Talente voll zu entwickeln – ausgebildet werden. Auskunft über Rottweiler-Ausbildung erteilt der Gebrauchshundeverein oder Züchter.

Haltung: Die Pflege eines Rottweilers ist ein Kinderspiel. Sein robustes Stockhaar wird ab und zu gebürstet. Die kurzen, festen Haare lassen sich leicht mit dem Staubsauger vom Teppich entfernen. Der anspruchslose Wächter hat ein gemäßigtes Temperament und regt seine Umgebung nicht durch nervöses Bellen auf. Da das Tier gute Nerven hat, kommt es auch mit nervösen Herren aus und verträgt Lärm. Der große, kräftige Hund braucht Auslauf, aber nicht so viel Bewegung wie der Schäferhund. Er kann daher sogar in einer geräumigen Stadtwohnung leben. Eine Hündin ist im allgemeinen leichter zu halten, insbesondere wenn es sich um einen Stadthaushalt handelt. Das kräftigere männliche Tier ist der ideale Beschützer für große Anwesen, Höfe, Landhäuser, Geschäfte. Rottweiler lieben Wasser und sind mit herkömmlicher Hundekost und normalen Rationen zufrieden.
Aussehen: Angeborene Stummelrute, die waagerecht getragen wird. Die Ohren (Hängeohren) sollen möglichst klein sein und weit voneinander entfernt.
Haar und Farbe: Schwarzes, dichtes Kurzhaar mit schönen rotbraunen Abzeichen (Brand).
Schulterhöhe: Rüden 60–66 cm; Hündinnen 55–62 cm.
Verwandte Rassen: Der Rottweiler gehört zur Familie der Hütehunde, wie der Schweizer Sennenhund, der Berner Sennenhund, der Neufundländer, die Europäischen Hirtenhunde, der Puli, Kuvasz, Bernhardiner, Entlebucher.
Fazit: Viel Hundequalität zu kleinem Preis.

Der Deutsche Schäferhund (Siehe auch Farbtafel 12)

Sein Name weist auf die ursprüngliche Tätigkeit des tapferen Gebrauchshundes hin: Als Hütehund bewahrte er Schafherden vor Wölfen und anderen Gefahren. Das Wort Deutsch gab man ihm bei, weil er aus süd- und mitteldeutschen Hütehundschlägen herausgezüchtet wurde.
Seine Rassezeichen legte man am 20. September 1899 nach den Vorschlägen von Rittmeister von Stephanitz fest. Gleichzeitig begann man, das Zuchtbuch zu führen. Der Verein für deutsche Schäferhunde (SV) e. V., ebenfalls 1899 gegründet, ist heute der größte und bedeutendste Rassezucht- und Gebrauchshundverein der Welt.
Und gleich noch ein Superlativ: 95 Prozent aller Zollhunde sind Deutsche Schäferhunde. Auch als Polizei-, Blinden-, Wach-, Melde-, Such-, Sanitäts- und Lawinenhund stellen sie die überwiegende Mehrheit in aller Welt. Das kommt nicht von ungefähr: Ihre Nase ist so gut, daß sie sogar noch Haschspuren in Autoreifen wahrnimmt. Das Gehör ist siebenmal feiner als das des Menschen.
Um zu vermeiden, daß Freunde des Deutschen Schäferhundes auf Wildzüchtungen hereinfallen, wurde seit dem 1. Januar 1971 eine Tätowierung im rechten Ohr vorgeschrieben, die nur rassereine Tiere mit Ahnentafel bekommen. Diese Papiere erhalten sie nur, wenn beide Eltern mindestens eine Leistungsprüfung abgelegt haben.
Der Deutsche Schäferhund hat nie als Modehund gegolten und war daher dem jeweiligen Geschmack nicht so stark unterworfen. Vor dem Aussehen rangiert die Gebrauchsfähigkeit. Die wolfsähnliche Färbung, die ihm den Namen „Wolfshund" einbrachte, weist nur der Deutsche Schäferhund auf.

Farbtafel 13: Zwergspitz

Farbtafel 14: Mops

Ein Welpe sollte nicht zu jung abgegeben werden, also nicht vor dem zweiten Monat. Die Nachfrage vor allem aus dem Ausland ist so groß, daß sie bei weitem nicht befriedigt werden kann, und das, obwohl bisher über 1 250 000 Tiere ins Zuchtbuch eingetragen wurden. Auch das ist Weltrekord.
Der Deutsche Schäferhund ist – laut Statistik – der am meisten geschätzte Gebrauchshund der Welt. Diesen Ruf hat er sich hart erarbeitet. Er hat Ausdauer, Mut, Intelligenz, Wendigkeit, läßt sich gut führen und abrichten, ist anhänglich, treu, zuverlässig und fleißig. Er kann gut mit Kindern umgehen, bewacht unbestechlich Hab und Gut seiner Familie und ist charakterlich unkompliziert.
Wer sich einen Vierbeiner mit so großen Qualitäten wählt, hat die moralische Verpflichtung, seine guten Eigenschaften nicht brachliegen zu lassen, zumal das dem Hund nicht bekommt. Er braucht seine Aufgabe, sonst wird er zum Streuner. Man kann ihn – mit Hilfe der jeweiligen Landes- oder Ortsgruppen – selbst abrichten oder abrichten lassen. Die Ausbildung ist nicht obligatorisch, ebensowenig wie die Leistungsprüfung. Will man seinen Deutschen Schäferhund abrichten lassen, muß man nicht Mitglied des ausbildenden Vereins werden. Eine Mitgliedschaft empfiehlt sich aber, weil sie mit manchen Vorteilen, auch finanziellen, verbunden ist.
Haltung: Der Deutsche Schäferhund ist kein idealer Etagenhund oder Hochhausbewohner. Zwei Stunden Auslauf braucht er täglich und sollte dabei auf Trab gebracht werden. Er läuft gut und gern am Rad.
Das wetterfeste Tier kann im Zwinger gehalten werden. Die Hundehütte sollte ein Flachdach haben, damit sein Bewohner sich darauf legen kann, um alles besser überwachen zu können. Besonders wichtig ist es, daß gerade Zwingerhunde regelmäßigen Kontakt mit ihren Besitzern haben, also fühlen, daß man sich mit ihnen beschäftigt.
Aussehen: Ein mittelgroßer, hochläufiger Hund mit langgestrecktem Kopf und straff aufgerichteten Ohren. Der Rumpf ist kraftvoll, die Rute fällt in voller Länge herab.
Haar und Farbe: Das Fell ist stockhaarig, mit dichter, kurzer Unterwolle. Die Farben sind schwarz, eisengrau, rotgelb, rotbraun, gelb mit schwarzem Sattel. Wolfsfärbung ist erwünscht, möglichst mit hellerer Unterwolle.
Schulterhöhe: Rüden 60 bis 65 cm; Hündinnen 55 bis 60 cm.
Verwandte Rassen: Bobtail, Hovawart, Sheltie, Collie, Welsh Corgi Cardigan, Welsh Corgi Pembroke, Europäische Schäferhunde.
Fazit: Ein nervenstarker, idealer Gebrauchshund, der seinem Weltruhm und seinen vielen Aufgaben gerecht wird, wenn er richtig gehalten und erzogen ist.

Die Schnauzer (Siehe auch Farbtafel 19)

Der *Mittelschnauzer* ist ein Nachkomme der Torfhunde. Aus ihnen entwickelten sich neben den Spitzen auch die Pinscher- und Schnauzerrassen, sowie die Terrier.

Die Pinscher fristeten zunächst ein Leben im Verborgenen. Als Stallhunde waren sie darauf angewiesen, sich von Ratten, Mäusen und kleinem Raubwild zu ernähren, was ihnen die Bezeichnung „Rattler" (von Ratte) einbrachte. Das Wort Pinscher kommt vom englischen „to pinch" und heißt so viel wie zupacken oder kneifen. Da man sich wenig um die braven Rattenvertilger kümmerte, liefen sie im allgemeinen alle unter dem Begriff Pinscher, egal ob sie glatt- oder rauhhaarig waren. Schließlich machte man einen Unterschied und gab den schnauzbärtigen, rauhhaarigen Arten die Bezeichnung Schnauzer. Im Jahre 1880 wurden die Züchter auf ihn aufmerksam.

Sie waren erstaunt, als sich das bis dahin so vernachlässigte Tier als intelligent, gelehrig, liebenswürdig, wacker und anhänglich erwies. Es lohnte sich also, diesem guten Charakter ein edleres Aussehen zu geben. Es war eine lange und mühselige Arbeit, denn der ursprüngliche Schnauzer hatte mit der uns heute bekannten Form wenig Ähnlichkeit. Es entstanden nicht nur elegante Vierbeiner, auch die verschiedenen Größen waren das Ergebnis der züchterischen Bemühungen. 1907 wurde der Schnauzerclub gegründet. Von da an begann der Aufstieg des Mittelschnauzers, der mittelgroßen Version.

Haltung: Der so lange in der Anonymität gehaltene Hund hat ideale Eigenschaften. Er ist ein temperamentvoller, seine Gefühle heftig zeigender, aber nie zu lau-

ter Geselle, der ungemein treu ist. Einfühlsam paßt er sich der jeweiligen Situation an. Soll er leise sein, zügelt er sein Temperament und wartet geduldig, bis er sich beim Spaziergang austoben kann. Als Wachhund ist er zuverlässig, aufmerksam, mutig, aber nie vorschnell. Aufgrund seiner Intelligenz überlegt er genau, bevor er handelt. Für Kinder ist er ein idealer Begleiter, weil er bei allem Selbstbewußtsein auch sehr gutmütig ist. Die Erziehung ist problemlos. Fehler nimmt er nicht tragisch, da er nicht nachtragend ist. Er ist nicht so bellfreudig wie seine Verwandten, die Spitze.
Die Haarpflege ist nicht aufwendig. Regelmäßig (es muß nicht täglich sein) wird mit einem weitzinkigen Kamm das Fell behandelt. Vor allem während des Haarwechsels muß das tote Haar entfernt werden (mit den Fingerspitzen). Der Bart sollte, wenn sich Futterreste darin festgesetzt haben, mit einem feuchten Tuch gesäubert werden.
Aussehen: Er ist ein kräftiger, nicht zu schlanker Hund von quadratischem Bau. Der Kopf ist langgestreckt, der Körpergröße entsprechend kompakt. Die Gesamtlänge des Kopfes von der Nasenspitze an soll sich zur Rückenlänge ungefähr wie 1 zu 3 verhalten.
Rute und Ohren sind kupiert, die Ohren werden aufrecht getragen. Die Augen sind mittelgroß, dunkel, fast rund und von lustigen Brauen überwölbt. Die Nasenkuppe ist schwarz. Charakteristisch sind die Pfoten, sie sind rundlich wie Katzenpfoten.
Haar und Farbe: Das Haar ist dicht und straff, von drahtiger Struktur, an Ohren, Stirn und Beinen kürzer. Augenbrauen und Bart sind länger. Der Schnauzer darf auf keinen Fall geschoren werden, was leider oft aus Unkenntnis geschieht. Das Haar soll weder zu kurz sein noch glatt anliegen. Alle Pfeffer- und Salz-Nuancen, sowie Reinschwarz sind erwünscht.
Schulterhöhe: Rüden 40–50 cm; Hündinnen etwas kleiner.
Verwandte Rassen: Pinscher, Terrier, Spitze.
Fazit: Der Mittelschnauzer ist der Idealhund für Anfänger und Kinder.

Der Schnauzer (große Form)

Auch der Größte unter den Schnauzern, der *Riesenschnauzer,* ist eine verhältnismäßig junge Züchtung. 1925 wurde sie offiziell als Diensthundrasse anerkannt. Doch schon in der Römerzeit mußten die Vorfahren der Riesenschnauzer als Treib- und Schutzhunde die Herden zusammenhalten und verteidigen. Durch erfolgreiche Züchterarbeit entstand ein eleganter, starker Hund. Unempfindlich gegen Witterungseinflüsse, ruhig und überlegen, mutig selbstbewußt, schnell und nicht ermüdend, ist er praktisch jeder Aufgabe gewachsen. Er hat die gleichen hervorragenden Charaktereigenschaften wie seine beiden kleineren Brüder, der Mittel- und Zwergschnauzer.
Haltung: Wer sich dieses begabte, kräftige Tier hält, übernimmt damit auch die Verpflichtung, seine Talente auszubilden. Es ist sehr dressurfähig und lernbegierig. Als ausgesprochener Einmann-Hund dient er nicht gerne vielen Herren. Wird er falsch behandelt, neigt er zur Schärfe. Er braucht viel Bewegung und Zeit. Ist man kein Hundekenner oder hat man keine Verwendung für einen Schutzhund, sollte man sich für den Mittel- oder Zwergschnauzer entschließen.
Haar und Farbe: wie Mittelschlag.
Schulterhöhe: zwischen 55 und 70 cm.

Nachdem sich der „rauhhaarige Pinscher" oder Schnauzer in jeder Hinsicht bewährte, kam bald der Wunsch auf, ihn im Miniformat zu züchten. Die Verkleinerung sollte natürlich nicht auf Kosten der hervorragenden Eigenschaften gehen. Es war ein mühsames Unterfangen, von der Vielfalt des Zuchtmaterials zum *Zwergschnauzer* zu kommen.

Josef Berta darf den Ruhm für sich in Anspruch nehmen, als sein Schöpfer zu gelten. Er züchtete ein Tier, das seinen großen Verwandten in jeder Hinsicht ebenbürtig, nur eben kleiner ist. Diese züchterische Großleistung wird heute noch honoriert.
Der Zwergschnauzer gehört zu den beliebtesten Hunden der kleinen Klasse. Er ist mutig, wachsam, lebhaft, treu, gutmütig und charakterfest. Aufgrund seiner Zierlichkeit hat er auch in kleinen Wohnungen und Miniautos genügend Platz. Er ist kein nervöser Kläffer. Auf dem Land bewährt er sich, wie seine Vorfahren, als wackerer Mäuse- und Rattenjäger, zeigt jedoch keine Neigung zum Wildern.
Haar und Farbe: wie Mittelschlag.
Schulterhöhe: zwischen 30 und 35 cm.

Der Setter

Der kastanienrote, elegante Irish Setter ist der bekannteste Vertreter der Setter-Familie. Obwohl er ein begabter Vorstehhund ist, wurde er zum Haushund umfunktioniert. Das bedeutet jedoch nicht, daß er, wird er für die Jagd ausgebildet, seinem Namensvetter, dem English oder Gordon Setter, nicht ebenbürtig ist. Der Name kommt von dem englischen Wort „to set", d. h. setzen. Davon wurde wohl das Wort „sitter" abgeleitet – so werden Hunde, die sich nach dem Auffinden von Federwild setzen, bezeichnet (später wurde aus dem Wort „sitter" „setter").
Ursprünglich waren die Irish Setter rotweiß. Es gibt sie heute noch in dieser Färbung, sie werden als eine eigene Rasse angesehen. Wie aus den rotweißen rote Setter wurden, ist nicht bekannt. Ebenso wenig weiß man über den Ursprung der Irish Setter. Die Bezeichnung Irish für den schnellsten der Setter kommt daher, weil er in Irland weitergezüchtet wurde. Auch wenn der Irish Setter heute meist als Damen- und Familienhund gehalten wird, kann er seine Jagdpassion nicht verleugnen. Bei seiner Erziehung sollte deshalb streng darauf geachtet werden, daß schon der Junghund gut pariert. Später ist der nur schwer in den Griff zu bekommen.
Haltung: Lebt das Tier in der Stadt, wird es kaum in Versuchung kommen, Hasen zu jagen. Wird es jedoch in die freie Natur geführt, muß gewährleistet sein, daß es nicht allem, was fliegt und rennt, nachhetzt. Sein Instinkt als Vorstehhund geht sonst verloren.

Gewährt man dem lauffreudigen Tier genügend Auslauf (zwei Stunden täglich sollten es schon sein), kann es sogar auf einer geräumigen Etage glücklich werden. Ist es verkehrssicher, sollte es Gelegenheit haben, auf unbelebten Wegen auch ohne Leine neben dem Rad herzutraben.
Der Irish Setter sollte auch genügend Gelegenheit zur Nasenarbeit haben, selbst wenn er nicht mehr als Vorstehhund eingesetzt wird.
Aussehen: Ein rassiger, eleganter Hund mit gütigem Ausdruck. Die Augen sind haselnußbraun oder dunkel. Die Rute ist ziemlich tief angesetzt, mäßig lang und in eine dünne Spitze auslaufend. Sie darf nicht über Rückenhöhe getragen werden.
Haar und Farbe: Das Haar ist mittellang, glatt anliegend, ohne Locken. Die Fransen auf den oberen Seiten der Behänge sind lang und seidig, an der Rückseite der Läufe lang und dünn. Es ist einfarbig kastanienrot; etwas Weiß auf der Stirn, an der Kehle, der Brust, an den Zehen oder ein schmaler Nasenstrich sind erlaubt.
Schulterhöhe: Rüden ca. 70 cm; Hündinnen etwas kleiner.
Verwandte Rassen: Der Irish Setter gehört zur Familie der Pointer und Setter.
Fazit: Ein ausgesprochen eleganter, begabter, kinderfreundlicher Geselle, der es verdient, geliebt und bewundert zu werden.

Der Skye-Terrier (Siehe auch Farbtafel 20)

Der überlang behaarte, langgestreckte Niederlauf-Terrier, ein Günstling von Königin Victoria von England, war ursprünglich der harte, rauhhaarige Jagdhund der Hebriden-Insel Skye. Seine Wandlung zum Salon- und Modehund sollen Malteser-Hunde bewirkt haben, die beim Untergang der spanischen Flotte schwimmend die Insel Skye erreichten und sich mit den heimischen Terriern verbanden. Eine andere Version besagt, daß das lange Haar durch Einkreuzung mit Cairns entstand. Sicher ist, daß die Herkunftsinsel den Tieren den Namen gab, und daß sie schon lange dort lebten. Cajus schrieb im 17. Jahrhundert über diesen Niederlaufhund, den er „Islandicus" nennt: „Er ist am ganzen Körper behaart und hat des langen, herabhängenden Haares wegen weder Gesicht noch Gestalt." Als der Skye noch nicht verhätschelt wurde und sich als Jagdhund bewähren mußte, war das lange Haarkleid ein sicherer Schutz gegen Dornen und Fuchsbisse.

1879 wurde der Insel-Hund als Rasse anerkannt und bald gab es keine Dame, die auf sich hielt, ohne Skye-Begleitung. Unter den feinen Lebensbedingungen wurde das Haarkleid des einstigen Rauhbeins immer weicher und seidiger. Aber die Wesensmerkmale des echten Terriers blieben erhalten. In Deutschland gibt es heute eine kleine, gut geführte Zucht.

Der Skye-Terrier ist einer der treuesten Vierbeiner, die es auf der Erde gibt. Der Einmann-Hund sehnt sich nach einem Herrn, dem er blind ergeben sein darf. Hat er ihn gefunden, dient er ihm bedingungslos. Es ist kein Märchen, daß ein Skye, dessen Herr gestorben war, jahrelang am Grab im schottischen Edinburgh wachte, bis er selbst starb. Wie alle Terrier ist der Skye äußerst wachsam und intelligent. Mißtrauisch gegen Fremde, verteidigt er Hab und Gut mit all seinen Kräften. Zu Kindern ist er geduldig und liebenswürdig, solange sie ihn nicht zu sehr an seinen Haaren zerren.

Der niederläufige Vierbeiner ist ein idealer Zimmerhund, wenn man es versteht, seine Haarfülle richtig zu pflegen und ihm genügend Auslauf gewährt. Er wird heute nicht mehr als Jagdhund ausgebildet.

Haltung: Wer dieses außergewöhnliche Geschöpf zum Begleiter und Freund wählt, muß sich damit abfinden, daß die Haarpflege zeitraubender als bei anderen Hunden ist. Aber mit etwas Rationalisierung ist sie keineswegs so kompliziert, wie sie oft dargestellt wird. Hier ein paar Tricks: Man reibt das lauffreudige Tier nach jedem Spaziergang mit einem feuchten Tuch an den Läufen und am Bauch ab. Ist Matschwetter, stellt man es kurzerhand in die leere Badewanne oder Duschnische und säubert es mit ein wenig Wasser, je nach Verschmutzung. So muß es nicht oft gebadet werden und auch nicht täglich mit einem weitzinkigen Kamm verschönert. Tägliche Bürstenpflege ist angebracht, sie verhindert die Verfilzung des Fells und die Verschmutzung der Wohnung. Ihre volle Schönheit erreicht die Haarpracht, wenn ihr Träger drei Jahre alt geworden ist. Sie darf nie getrimmt werden.

Nach jeder Mahlzeit sollte der Bart abgewischt, nach jedem Gassigehen das Hinterteil auf Sauberkeit geprüft werden. Auch die Augen sind öfter mit einem trokkenen Mull-Lappen abzuwischen.

Aussehen: Der Rumpf ist auffallend lang. Dieser Eindruck wird noch durch die in Verlängerung des Rückens getragene Stehrute (auch Hängerute ist möglich) verstärkt. Die Rute hat eine lange Fahne. Die Stehohren sind reich mit Fransen versehen. Auch Hängeohren sind erlaubt. Die Augen, meist vom Haar verdeckt, sind engstehend und haselnußbraun.

Haar und Farbe: Die Doppelbehaarung besteht aus dem 14 cm langen Deckhaar, das hart ist und flach fällt, und aus der kurzen, weichen Unterwolle. Die Gliedmaßen sind völlig bedeckt.

Das Haar zeigt dunkles oder helles Blau oder Grau oder ist sektfarben mit schwarzen Spitzen.

Schulterhöhe: Rüden etwa 25 cm; Hündinnen 22 cm.

Verwandte Rassen: Terrier-Arten, Pinscher, Schnauzer.

Fazit: Eine ideale Vereinigung von Schönheit und Charakter.

Der Welsh-Corgi (Pembrokeshire) (Siehe auch Farbtafel 22)

Der fuchsartige Minischäferhund ist als Begleiter der Englischen Königin Elizabeth II. auch bei uns bekannt geworden. Corgi bedeutet in der Sprache der Waliser nichts anderes als Zwerg-Schäferhund. Die Bezeichnung Welsh kommt daher, weil der kleine, lebhafte Bursche vornehmlich in Wales (England) gezüchtet wurde.
Da sich die dort lebenden Nachfahren der Kelten nach außen hin sehr abkapselten, wurde auch ihr Hütehund erst spät bekannt. Vor wenigen Jahrzehnten erst zeigte man ihn zum ersten Mal bei englischen Ausstellungen, wo er beträchtliches Aufsehen erregte. Von da an züchtete man ihn rein und erkor ihn zum Haushund.
Die beiden damals vorhandenen Schläge wurden nach zwei Grafschaften in Wales benannt: Pembrokeshire (Pembroke) und Cardiganshire (Cardigan). Der Welsh-Corgi Pembroke hat sich auch in Deutschland durchsetzen können.

Haltung: Der kurzbeinige Schäferhund ist auch in einer kleineren Wohnung glücklich. Er hat sich als ein sehr angenehmer Hausgenosse bewährt, da er genau so wachsam wie anhänglich ist. Im Gegensatz zu seinen hochbeinigen Verwandten ist er kein ausdauernder Läufer, was ihn zum geeigneten Stadthund macht. Das kurze Haar ist pflegeleicht. Sein Hunger ist so mäßig, daß auch ein schmaler Geldbeutel den Welsh-Corgi ernähren kann.
Aussehen: Der Kopf ist fuchsartig, der Schädel ziemlich breit und flach zwischen den Ohren, die Nase schwarz. Die Augen müssen in den Proportionen mit dem Gesicht harmonieren. Sie sind rund, mittelgroß, ihre Farbe korrespondiert mit dem Haarkleid. Die Ohren sind aufrecht, mittelgroß, leicht zugespitzt. Die Welsh-Corgi Pembroke werden entweder schwanzlos geboren (ein Zeichen von starker Inzucht) oder haben einen Stummelschwanz.
Haar und Farbe: Das Haarkleid ist dicht, das einzelne Haar nicht drahtig. Alle Farben wie rot, blond, schwarz und tan sind erlaubt, auch mit weißen Abzeichen an Beinen, Brust und Hals. Etwas Weiß am Kopf und Gesicht wird nicht als Fehler gewertet.
Schulterhöhe: Rüden 25–30 cm; Hündinnen etwas kleiner.
Verwandte Rassen: Die Welsh-Corgis gehören zur Familie der Schäferhunde.
Fazit: Ein besonders intelligenter, kleiner Kerl, der unseren heutigen Lebensbedingungen gut angepaßt ist.
Der *Cardigan* ist größer, länger und etwas schwerer als sein Bruder Pembroke. Er hat keinen Stummelschwanz, sondern eine Rute ähnlich wie der Fuchs. Sein Haarkleid ist ziemlich kurz und dicht, sehr wetterfest. Alle Farbversionen – außer reinweiß – sind erlaubt, am beliebtesten ist rotgescheckt und blaumarmoriert. Die Schulterhöhe des Rüden beginnt bei 30 cm, die Hündin ist etwas kleiner. Wesenszüge und Eigenschaften sind dem Welsh-Corgi Pembrokeshire sehr ähnlich, dennoch konnte sich der Cardigan bisher bei uns noch nicht durchsetzen.

Der Wolfsspitz

Die Spitze sind die ältesten Haushunde der Welt. Sie gehen auf den Torfhund zurück. Daß sie sich so lange gehalten haben, liegt wohl auch daran, daß sie ideale Haustiere sind. Ihre Wachsamkeit, Treue und Zuverlässigkeit, ihre Keckheit, Intelligenz und Anspruchslosigkeit machen sie besonders sympathisch. Ein Nachteil kreidet man ihnen allerdings an: Sie gelten als Kläffer. Allerdings schlagen sie nie ohne Grund an.
Der Name Spitz geht wohl ursprünglich auf eine volkstümliche Bezeichnung des spitzen Fanges und Ohres zurück. Das Tier wurde auch canis pomaranis genannt, weil bereits vor 1800 in Pommern besonders hochwertige Tiere gezüchtet wurden. Auch heute bezeichnet man sie in England noch als „Pomerian" und in Frankreich als „Chien pomérien". Jetzt werden sie vorwiegend im Bergischen Land, in der Gegend von Elberfeld, Düsseldorf, Aachen, Krefeld und in Westfalen gezogen.
Der Wolfsspitz ist der größte und verbreitetste Vertreter der Spitze, sozusagen die Grundform der Rasse. Den Namen verdankt er seinem silbergrauen Haarkleid.
Auch er entfernt sich ebenso wie seine Namensvettern nicht gern allzuweit von Herr und Hof. Daran mag es liegen, daß der Wolfsspitz nicht wildert und herumstrolcht. Der deutsche Jagdschutzverband hat daher den Landesverbänden nahegelegt, die Zucht in reinblütiger Form zu forcieren.
Selten ist einem Hund die Ehre widerfahren, auf einem Denkmal verewigt zu werden. Ein großer schwarzer Spitz, der sogenannte Weinbergspitz, ziert zusammen mit seinem Herrn, einem Winzer, das Urban-Denkmal in Stuttgart. Doch auch die

weniger verdienten Spitze gingen in die Kunstgeschichte ein, für Ludwig Richter waren sie ein Lieblingsmotiv.

Haltung: Das üppige Haarkleid macht den Spitz weitgehend unempfindlich gegen Witterungseinflüsse. Die Pflege ist nicht so zeitraubend wie immer angenommen wird. Es wird immer gegen den Strich gekämmt, gebürstet und gestreichelt, also von der Rute bis zum Kopf. Abgestorbene Unterwolle muß entfernt werden. Im übrigen sollte die Unterwolle nicht mit dem Kamm behandelt werden. Die langen Haare lassen sich mit einer Bürste leicht von Teppichen und Polstern entfernen, da sie nur an der Oberfläche haften. Die Spitze haben kein sehr ausgeprägtes Bewegungsbedürfnis.

Aussehen: Der Wolfsspitz hat eine kurze gedrungene Figur mit einem fuchsähnlichen Kopf und spitzen, möglichst kleinen Ohren. Die Rute ist buschig behaart und stark gerollt. Am Hals bildet die Behaarung einen mähnenartigen Kragen. Die volle Haarpracht wird erst im dritten Lebensjahr erreicht.

Haar und Farbe: Das Eigentümliche des Spitzhaares besteht darin, daß es besonders am Hals und an den Schultern locker und gerade vom Körper absteht, ohne gewellt, gekräuselt oder zottig zu sein. Die größte Länge erreicht das Haar unter dem Hals und an der Rute. Auf dem Rücken scheitelt es sich nicht, sondern fällt nach allen Seiten. Der Wolfsspitz ist silbergrau mit einem schwärzlichen Anflug der einzelnen Haarspitzen; an der Schnauze, Augenpartie, am Bauch, den Läufen und der Rute etwas heller gefärbt.

Der weiße Spitz ist reinweiß ohne gelbliche Nuancen.

Als Schecken gelten Spitze mit weißen Spitzen und farbigen Platten, nicht aber einfarbige mit weißen Pfoten. Auch die Farbe braun ist erlaubt.

Schulterhöhe: Rüden 45 cm, auf keinen Fall unter 40 cm; Hündinnen etwas kleiner.

Verwandte Rassen: Der *Großspitz* ist ca. 5 cm kleiner und etwas zierlicher als der Wolfsspitz. Der holländische *Keeshond,* der in der Zeit vor der Französischen Revolution zum Symbol des Proletariats wurde, ist eine Entsprechung des deutschen Wolfsspitzes. Den Namen verdankt er seinem Herrn Cornelis (Kees) de Ghyselaar, dem damaligen Bürgermeister von Dordrecht.

Bei uns weniger bekannt sind der kürzer behaarte Isländer Spitz, der Lappenspitz, der norwegische Buhund und der schwedische Schäferspitz.

Fazit: Spitze sind die ältesten vierbeinigen Freunde des Menschen. Das spricht für sich und sie.

Der Yorkshire-Terrier (Siehe auch Farbtafel 21)

Das winzige Geschöpf mit dem seidenweichen Haar erinnert kaum noch an seinen Urgroßvater, der zur Rattenjagd gezüchtet und abgerichtet wurde. In der ersten Hälfte des 19. Jahrhunderts kamen Bergleute und Weber der englischen Grafschaft Yorkshire auf den Einfall, niederläufige Terrierrassen und Malteserhündchen zu kreuzen. Sie wollten einen besonders kleinen und billig zu haltenden Gefährten, der aber dennoch widerstandsfähig und unerschrocken war. Sie hatten Erfolg mit ihren Bemühungen: Der Winzling war anspruchslos und zeigte dennoch alle guten Terrier-Eigenschaften. Der eigentliche Zweck seiner Züchtung ging im Laufe der Zeit verloren. Immer mehr wurde die „Hand voll Hund" zum Schoßtier. So sehr, daß man darüber vergißt, daß unter dem Seidenhaar immer noch ein mutiges Hundeherz schlägt.
Die Yorkshire-Terrier sind wachsam, temperamentvoll und intelligent. Sie werden nicht häufiger krank als große Hunde und haben eine wesentlich höhere Lebenserwartung als ihre großen Vettern, nämlich durchschnittlich 16 Jahre. Riesenrassen werden selten älter als zehn, große etwa zwölf, mittlere dreizehn bis vierzehn Jahre alt.
Das zierliche Geschöpf ist sehr anhänglich und lustig. Die Rasse, seit 1886 nach der englischen Grafschaft Yorkshire benannt, erfreut sich zunehmender Beliebtheit, obwohl sie alles andere als pflegeleicht ist. Der Mini-Terrier gilt als ausgesprochener „Damenhund".
Ein idealer Kinderhund ist er jedoch nicht – obwohl eigentlich viel robuster, als es auf den ersten Blick scheint. Seine Stimme ist hell und durchdringend. Er neigt

zur Bellfreude, ist aber durch Erziehung dazu zu bringen, sich nicht allzuoft bemerkbar zu machen. So gut das Tierchen in eine moderne Stadtwohnung paßt, so unangenehm kann das Gekläffe sein, besonders wenn mehrere Yorkis zusammen sind und sich gegenseitig zum Bellen animieren.

Haltung: Ein Hund mit einem so üppigen und seidigen Haarkleid braucht sehr viel Pflege. Das Haar muß wirklich täglich mit einer weichen Naturborsten-Bürste lange und sorgfältig bearbeitet werden, sonst verfilzt die schöne Mähne hoffnungslos und es bleibt nur noch das Herausschneiden der betreffenden Stellen. Dann ist die Schönheit des Tierchens dahin. Bei schlechtem oder Schneewetter ist von langen Spaziergängen abzuraten, denn dann wäre jedesmal ein Bad fällig. Zum Ausgleich muß dem von Haus aus munteren Kerlchen Gelegenheit geboten werden, sich in der Wohnung auszutoben. Denn Bewegung braucht auch dieser Zwerghund, um gesund und munter zu bleiben. Spielt man mit ihm, so animiert man ihn zur Bewegung.

Achten Sie darauf, daß die Krallen von Zeit zu Zeit gekürzt werden, er läuft sie nie richtig ab. Sind sie zu lang, verursachen sie Schmerzen.

Bei Zwergrassen kommt es häufig vor, daß der Zahnwechsel vom Milch- zum Dauergebiß nicht ganz funktioniert, so daß der Hund plötzlich zuviel Zähnchen hat. Prüfen Sie daher das Gebiß und lassen Sie die Milchzähne ziehen, wenn sie nicht von selbst ausfallen.

Bei einem so kleinen Geschöpf muß ganz besonders darauf geachtet werden, daß es nicht überfüttert wird. Der ehemalige Rattenfänger frißt gerne alles, was auch seine großen Brüder bekommen – nur viel weniger. Ein gesunder Yorkshire-Terrier sollte zwischen drei und dreieinhalb Kilogramm wiegen.

Aussehen: Der Kopf ist ziemlich klein und flach, mit schwarzer Nase. Die Augen sind mittelgroß und dunkel, sie scheinen immer geradeaus zu blicken. Die Rute wird auf mittlere Länge kupiert und etwas höher als in Rückenlinie getragen. Die Läufe sind völlig gerade und mit Haar bedeckt.

Haar und Farbe: Das Haar ist am ganzen Körper mäßig lang und fällt gerade, es glänzt wie Seide und ist fein in der Struktur. Es ist vom Nacken bis zur Rute gescheitelt und reicht bis zum Boden.

Es ist dunkel stahlblau, darf nicht mit bronzefarbenen oder dunkleren Haaren vermischt sein. An der Brust, am Kopf und an den Läufen muß das Haar einen satten Goldton zeigen, der zu den Spitzen hin um einige Nuancen heller wird.

Ein Yorkshire-Welpe sieht dagegen völlig anders aus. Er hat kurze, black-and-tan getönte Haare. Es kann zwei Jahre dauern, bis das endgültige Haarkleid sich entwickelt.

Schulterhöhe: Rüden maximal 30 cm; Hündinnen etwas kleiner.

Verwandte Rassen: Der Yorkshire-Terrier gehört zur Familie der Terrier.

Fazit: Ein unerschrockener, tapferer, munterer Geselle, der trotz seines Lebens auf Seidenkissen und seines Diva-Looks immer noch Hund geblieben ist.

Der Zwergspitz (siehe auch Farbtafel 13)

Der moderne Zwergspitz ist ein Abbild seiner großen Vettern. Es war sehr schwierig, einen kleinen Hund zu züchten, der alle positiven Spitzmerkmale vereinigt, ohne Entartung oder Mängel zu zeigen. Manchmal kommen noch Rückschläge vor, das bedeutet, daß ein Tier wieder die ursprüngliche Größe aufweist.
Der runde Hirnschädel, größere Augen und ein feineres, üppiges Haarkleid sind charakteristisch für den Zwergspitz.
Besonders beliebt ist die englische Züchtung (toy pomerian), die einen sehr harmonischen Körperbau hat. Die italienische Version (voltino italiano) weist etwas größere Ohren als die deutsche auf.

Haltung: Aufgrund seiner Zierlichkeit ist der Zwergspitz ein idealer Etagenbewohner und äußerst anspruchslos in der Haltung. Das weiche Fell muß allerdings regelmäßig gegen den Strich gebürstet und manchmal mit einem weitzinkigen Kamm behandelt werden. Das häufige Anschlagen kann man durch eine gezielte Erziehung auf ein erträgliches Maß reduzieren. Die guten Eigenschaften, wie Treue, Wachsamkeit, Mut, Intelligenz und Zuverlässigkeit besitzt, die kleinere Ausgabe des Spitzes ebenso wie die große.
Farben: Siehe Farbeinteilung des Wolfsspitz. Außerdem gibt es ein wunderschönes Orange.

Schulterhöhe: Rüden nicht mehr als 28 cm; Hündinnen etwas kleiner.
Das Gewicht soll höchstens vier Kilogramm betragen.
Verwandte Rassen: Der aus Belgien stammende schwarze Schipperke ist kürzer behaart als der Kleinspitz, aber etwas größer. Der größere Schlag hat ein Gewicht von 5 bis 9 kg, der kleinere von etwa 3 bis 5 kg.
Wie bei allen Spitzarten ist die Behaarung an der Hinterseite der Schenkel länger. Der Fachausdruck dafür heißt „Behosung".
Die Besonderheit des Schipperke: Die Rute fehlt vollständig. Den Namen hat der bewährte Aufpasser wahrscheinlich von seiner Tätigkeit als Begleiter der Binnenschiffer. Er hatte auch die Aufgabe, Schiff und Ladung von Ungeziefer, Mäusen und Ratten freizuhalten.
Fazit: Ein tüchtiger, praktischer Hausfreund für Großstädter.

Wenn man mit dem Hund reist

Wer läßt schon gern seinen Hund zurück, wenn man den Alltagsstaub abschüttelt und auf die große Ferienreise geht. Das wäre für den vierbeinigen Gefährten das reinste Hundeleben. Und weil ständig mehr Hundehalter auch im Urlaub nicht auf ihr Tier verzichten wollten, reisen von Jahr zu Jahr mehr mit, denn das Reisen mit Hunden wird immer bequemer.
Was genau so wichtig ist: Viele Urlaubsorte und Hotels sind weitaus hundefreundlicher geworden. Seebäder im In- und Ausland haben extra Hundestrände für Herr und Hund eingerichtet. Wenn Sie sich direkt an Fremdenverkehrsorganisationen oder Hotels wenden, sollten Sie sich natürlich immer nach der Möglichkeit der Tierhaltung erkundigen. Die örtlichen Büros werden immer Auskunft geben können.
Informationen, wo Hunde gern gesehen werden, geben auch die Reisebüros.

Reisen mit der Bahn

Die Bahn macht es Hundehaltern, die mit ihrem Tier verreisen wollen, sehr einfach und bequem – und billig.
Kleine Hunde können im Personenabteil mitreisen, müssen aber auf dem Schoß gehalten oder in einem Korb oder einer Tasche im Gepäcknetz untergebracht werden. Am besten erkundigen Sie sich beim Reisebüro oder bei der Bundesbahn nach Preisen und Beförderungsbedingungen.
Größere Tiere reisen in einer „Reisehundehütte" im Gepäckwagen des Zuges mit. Besonders preiswert ist es, wenn Sie für Ihren Hund eine „Fahrradkarte" lösen. Sie haben dann nur die Pflicht, Ihren Hund selbst am Gepäckwagen abzuliefern und am Zielbahnhof wieder abzuholen.
Wollen Sie Ihre Reise im Schlafwagen unternehmen, dürfen Sie Ihren Hund auch in diesen mitnehmen. Voraussetzung ist allerdings, daß Sie nicht mit Fremden die Kabine teilen. Auch hier wird kein Zuschlag verlangt.
In Dänemark, Österreich, Schweden und Spanien dürfen Hunde nicht im Liegewagen mitreisen. Ziehen Sie bitte rechtzeitig vor Reiseantritt Erkundigungen ein, welche Bestimmungen für Ihr Tier gelten, da sie Änderungen unterworfen sind. Blindenhunde werden selbstverständlich kostenlos befördert. Auch die Bestimmungen in den einzelnen Reiseländern unterliegen Änderungen. Vor Antritt der Reise sollten Sie Auskünfte über die jeweiligen Bestimmungen bei den einschlägigen Konsulaten einholen.

Reisen mit dem Flugzeug

Kleine Hunde bis zu einem Gewicht von fünf Kilogramm (einschließlich Behälter) dürfen bei den meisten Luftverkehrsgesellschaften im Passagierraum mitreisen.

Sie müssen jedoch in einer wasserdichten Tasche oder einer Hunde-Reisehütte untergebracht sein.
Innerhalb Deutschlands gilt der so mitgeführte Hund als Handgepäck und reist kostenlos. Lediglich bei Flügen nach Berlin besteht eine Ausnahme.
Größere Hunde können im Frachtraum des Flugzeuges befördert werden. Hier ist die Hunde-Reisehütte erforderlich.
Bei internationalen Flügen wird der Hund immer im Gepäckraum befördert (Quarantäne-Bestimmungen!). Der Flugpreis für das Tier beträgt hier ein Prozent des Erste-Klasse-Einfachpreises pro Kilo seines Eigengewichtes.
Auf jeden Fall sollten Sie – bevor Sie die Reise antreten – bei der Luftverkehrsgesellschaft anmelden, daß Sie Ihren Hund mitnehmen wollen. Die Gesellschaften nehmen natürlich keine unbeschränkte Anzahl von Hunden mit.
Viele Luftverkehrsgesellschaften halten Hunde-Reisehütten in verschiedenen Größen zum Kauf bereit. Die kleinste hat die Maße 45 x 25 x 30 cm, die größte 95 x 62 x 75 cm.
Wenn Sie Ihren Hund in seiner Reisehütte untergebracht haben, kann er bis zum Abflug bei Ihnen bleiben. Erst dann wird er im Frachtraum des Flugzeuges untergebracht. Dieser Raum ist natürlich ebenso klimatisiert wie die Passagierkabine.
Der Flugpreis für den so mitgeführten Hund errechnet sich aus dem Kilopreis für Übergepäck.
Bei Reisen ins Ausland müssen Sie die jeweiligen Einreisebestimmungen für Hunde beachten.
Charter-Gesellschaften lehnen die Beförderung von Hunden im Frachtraum ab, da diese Maschinen meist nicht über klimatisierte Gepäckräume verfügen.
Sie sollten aber bei Charterreisen nicht auf Ihren Freund verzichten. Sie können ihn mit einer normalen Linienmaschine als Frachtgut nachkommen lassen.
Reist Ihr Hund auf diese Weise, müssen Frachtbrief und Impfzeugnis – den Einreisebestimmungen des jeweiligen Landes entsprechend – dem Frachtgut beigefügt werden.
Bei langen Flugreisen wird Ihr Hund während der Zwischenlandungen verpflegt. Bord- und Bodenpersonal werden durch Laufzettel über den vierbeinigen Fluggast informiert.

Reisen im Auto

Bei langen Fahrten im Auto muß auch Reisegepäck für den Hund mitgenommen werden. Dazu gehört eine Flasche Wasser, eine Schüssel, Freßnapf, Geräte zur Körperpflege, eine Leine. Eine kleine Hundeapotheke sollte auch nicht vergessen werden, z. B. ein Mittel gegen Durchfall und Wundpuder. Füttern Sie den Hund vor und während der Autofahrt nicht, er braucht nur etwas zu trinken. Größere Hunde gehören auf jeden Fall auf den Rücksitz. Lassen Sie ihn während der Fahrt nicht zum Fenster hinausschauen, der scharfe Fahrtwind kann seinen Augen schaden, auch Nase und Gehör können leiden.

Wer unterwegs anhält, um zu essen oder sich ein bißchen Bewegung zu verschaffen, sollte seinen Hund vor dem Öffnen der Tür anleinen. Denn schneller als man glaubt ist er draußen und kann möglicherweise in ein gerade vorbeifahrendes Auto laufen.

Reisen mit dem Schiff

Grundsätzlich kann man Hunde bei Schiffsreisen mitnehmen.
Die großen Passagierschiffe haben sogar Hundezwinger und eigene Hundedecks, wo ein Hundesteward die Tiere spazierenführt, wenn man selbst einmal keine Zeit hat.
Bei Gesellschaftsreisen und Fahrten auf einem Frachtschiff sollte man sich vorher erkundigen, ob man seinen Hund mitnehmen kann.
Auf verschiedenen Fährschiffen kann man den Hund bei sich in der Kabine oder auf Deck behalten; nur bei längeren Reisen wird er in Spezialkabinen untergebracht. Gegen Seekrankheit sind Hunde ähnlich wie kleine Kinder immun. Ist Quarantäne vorgeschrieben, muß man sie, wenn man einen Landausflug macht, eben an Bord lassen.
In manchen Ländern ist manchmal noch der Maulkorb vorgeschrieben – zum Teil in der Eisenbahn oder in öffentlichen Verkehrsmitteln. Sollten Sie unterwegs – entgegen allen Erfahrungen – einen kaufen müssen:
Maulkorb heißt auf englisch muzzle, auf französisch muselière, auf italienisch museruola und auf spanisch bozal.
Sollten Sie für Ihren Hund noch nicht haftpflichtversichert sein, dann schließen Sie vor der Reise noch schnell eine Anschluß-Hundeversicherung ab (sie wird an eine schon bestehende Versicherung angeschlossen), um jedes eventuelle Risiko zu vermeiden.

Am Urlaubsort

Genau wie Sie, muß sich auch Ihr vierbeiniger Begleiter auf das neue Klima einstellen. Sie sollten ihn deshalb in den ersten Tagen möglichst schonen. Kontakt mit einheimischen Tieren, vor allem mit deren Losung, ist zu vermeiden.
Erkundigen Sie sich nach einem Tierarzt, der in der Nähe praktiziert.
Im Wald ist das Tier an der Leine zu führen.
Bei allem Verständnis für Eigenheiten, lassen Sie den Hund nicht in ein Hotelbett oder in die Hotelküche.
Als Urlauber müssen Sie auch darauf achten, daß Ihr Hund in der neuen Umgebung nicht durch Bellen und Jaulen andere Gäste belästigt.
Nach der Ankunft erkundigen Sie sich, ob Ihr Hund auf das Urlaubsgelände, z. B. Strand, Promenade, Kurpark, darf.
Auch sollten Sie sich informieren, ob im gewählten Urlaubsgebiet Maulkorb- oder Leinenzwang besteht.

Bewährt hat sich besonders im Urlaub ein Hundehalsband mit Täschchen, in dem sich Heimatadresse, Telefonnummer sowie die Urlaubsadresse mit Telefonnummer befinden.

Wenn der Hund zu Hause bleiben muß

In den meisten Fällen bieten sich wohl Verwandte, Freunde, Bekannte oder Kollegen an, den Hund aufzunehmen. Doch sprechen Sie sich auch hierüber rechtzeitig mit dem neuen Herrn auf Zeit ab. Geben Sie ihm einige Verhaltensregeln mit. Machen Sie ihn mit Eigenschaften und Gewohnheiten Ihres Hundes ganz vertraut. Ermahnen Sie ihn, den Hund nicht zu überfüttern. Das ist besonders wichtig, wenn im Ferienheim Kinder sind. Bevor wir unseren Hund wegbringen, stecken wir ihn noch einmal in die Badewanne, damit er sauber und gepflegt ist.
Dann packen wir sein Gepäck:
Schlafkorb oder Decke, Futternapf und Trinkgefäß, Spielzeug, Leine, Halsband, Steuermarke, Tollwutimpfmarke (trägt er einen Adressenanhänger, wechseln wir die Adresse aus und schreiben seine Urlaubsadresse hinein), Kamm, Bürste und Säuberungslappen, die Fütterungsanleitung oder das gewohnte Fertigfutter, seinen Hundekuchen, geben außerdem seine Ausgangszeiten an, denn Hunde sind Gewohnheitstiere. Zusätzlich empfiehlt es sich, ihm auch ein paar Mark dazulassen, damit die Pflegeeltern bei unvorhergesehenen Ausgaben eine Reserve haben. Können wir unseren Hund nicht privat unterbringen, dann geben wir ihn in ein Tierheim oder eine Tierpension, wo er sich auch wohlfühlen wird.
Tierheime sind allerdings manchmal überfüllt, da Findelhunde den Vorrang haben. In einem Tierheim des Tierschutzvereins kann man jedoch die Adressen von privaten Tierpensionen erfragen.
Man sollte sich in solchen „Hundehotels“ jedoch rechtzeitig anmelden, da die empfehlenswerten unter ihnen oft genau so ausgebucht sind wie gute Hotels. Die beste Unterbringungsmöglichkeit ist der Züchter des Hundes. Rufen Sie ihn an und fragen Sie ihn, ob er Platz hat. Helfer in der Not ist die Arbeitsgemeinschaft Deutscher Tierschutz (ADT), die kostenlos Pflegeplätze vermittelt (Dr. Boscheidgenstr. 20, 4130 Moers 1, Tel. 02841/26473).

Die Einreisebestimmungen für die wichtigsten Reiseländer

BELGIEN

Impfung gegen Tollwut mit einem im Herkunftsland amtlich kontrollierten und zugelassenen Impfstoff. Vom Amtstierarzt beglaubigte Bescheinigung der Impfung. Anerkannt werden beim Hund nach Anwendung von Lebendvaccinen (z. B. Virulin) ein zweijähriger Impfschutz; bei inaktivierten Impfstoffen (z. B. Madivak) ein einjähriger Impfschutz. Bei Hunden, die weniger als drei Monate alt sind, gilt ein sechsmonatiger Impfschutz. Die Impfung muß mindestens 30 Tage vor Einreise erfolgt sein. Außerdem wird ein Gesundheitszeugnis verlangt.

BERLIN (West)

Die Durchfuhr wird gestattet, wenn durch ein amtstierärztliches Zeugnis nachgewiesen wird, daß der Hund keine Anzeichen einer Menschen oder Tiere gefährdenden Krankheit zeigt und nicht aus einem Gebiet und/oder einem Betrieb stammt, der wegen Maul- und Klauenseuche oder einer anderen auf oder durch die betreffende Tierart übertragbaren Krankheit gesperrt ist. Die Bescheinigung darf bei Vorlage an der Grenzübergangsstelle nicht älter als fünf Tage sein.
An Stelle dieser Bescheinigung kann eine amtstierärztliche oder amtstierärztlich bestätigte (Beglaubigung durch den Amtstierarzt muß durch Amtssiegel und Unterschrift erfolgen) Impfbescheinigung gegen Tollwut vorgelegt werden. Anerkannt wird für die Tollwutschutzimpfung ein zwölfmonatiger Impfschutz. Die Impfung muß mindestens 30 Tage vor Einreise erfolgt sein.

BULGARIEN

Amtstierärztliches Gesundheitszeugnis, Bescheinigung, daß im Heimatland keine Seuche herrscht.

BUNDESREPUBLIK DEUTSCHLAND

Nach einer Verordnung des Bundesernährungsministeriums vom 1. 5. 1981 reicht beim Grenzübertritt oder der Wiedereinreise der Nachweis einer wirksamen Tollwut-Schutzimpfung aus. Bisher wurde eine Gesundheits- bzw. bei der Wiedereinreise eine Identitätsbescheinigung verlangt.

DÄNEMARK

Für Hunde, die älter als vier Monate sind, ist eine Tollwutimpfbescheinigung vorzulegen. Ein besonderes Formular kann beim dänischen Konsulat angefordert werden. Der Tierarzt füllt dann dieses Formular aus und nimmt die Tollwutschutzimpfung vor (muß mindestens vier Wochen, jedoch nicht länger als ein Jahr zurückliegen).
Somit ist keine Zweitimpfung an der dänischen Grenze mehr notwendig.
Anschriften, wo dieses Formular angefordert werden kann:
Kgl. Dänische Botschaft, Pfälzer Straße 14, 5300 Bonn, außerdem alle dänischen Konsulate und dänische Fremdenverkehrsämter in München und Hamburg.
Am Grenzübergang wird eine für den Tierbesitzer kostenpflichtige tierärztliche Untersuchung durchgeführt.
Welpen unter acht Wochen müssen nicht geimpft werden, wenn sie in Begleitung des tollwutgeschützten Muttertieres mitgenommen werden. Für Jungtiere zwischen acht Wochen und vier Monaten genügt die an der Grenze vorzunehmende Tollwutschutzimpfung.

DDR

Für die Einreise von Hunden wird ein amtstierärztliches Ursprungs- und Gesundheitszeugnis verlangt. Aus dem Zeugnis muß hervorgehen, daß das mitreisende Tier bei der tierärztlichen Untersuchung keine Anzeichen einer tier- oder menschgefährdenden Krankheit gezeigt hat,
das Tier nicht aus einem wegen Maul- und Klauenseuche, Tollwut oder einer anderen auf oder durch Hunde übertragbaren Krankheit gesperrten Gebiet stammt,
das Tier nicht gegen Tollwut geimpft ist bzw. wenn eine solche Impfung stattgefunden hat, diese mindestens vier Wochen vor Reiseantritt erfolgt ist.
Das Mitführen von Blindenhunden ist gestattet, wenn ein tierärztliches Attest vorliegt.

FINNLAND

Gesundheitszeugnis, Einfuhrgenehmigung des finnischen Landwirtschaftsministeriums, Schutzimpfung gegen Tollwut mit einem inaktivierten Tollwutimpfstoff (Madivak), sowie gegen Staupe, vier Monate Unterbringung in einer Quarantänestation, anschließend zwei Monate Heimquarantäne. Impfung mindestens 21 Tage vor Einreise. Anerkannt wird ein einjähriger Impfschutz. Durch Untersuchung muß nachgewiesen sein, daß das Tier wurmfrei ist. Hundewelpen, die weniger als zwölf Wochen alt sind, wird im allgemeinen die Einreise nicht gestattet.

FRANKREICH

Impfung gegen Tollwut mit amtlich zugelassenem Impfstoff. Vom Amtstierarzt beglaubigte Bescheinigung der Impfung. Anerkannt wird ein einjähriger Impfschutz. Die Impfung muß mindestens 30 Tage vor Einreise erfolgt sein.

GRIECHENLAND

Impfung gegen Tollwut, die höchstens ein Jahr zurückliegen darf und Gesundheitszeugnis. Beide Bescheinigungen müssen in englischer Sprache abgefaßt und amtstierärztlich bescheinigt sein.

GROSSBRITANNIEN

Einfuhr von Hunden nur nach vorher erteilter Genehmigung. Einzelheiten können beim britischen Konsulat erfragt werden. Vorgeschrieben sind sechs Monate Quarantäne. Schutzimpfung erfolgt in dieser Zeit.

IRLAND

siehe „Großbritannien"
Die Einfuhrgenehmigung ist beim Department of Agriculture, Dublin, Irland, zu beantragen.

ISRAEL

Impfung gegen Tollwut – mindestens 14 Tage vor Einreise nach Israel –, Gesundheitszeugnis. Beide Unterlagen müssen amtstierärztlich und außerdem von einem israelischen Konsulat bestätigt sein.

ITALIEN
Impfung gegen Tollwut, Gesundheitszeugnis. Beides muß amtstierärztlich bescheinigt sein. Anerkannt wird für die Tollwutschutzimpfung ein elfmonatiger Impfschutz. Die Impfung muß mindestens 30 Tage vor Einreise erfolgt sein. Das Gesundheitszeugnis hat eine Gültigkeit von 30 Tagen.

JUGOSLAWIEN
Impfung gegen Tollwut mit einem zugelassenen Impfstoff. Gesundheitszeugnis. Beide Zeugnisse müssen amtstierärztlich bescheinigt sein. Anerkannt wird für die Tollwutschutzimpfung ein sechsmonatiger Impfschutz. Die Impfung muß mindestens 15 Tage vor Einreise erfolgt sein.

KANADA
Die Einreise mit Hund ist auf die nachfolgend genannten Städte, in denen spezielle Quarantänestationen zur Verfügung stehen, beschränkt:
Victoria, Vancouver, Saint John, Halifax sowie die Häfen Toronto und Montreal.
Die Dauer der Quarantäne beträgt für Hunde einen Monat.
Der Nachweis, daß vorbeugende Schutzimpfungen durchgeführt wurden, wird nicht verlangt.

LIBANON
Tollwut-Impfbescheinigung und amtstierärztliches Gesundheitszeugnis.

LUXEMBURG
Es gelten die gleichen Bedingungen wie für BELGIEN.

MAROKKO
Tollwut-Impfbescheinigung und amtstierärztliches Gesundheitszeugnis.

NIEDERLANDE
Es gelten die gleichen Bedingungen wie für BELGIEN.

NORWEGEN
Einfuhrgenehmigung von der Veterinärabteilung des Norwegischen Landwirtschaftsministeriums, vier Monate Quarantäne und zwei Monate Hausquarantäne.

ÖSTERREICH
Bescheinigung über Tollwutschutzimpfung und Gesundheitszeugnis.

POLEN

Impfung gegen Tollwut. Gesundheitszeugnis – höchstens vier Tage vor der Ankunft in Polen ausgestellt – in doppelter Ausfertigung für Hunde, die älter sind als zwei Monate. Anerkannt wird für die Tollwutschutzimpfung ein zwölfmonatiger Impfschutz.

PORTUGAL

Impfung gegen Tollwut, Gesundheitszeugnis. Beide Zeugnisse müssen amtstierärztlich bescheinigt sein. Anerkannt wird für die Tollwutschutzimpfung ein einjähriger Impfschutz. Nach Ankunft bleibt das Tier bei einem Verdacht so lange unter tierärztlicher Aufsicht, bis kein Zweifel mehr an dessen einwandfreiem Gesundheitszustand besteht.

RUMÄNIEN

Gesundheitszeugnis und Tollwut-Impfbescheinigung.

SCHWEDEN

Es gelten die gleichen Bedingungen wie für NORWEGEN.
Einfuhrgenehmigung vom Kungl. Veterinärstyrelsen, Stockholm.
Nach Bestimmungen der schwedischen Zollbehörden dürfen Hunde nur dann durch Schweden befördert werden, wenn ihr Transport per Eisenbahn oder Flugzeug erfolgt. Bei Reisen von der Bundesrepublik Deutschland über Trelleborg-Ystad nach Bornholm/Dänemark können sie nicht mehr in einem plombierten Behältnis per Auto transitiert werden.

SCHWEIZ

Impfung gegen Tollwut. Die Bescheinigung des Impftierarztes ist ausreichend. Anerkannt wird für die Tollwutschutzimpfung ein einjähriger Impfschutz. Die Impfung muß mindestens 30 Tage vor Einreise erfolgt sein. Beim Durchreiseverkehr per Eisenbahn oder Flugzeug ohne Zwischenaufenthalt gelten keine Einschränkungen.

SOWJETUNION

Amtstierärztliches Gesundheitszeugnis.

SPANIEN

Amtstierärztliches Gesundheitszeugnis, aus dem hervorgeht, daß das Tier gesund und gegen Tollwut schutzgeimpft ist sowie aus einem seuchenfreien Gebiet stammt. Die Tollwutschutzimpfung gilt ein Jahr.

TSCHECHOSLOWAKEI

Gesundheitszeugnis und Tollwutschutzimpfung.

TUNESIEN

Nachweis der Impfung gegen Tollwut, die höchstens drei Monate vor Einreise nach Tunesien erfolgt sein darf. Amtstierärztliches Gesundheitszeugnis.

TÜRKEI
Amtstierärztliches Gesundheitszeugnis und Tollwut-Impfbescheinigung, in doppelter Ausfertigung und vom türkischen Generalkonsulat beglaubigt. Beide Unterlagen müssen ins Türkische übersetzt sein.

UNGARN
Amtstierärztliches Gesundheitszeugnis.

USA
Impfung gegen Tollwut mit einem amtlich zugelassenen Impfstoff. Das Zeugnis muß amtstierärztlich bescheinigt sein. Anerkannt wird bei Anwendung eines Lebendimpfstoffes ein dreijähriger Impfschutz. Die Impfung muß 30 Tage vor Einreise erfolgt sein. Für Hunde unter drei Monaten wird eine viermonatige Hausquarantäne angeordnet. Der Nachweis, daß vorbeugende Schutzimpfungen durchgeführt wurden, wird nicht verlangt.

Anerkannt wird von den deutschen Behörden als Identitätsnachweis der Internationale Impfpaß des Internationalen Grünen Kreuzes.
Es empfiehlt sich, sobald das Reiseziel feststeht, beim zuständigen Konsulat oder Reisebüro anzufragen, ob sich die Bestimmungen für die Einreise von Hunden geändert haben. Der Anruf erspart viel Ärger und unliebsame Überraschungen an der Grenze.

Hundefreundschaften

Hund und Katze

Zu den Mißverständnissen, die sich im Laufe der Jahrtausende um den Hund gerankt haben, gehört auch der Aberglaube, daß Hund und Katze Erbfeinde seien. Professor Ernst Menzel, Direktor des Tierforschungsinstituts Kiryat Haim in Israel, ist dieser Frage mit wissenschaftlicher Gründlichkeit nachgegangen. Das Ergebnis seiner Untersuchungen ist überraschend.
Professor Menzel sperrte den einjährigen Cockerspaniel Abi und den gleichaltrigen Kater Kim zusammen in ein großes Gehege. Die beiden Tiere hatten sich bis dahin noch nie gesehen. Der Professor beobachtete von außen die ersten Kontaktversuche. Schon nach kurzer Zeit lief Abi zu Kim, um ihn zum Spielen zu bewegen. Nach Hundesitte hob Abi seine Vorderpfote und wedelte einladend mit dem Schwanz, und nun begannen die Mißverständnisse. Beide Gesten bedeuten in der Katzensprache nämlich das krasse Gegenteil: Mach' dich fort oder ich kratze dich.
Kater Kim zog sich also vorsichtig in eine Ecke des Geheges zurück und Abi wunderte sich, daß auf seine freundschaftliche Aufforderung nichts passierte. Wenig später wagte sich der Kater aus Neugier aus seiner Schmollecke hervor, um sich dem Spaniel zu nähern. Nach Katzenart signalisierte er seine lieben Absichten damit, daß er ein lautes Schnurren von sich gab. Was aber tat Abi? Nun flüchtete er in die äußerste Ecke des Zwingers. Was war geschehen? Das Katerschnurren klang ihm als Knurren in den Ohren: Abi empfand die zutraulichen Laute von Kim als Drohung.
Bald darauf ereignete sich folgendes: Abi trabte an Kim heran. Abwehrbereit hob der Kater die Pfote. In der Hundesprache ist dies eine einladende Geste. Abi kam vertrauensselig näher und schon bekam er ein wütendes Fauchen zu hören und eine schmerzhafte Ohrfeige verpaßt. Das merkte sich der Hund. Er machte nun keine Annäherungsversuche mehr.
Der israelische Professor setzte dieses Experiment mit einer ganzen Reihe anderer Hunde und Katzen fort. Niemals konnte er eine angeborene Feindschaft feststellen. Aber immer kam es zu Mißverständnissen infolge der verschiedenen Bedeutung der einzelnen Gesten.
Es ist traurig, daß die scheinbare Feindschaft zwischen diesen beiden so beliebten Haustieren vom Menschen immer noch geschürt wird. Da heißt es „such die Katz" und der Hund rennt einem imaginären Feind nach, oder „wo ist der Hund?" und die Katze verkriecht sich, wenn man dazu auch noch laut bellt. Schlimmer noch: Da wird der Hund auf die Katze gehetzt, die natürlich wie wild faucht und

um sich schlägt, was den Hund wiederum veranlaßt, einen großen Bogen um das angriffslustige Tier zu machen.
Natürlich sind Hund und Katze grundverschieden voneinander. Der Hund ist ein Meutetier, die Katze die geborene Einzelgängerin. Der Hund ist „menschenzentriert", der Katze ist es egal, wer für sie sorgt, so lange es ihr gut geht. Dennoch sind dies alles keine Gegensätze, die zur Feindschaft führen müssen.

Ulrich Klever berichtet: „Die Feindschaft zwischen Hund und Katze ist nicht naturgewollt, die hat der Mensch erfunden. Wenn beide zusammen aufwachsen, kann eine echte Freundschaft daraus entstehen. So ist zum Beispiel Henry (ein Basset-Hound) mit einer Katze aufgewachsen, der letzten einer Katzensippe, die zu unserem Haus gehörte, als es noch Kühe im Stall und eine Menge Mäuse gab. Diese Pussy war halb wild, ein großes kräftiges Tier, das in der Scheune lebte und nur einmal zur Mahlzeit ins Haus kam. Sie war mit Henry gleichaltrig. Er durfte später ihre Jungen herumtragen, mit ihr zusammen in der Sonne liegen und aus einer Schüssel mit ihr fressen, was jedem anderen Hund schwere Blessuren eingebracht hätte. Sie, die so vorsichtig war, wurde bei einem Schneetreiben überfahren. Henry fand ihre Leiche und grub sie aus dem Schnee aus."

Hunde und Vögel

Oft kann man einen großen Hund beobachten, der versucht, leise wie auf Katzenpfoten sich an Vögel heranzuschleichen. Es ist klar, daß die Vögel immer die Sieger sind und der betrogene Hund nur noch dumm in die Luft guckt, wenn sie dicht über seiner Nase davongeflogen sind. Unser Boxer wird dieses Spiel nie leid, obwohl es ihm noch niemals gelungen ist, sich näher an einen Vogel heranzupirschen.

Wachsen Hunde mit Vögeln in enger Gemeinschaft auf, kann es zu einer Art Freundschaft kommen. Geduldige Hunde lassen sich buchstäblich auf der Nase herumtanzen. Im Grunde genommen sind sie nicht hinter Vögeln her, sondern nur an ihnen interessiert, weil sie sich bewegen.

Hunde und Hasen

Hält man Hunde und Kaninchen in einem Haushalt, muß man dafür sorgen, daß beide sich nicht zu nahe kommen. Hasen, auch Hamster, sind für jeden Hund Wild. Und er ist nicht zu tadeln, wenn er es darauf anlegt, es zur Strecke zu bringen.

Hunde und Pferde

Schon wegen der verschiedenen Größen und auch der verschiedenen Haltungen kann es nicht zu Animositäten kommen. Im Gegenteil: Wachsen beide miteinander auf, so sind sie aneinander gewöhnt und tolerieren sich.

Hunde und Hunde

Wie oft erlebt man wütendes Gekläffe, Geknurre und Gebeiße, wenn sich Hunde auf der Straße begegnen. Das muß nicht sein, wenn sie von klein auf Kontakt mit Artgenossen haben dürfen. In jüngster Zeit empfehlen Verhaltensforscher, daß isoliert lebende Stadthunde schon als Welpen mit anderen Hunden zusammen kommen und spielen sollten. So gewöhnen sie sich aneinander und fahren beim Gassigehen nicht hysterisch aufeinander los, sondern benehmen sich so, wie es ihrer Art entspricht.

Ein gesunder Hund ist von Natur aus nicht bissig. Er verhält sich nach einer strengen sozialen Rangordnung, die auch innerhalb des Wolfrudels gilt.

Die üblichen Raufereien zwischen Welpen aus einem Wurf sind harmlos, jedoch die ersten Vorspiele zu späteren Rivalenkämpfen. Wächst ein junger Hund im Rudel auf, wird aus dem anfänglichen Spiel ein immer härterer Rangordnungskampf. Die Ranghöheren lassen die schwächeren Rudelmitglieder ihre Macht sehr deutlich spüren. Das geht so weit, daß, müssen alle Tiere aus einem gemeinsamen Napf fressen, die Schwächeren kaum etwas abbekommen und in ihrer Entwicklung immer mehr ins Hintertreffen geraten. Hier muß nun der Mensch regulierend eingreifen. Verfügt er über genügend Autorität, kann er ohne Schwierigkeiten die Starken des Rudels dämpfen und die Schwächeren schützen.
Eine Hündin ist naturgemäß aggressiver, wenn sie Babies hat oder scheinschwanger ist. Welpen gegenüber sind Rüde wie auch Hündin von großer Toleranz und zärtlicher Einfühlsamkeit. Sie lassen sich von ihnen herumstupsen, geben bereitwillig Futter ab und spielen unermüdlich mit den Kleinen. Es ist deshalb selten ein Problem, wenn ein Welpe in einen Haushalt aufgenommen wird, in dem schon ein oder mehrere Hunde leben.
Dagegen gibt es meist böse Reibereien, wenn ein ausgewachsenes Tier in die Gemeinschaft Hund – Mensch integriert werden soll. Der Neuankömmling bekommt zunächst die rangniedere Position zugewiesen. Das Tier mit den älteren Rechten ist nicht geneigt, auf Privilegien zu verzichten. Doch schon nach wenigen Tagen kann sich ein Meute-, das heißt Zugehörigkeitsgefühl, entwickeln.
Eberhard Trumler berichtet von seinem Freund Wolfgang Arendts, dem kurz hintereinander zwei herrenlose Collie-Rüden zuliefen: „Der erste Rüde, der nun bei ihm ein Zuhause gefunden hatte, war natürlich gar nicht sehr froh darüber, daß er dieses Heim mit einem zweiten, später hinzugekommenen Rüden teilen sollte. Es kam zu häufigen Aggressionen, die so heftig wurden, daß Wolfgang Arendts einen der beiden Hunde zeitweilig bei seinen Eltern lassen mußte. Nur auf Ausfahrten mit dem Wagen vertrugen sich die Hunde, ebenso auf fremdem Territorium. Es ging ja schließlich nur um die „Hausrechte". So war es also möglich, die beiden Hunde auf Ausflüge mitzunehmen. Bei einer solchen Gelegenheit wurde der eine Rüde von einem fremden Hund schwer attackiert. Als das der andere sah, stürzte er sich in den Kampf, und zwar an der Seite seines zu Hause sonst so ungeliebten Kollegen. Vereint kämpfend schlugen die beiden Collies den Aggressor in die Flucht.
Seit diesem Erlebnis aber waren sie auch Freunde, vergessen war der Streit um das Hausrecht, vergessen alle Anfeindungen – ab jetzt gehörten sie zusammen."
Treffen fremde Hunde auf neutralem Gebiet zusammen, so vollzieht sich ein bestimmtes Begrüßungsritual. Ein Rüde nähert sich einer Hundedame sehr liebenswürdig, er wedelt sie freundlich an und versucht, mit ihr ins Spiel zu kommen. Die Hündin dagegen verhält sich, falls sie nicht gerade läufig ist, unwirsch und abweisend.
Feindseligkeit wird so angezeigt: Die Rute signalisiert kein freundliches Wedeln. Aufrichten der Nacken- und Rückenhaare verraten Aggression, Zähnefletschen und Knurren lassen deutlich erkennen, daß nicht gut Kirschen essen ist.
Es kommt dann nicht zum Kampf, wenn der Schwächere nachgibt. Er unterwirft sich im wahrsten Sinne des Wortes, indem er sich auf den Rücken legt und Kehle und Bauch dem Gegner schutzlos ausliefert. Damit ist der Fall klar und der Sieger

zufrieden. Beißt er dennoch zu, stimmt mit dem Tier etwas nicht. Es gehört zu den nervenschwachen Angstbeißern, mit denen nicht weitergezüchtet werden sollte. Zur Begrüßungszeremonie gehört auch das gegenseitige Beriechen des Hinterteils. Dort liegen die Analdrüsen, die mit ihren Duftstoffen alles Wissenswerte über seinen Träger aussagen. Hundeforscher nennen diese Region „Analgesicht". Nicht jeder Hund kann sich erlauben, diese verlockende Duftzone so einfach anzusteuern. Dieses Vorrecht steht dem Ranghöheren zu. Hat der Überlegene seine Informationen erschnüffelt, wird er betont gelassen sein Bein heben. Erst dann kann der Schwächere es wagen, sich ebenfalls an den Düften des anderen zu orientieren.
Fängt ein Hund beim Schnüffeln plötzlich an, mit den Zähnen zu klappern, hat er eine besonders heiße Spur erwischt. Hinter dem Gebiß sitzt nämlich ein zweites Geruchsorgan. Entweder wird die Riechfähigkeit durch das Klappern verstärkt oder die Zahnbewegung zeigt Erregung an.
Man sollte beim Hundetreffen Geduld üben und die Schnüffelarie nicht jäh unterbrechen. Auch das energische Herbeipfeifen freilaufender Tiere bringt für den Vierbeiner Konflikte mit sich: Einerseits will er gehorchen, andererseits würde ein hastiges Zurückziehen dem anderen Vierbeiner anzeigen, daß er als der Stärkere akzeptiert wird und der andere sich auf den Rückzug begibt.
Nimmt man sein Tier, sobald sich ein zweites nähert, ängstlich auf den Arm, tut man ihm keinen Gefallen. Es entwickelt kein Selbstbewußtsein und kann sich später, wenn es alleine zurechtkommen muß, nicht behaupten. Oder es entwickelt sich zum Aggressor, der seine Kräfte nicht richtig einschätzt.
Oft werden Tierärzte um Rat gefragt, wenn der Hund plötzlich auf der Straße alle anderen Hunde angreift. Es macht keinen Spaß, ein solches Tier auszuführen, weil es immer Ärger und Gekläffe gibt. Ein Grund für dieses Fehlverhalten kann sein, daß er das Gebiet, in dem er ausgeführt wird, als sein Revier betrachtet und alle anderen Artgenossen als Eindringlinge. Verhindert man nun, daß es zum Kampf kommt, kann er nie die Erfahrung machen, daß andere Hunde stärker sind.
In einem solchen Fall sollte sich der Hundehalter überwinden und es zur Fehde kommen lassen, natürlich nur zwischen Tieren, die sich kräftemäßig gewachsen sind. Hat man die Nerven dazu nicht, muß man das Selbstbewußtsein seines Tieres stärken, ohne daß es die Erfahrungen macht, im Zweikampf zu bestehen. Sowohl Herr als auch Hund gehen forsch an den Revierkönigen vorbei. Dabei muß man seinen Hund scharf an der Leine zurückreißen, damit er begreift, daß die anderen Vierbeiner es nicht wert sind, daß man sie anknurrt oder anbellt. Man kann sich auch mit den anderen Hundebesitzern verabreden und das schneidige Vorbeigehen üben. Nach einiger Zeit ist es dann möglich, den Hund im Revier frei herumlaufen zu lassen, ohne daß es zu Schwierigkeiten kommt. Denn nervenstarke gesunde Hunde lassen sich dazu erziehen, andere zu tolerieren. Eine Ausnahme hiervon bilden höchstens Hündinnen, die sich gerne mit ihren Geschlechtsgenossinnen anlegen.
Je vernünftiger die Erziehung ist und je natürlicher ein Hund aufwächst, umso unproblematischer gestalten sich Hundefreundschaften. Nur ein sehr verwöhntes Tier, dem der Kontakt mit Artgenossen verwehrt ist, hat Schwierigkeiten im Umgang mit anderen Hunden.

Hat ein Vierbeiner irgendwann einmal mit einer bestimmten Rasse schlechte Erfahrungen gemacht, kann es sein, daß er sie Zeit seines Lebens im wahrsten Sinne des Wortes nicht riechen kann. Da hilft nur eines: Aufpassen, daß es nicht ständig zur Konfrontation kommt.
Beispiele langjähriger und treuer Hundefreundschaften überwiegen bei weitem die Feindseligkeiten zwischen Hunden. Da gibt es winzige Tiere, die den Schutz von mächtigen großen genießen, da gibt es Hundegreise, die in Gesellschaft eines Jünglings aufblühen, da gibt es Einzelgänger, die gesellig werden, weil sie von einem Freund in einen Hundekreis eingeführt wurden, und da gibt es Tiere, die einander rührend verteidigen, das Futter teilen und lange Wege machen, um zueinander zu kommen. Auch der Zweibeiner profitiert von diesen Freundschaften: Je mehr und intensiver die Hunde miteinander laufen und spielen, umso gesünder bleiben sie und Herrchen muß kein schlechtes Gewissen haben, wenn er mal keine Zeit zu ausgedehnten Fußmärschen hat.

Hunde und Kinder

Kinder müssen so früh wie möglich lernen, wie sich Tiere in ihrer Umgebung wirklich verhalten und wie man diese Tiere richtig behandelt. So wird vermieden, daß es zu Fehlverhalten und zu Unfällen kommt. Wenn Sie Ihrem Kind erklären, wie es mit Vierbeinern umzugehen hat, entstehen innige Freundschaften, die bis zum Tod des Hundes dauern.
Fast die Hälfte aller Tiere, die Kinder verletzt und in einigen Fällen getötet haben, sind Hunde. An 381 untersuchten Unfällen waren 167mal Hunde beteiligt. 120 Kinder wurden von fremden, 47 Kinder von eigenen Hunden verletzt.

Wenn Sie einen Hund haben und ein Baby kommt

Gibt es Familienzuwachs, behandeln Sie den Hund nicht als unhygienischen Störenfried. Er könnte sich verstoßen und zurückgesetzt fühlen und eine Art Haß auf das Baby entwickeln.
Das Zimmer, in dem das Baby schlafen wird, soll schon vor der Geburt für den Hund tabu sein.
Erlauben Sie dem Hund auch vor der Geburt niemals, im Bett oder Körbchen des Kindes zu schlafen. Er könnte diesen Platz zu seinem Revier rechnen und versuchen, das Neugeborene zu beißen.
Hunde sind Rudeltiere, die ihre Stellung in der Familie (ihrem Rudel) genau kennen müssen. Schon vom ersten Tag an müssen die Erwachsenen oder älteren Geschwister dem Hund klarmachen, daß er rangniedriger ist als das Baby. Das ist besonders wichtig im Krabbelalter. Auch bei einer harmlosen Balgerei müssen die Eltern eingreifen und den Hund mit einem Stups auf die Nase oder einem Schlag mit der Zeitung auf seinen Platz verweisen. Wenn der Hund versucht, dem Kind einen Keks wegzunehmen, müssen die „ranghöheren" Eltern oder Geschwister eingreifen, den Hund bestrafen und dem Kind einen neuen Keks geben.

Lassen Sie Ihr Baby ruhig von klein auf – natürlich nur, wenn Sie dabei sind – mit dem Hund spielen. Die beiden gewöhnen sich so aneinander und werden später bestimmt unzertrennliche Freunde.

Wenn Sie Kinder haben und einen Hund anschaffen

Der Hund muß von Anfang an lernen, daß er der Rangniedrigste in der Familie ist.
Die Kinder müssen lernen, daß auch ein junger Hund kein Spielzeug ist. Schwanzziehen, Kneifen und Ärgern sind verboten. Eltern sollten diese Verbote unbedingt durchsetzen.
Der Hund darf nie von hinten angefaßt werden.
Es ist gefährlich, einen Hund in die Enge zu treiben. Er könnte im Angriff die letzte Verteidigung sehen. Das heißt, auch im Spiel dürfen Kinder einen Hund nie mit ausgebreiteten Armen oder drohenden Gesten in die Ecke treiben.
Der Schlafkorb und vor allem der Freßnapf des Hundes sind für Kinder tabu. Nur ein sehr gut erzogener Hund verteidigt seinen Freßnapf und seinen Korb nicht gegen Kinder.

Wenn Ihre Kinder einem fremden Hund begegnen

Angekettete Hunde oder Tiere in Käfigen sind am gefährlichsten. Sie verteidigen ihr Revier und greifen an, wenn man ihnen zu nahe kommt.
Kinder dürfen fremde Hunde nur anfassen, wenn der Besitzer dabei ist. Und auch dann gibt es feste Regeln. Zuerst muß der Besitzer gefragt werden. Dann sollte das Kind die Hand nach unten ungefähr zwanzig Zentimeter vor die Hundenase halten. Wenn der Hund kein Interesse zeigt, soll es nicht versuchen, ihn zu streicheln. Wenn der Hund an der Hand schnüffelt, hat er Kontakt aufgenommen und kann gestreichelt werden.
Hunde zeigen Angriffslust durch Zurückziehen von Nase und Lefzen, entblößte Zähne und Knurren. Kinder müssen auf diese Angriffszeichen vorbereitet sein, damit sie nicht erschrecken und weglaufen. Das würde nur zusätzlich den Verfolgungs- und Jagdtrieb des Hundes auslösen.

Farbtafel 15: Kleiner Münsterländer

Farbtafel 16: Neufundländer

Wie man Züchter wird

Sagen wir es rundheraus: Wer aus rein monetären Gründen Rassehunde züchten will, soll es lieber gleich lassen. Sogar das Finanzamt hat eingesehen, daß das große Geld nicht mit dem Verkauf von reinrassigen Welpen zu machen ist. Ein Hundezwinger gilt nicht als gewerblicher Betrieb. Die Stunden, die man investieren muß, um gesunde und fröhliche Jungtiere zu züchten, sind kaum zu zählen und hoffnungslos unterbezahlt. Wer sich entschließt, für edlen Hundenachwuchs zu sorgen, muß Idealist sein.

Es soll nicht in Abrede gestellt werden, daß Vierbeiner ohne Stammbaum nicht auch hervorragende Eigenschaften besitzen, finanziellen Wert haben sie nicht. Wer also damit rechnet, daß er wenigstens den Gegenwert fürs Futter, das Terrain und einen Teil der investierten Zeit durch Verkauf von Hunden erhält, darf nur erstklassige, reinrassige Tiere anbieten. Niemand kann garantieren, ob ein Wurf den Anforderungen des Rassehund-Vereins und der Käufer entspricht. Niemand weiß im voraus, ob nicht eine Krankheit die Hündin gefährdet. Das bedeutet, Investitionen ohne Einnahmen für eine längere Zeit.

Wollen Sie sich dennoch in das Abenteuer „Hundezucht" stürzen, obwohl Sie ahnen, was Sie erwartet, tun Sie es ruhig, wenn es Ihnen darum geht, wertvolle Rassen zu erhalten und, wenn möglich, sogar zu verbessern.

Gehen wir davon aus, daß Sie ein Neuling auf dem Gebiet des Hundenachwuchses sind. Wenden Sie sich zuerst an den zuständigen Club, um zweierlei Dinge herauszufinden:

1. ob Ihr Tier die notwendigen Voraussetzungen besitzt, um gesunde, tüchtige Nachkommen in die Welt zu setzen;
2. ob die nötigen Papiere vorhanden sind.

Es genügt keineswegs, daß Ihr Hund auf mehreren Ausstellungen mit erstklassigen Noten weggekommen ist. Er muß so gut durchgezüchtet sein, daß seine Kinder möglichst alle mit den gleichen positiven Eigenschaften ausgestattet ihren Lebensweg beginnen. Das Ziel der Züchter ist es, möglichst viele Tiere gleichen Aussehens und gleichen Wesens zu paaren, um unerwünschte Eigenschaften auszuschalten. Das bedeutet Auslese. Es bedeutet aber auch ein Risiko einzugehen, denn es kann immer wieder vorkommen, daß negative Einflüsse von Vorfahren wieder durchkommen. Dieses Risiko schließt man bis zu einem gewissen Teil aus, wenn beide Elterntiere in ihrem Stammbaum gemeinsame Spitzentiere aufweisen. Im Züchterjargon heißt es „die Blutlinie paßt".

Sind die Zuchttiere zu nahe miteinander verwandt, spricht man von Inzucht. Werden Geschwister oder Vater und Tochter beziehungsweise Mutter und Sohn zusammengebracht, handelt es sich um Inzestzucht. Einerseits ist bei der Inzestzucht garantiert, daß gewisse gewünschte Eigenschaften die Oberhand gewin-

nen, andererseits aber ist die Gefahr, daß sich negative besonders stark bemerkbar machen, hierbei ziemlich groß.
Der Züchter muß den Mut aufbringen, bei Mißerfolgen konsequent Welpen auszusondern.
Wem nur an gutem Durchschnitt gelegen ist, sollte sich der Linien- oder Fremdzucht annehmen. Bei der Linienzucht stellt man lose verwandte Partner mit gemeinsamen guten Ahnen zusammen. Bei der Fremdzucht werden Tiere der gleichen Rasse, die keine gemeinsamen Vorgänger aufweisen, gepaart.
Der Neuling auf dem Gebiet der Rassehundezucht ist natürlich noch nicht so sicher im Studieren von Ahnentafeln und Zuchtbüchern. Er sollte sich deshalb auf das Urteil eines erfahrenen Züchters verlassen, ehe er sich entschließt, seinen Liebling einem Partner zuzuführen.
Bevor es soweit ist, muß man sich nochmal auf Herz und Nieren prüfen, ob man wirklich gewillt ist, Hebamme zu spielen und eine Wöchnerinnenstation im Hause zu haben. Auch muß geklärt werden, wer die Welpen abnimmt, falls sie dem Standard entsprechen. Handelt es sich nämlich nicht um Modehunde oder einen bekannten Zwinger (ein Neuling hat meist noch keinen berühmten Namen), so kann es sein, daß Sie plötzlich mit einem starken Wurf „sitzenbleiben". Das bedeutet noch mehr Investitionen und Opfer.
Glauben Sie nicht, Sie tun Ihrer Hündin unbedingt einen Gefallen, wenn Sie ihr Mutterfreuden zukommen lassen. Auch an das Muttertier werden erhebliche Anforderungen gestellt. Erliegen Sie auch nicht dem Aberglauben, eine Hündin, die schon einmal geworfen hat, wäre weniger anfällig für Krankheiten oder leichter zu sterilisieren. Sie allein müssen entscheiden, ob die Voraussetzungen für gesunden hochwertigen Hundenachwuchs gegeben sind.
Bei Zwergrassen gebiert die Hündin meist schwer, oft kommen nur wenige Welpen zur Welt und das auch noch mit Kaiserschnitt. Da bei extrem klein gezüchteten Rassen auch mit Rückschlägen, das heißt nach den Mendel'schen Gesetzen mit der Geburt von größeren Tieren zu rechnen ist, bedeutet eine Schwangerschaft auch für den Züchter ein erhöhtes Risiko. Hier muß man also doppelt überlegen, ehe man ein besonders zartes Geschöpf einem Rüden entgegenführt. Ein Kaiserschnitt bedeutet allerdings nicht, daß die Hündin später nicht normal gebären kann.
Nehmen wir an, Sie haben alles genau durchkalkuliert. Sie haben Zeit, Platz, gute Nerven, ein Prachttier und einen ebenbürtigen Deckrüden gefunden. Die Papiere beider Partner sind erstklassig, der Zuchtwart rät Ihnen zu und auch der Tierarzt hat keine Bedenken. Dann sollten Sie keine Angst vor dem gewollten Nachwuchs haben: je natürlicher und normaler ein Hund gehalten wird, um so normaler vollziehen sich auch Paarung und Geburt.
Allgemein gilt, daß die Hündin zum Deckrüden gebracht wird. Das hat mehrere Gründe. Ein erstklassiger Deckrüde wäre immerfort unterwegs, um seine Aufgaben vielerorts zu erfüllen. Das ist auf die Dauer für Halter und Hund unzumutbar. Der zweite Grund ist ebenso schwerwiegend. Der Rüde würde sich die Stätten seiner Freuden merken und kein Hindernis scheuen, dorthin zurückzukehren. Die Anreise ist also das geringere Übel. Nun kommt es nur noch darauf an, das weibliche Tier zum richtigen Zeitpunkt zum Rüden zu führen.

Wann ist eine Hündin läufig?

Als Faustregel gilt für Haushunde: zweimal im Jahr, etwa im Abstand von sechs Monaten. Aber darauf kann man sich nie verlassen. In strengen Wintern zum Beispiel kann es vorkommen, daß eine Hündin, die schon Anzeichen von Hitze zeigte, plötzlich wieder ganz normal wird. Sie zeigt dann viel später erneut Anzeichen von Läufigkeit, und die ganze Rechnerei beginnt von vorn. Die Natur hat sich bei dieser Unregelmäßigkeit etwas gedacht: Die Welpen sollen nicht bei extrem niedrigen Temperaturen, die sie gefährden könnten, geboren werden.

Das erste Anzeichen für die Hitze ist, daß die Hündin dazu übergeht, ihr Wasser in kleinen Portionen abzusetzen und nicht mehr im ganzen, wie sie es normalerweise tut. Auf diese Weise will sie die männlichen Tiere darauf vorbereiten, daß es sich lohnt, ihr den Hof zu machen. Die reagieren meist auch in diesem Sinne und folgen der „heißen Spur". Der Mensch hingegen kann bei der Hündin noch keine Veränderungen feststellen. Ein anderes Zeichen ist das Anschwellen des Geschlechtsteils des weiblichen Tieres. Darauf kann man sich allerdings nicht verlassen, da bei jeder Hündin die Hitze anders verläuft. Merken Sie sich bei einem Jungtier – die erste Hitze zeigt sich im Alter von sechs bis zehn Monaten, kann aber auch viel später eintreten – wie es sich verhält, und notieren Sie die genauen Daten der Läufigkeit. Das kann Ihnen beim nächsten Mal viel Rätselraten ersparen. Die Hitzeperiode selbst hält etwa drei Wochen an. Das bedeutet, daß man drei Wochen lang das Tier unter strengster Kontrolle halten muß und bei jedem Ausgang an der Leine führt. Auch ein Zwinger ist keine Garantie dafür, daß nicht ein hergelaufener liebestrunkener Rüde seine Chance wahrnimmt. Ihm ist kein Zaun zu hoch, keine Wühlarbeit zu mühsam, wenn es um eine verlockend duftende, abenteuerlustige Hundedame geht.

Der Rüde kann und will immer

Ist ein Malheur passiert, bringt der Gang zum Tierarzt Abhilfe. Kurz nach der unvorhergesehenen Begegnung beseitigt eine Spritze den unerwünschten Nachwuchs. Ist es dazu schon zu spät oder rät der Tierarzt ab, so ist Ihr wertvolles Tier keineswegs durch diesen Fehltritt erbgutgeschädigt. Es ist ein alter Aberglaube, daß die Samenfäden des Rüden Auswirkungen auch auf zukünftige Würfe haben. Wäre dies der Fall, dann wäre die Züchtung kein so großes Wagnis mehr, weil ein erstklassiger Rüde für viele gelungene Würfe mit einem Deckakt bürgen könnte. Die Samenfäden leben aber nur kurze Zeit.

Ein Seitensprung kostet nur Geld, da sich Mischlinge kaum verkaufen.

Ist die Hündin wirklich läufig, geht auch eine Wesensveränderung mit ihr vor. Sie wird unruhig und neigt zum Streunen. Höchste Vorsicht ist geboten, wenn nach weißem Schleim eine blutige Absonderung erfolgt. Die meisten Hündinnen putzen sich sehr sorgfältig, so daß man kaum etwas davon merkt. Verdächtig ist dann nur die übertriebene Leckerei. Erst wenn die Blutung auf ihrem Höhepunkt ist, kann man sie kaum übersehen. Der erste Tag des „Färbens" ist der wichtigste Zeitpunkt für die Zucht. Wenn man ihn kennt, kann man den richtigen Decktag festlegen. Es ist generell gesehen der elfte, zwölfte oder dreizehnte Tag nach der ersten blutigen Absonderung. An diesen Tagen ist die größte Zahl von Eiern gereift; wird jetzt gedeckt, ist mit einem großen Wurf zu rechnen. Die meisten Rassehundvereine legen genau fest, wie viel Welpen von einem Wurf aufgezogen werden dürfen. Das bedeutet, daß die überzähligen Welpen getötet werden. Das ist hart, gewiß. Aber es bedeutet auch, daß die Möglichkeit der Auswahl gegeben ist, das heißt, daß die lebenstüchtigsten Kleinen aufgezogen werden. Der Fachmann erkennt schon beim Neugeborenen Fehler und sondert diese Tiere aus. Damit ist bereits die Basis zur weiteren Zucht von edlen und gesunden Hunden gewährleistet.

Im allgemeinen läßt man frühestens bei der zweiten Läufigkeit decken. Fällt diese in einen kalten Winter, so wartet ein verantwortungsvoller Züchter bis zur dritten Hitze. Das bedeutet einen erheblichen Zeitverlust, denn die Vereine setzen nicht nur ein Mindest-, sondern auch ein Höchstalter für die Zucht fest. Die obere Grenze liegt etwa bei acht Jahren für ein weibliches Tier, für Rüden bei zehn. In zunehmendem Alter der Eltern geht die Anzahl der Welpen stark zurück, besonders wenn beide Elterntiere betagt sind. Deshalb sollte eine ältere Hundedame möglichst einem jungen Freier zugeführt werden. Bei großen Rassen, deren Wachstum spät abgeschlossen ist, kann erst bei der dritten Brunst gepaart werden.

Es ist keiner Hündin zuzumuten, daß sie bei jeder Hitze belegt wird. Fallen zwei Zyklen in eine günstige Jahreszeit, kann sie zweimal im Jahr gedeckt werden, muß aber während der dritten Läufigkeit pausieren.

Große Hündinnen sondern so viel Blut ab, daß viele Hundefreunde ein sogenanntes „Monatshöschen" in der fraglichen Zeit anwenden. Es schützt vor unliebsamen Spuren, aber keineswegs, wenn ein liebestoller Rüde in der Nähe ist. Auch wenn die Hundehochzeit vorbei ist, besteht noch Gefahr. Da die Eier nicht auf einmal reif werden, kann es vorkommen, daß eine Hündin Mutter von zwei oder mehreren Vätern wird, je nachdem wie viele Rüden sie annimmt. Das bedeutet, daß man während der gesamten Hitze-Zeit die Hündin unter Kontrolle halten muß.

Haben Sie nicht genau mitbekommen, wann die ersten Blutstropfen fielen, so gibt es noch ein anderes untrügliches Zeichen, wann die Hündin paarungsbereit ist: Legen Sie ihr die Hand auf das Hinterteil und kraulen Sie sie oberhalb der Schwanzwurzel. Dreht sie nun den Schwanz zur Seite oder bogenförmig ab, so ist sie bereit. Sobald sie einen Rüden sieht, zeigt sie die gleiche Reaktion.

Nun ist es höchste Zeit, sich auf die Reise zu machen. Der Halter des Deckrüden ist schon verständigt und hat sich bereiterklärt, daß sein Tier Vater eines neuen Wurfes wird. Das Deckgeld wird meist von den Vereinen festgelegt. Es können auch private Vereinbarungen getroffen werden. Meist wird jedoch entweder die übliche Summe bezahlt oder ein Welpe des betreffenden Wurfs vom Besitzer des Zuchtrüden als Entgelt akzeptiert. Er hat die erste Wahl.

Blieben die Liebesbemühungen ohne Folgen, muß der Deckakt bei der nächsten Hitze kostenlos wiederholt werden.

Manche Züchter schicken ihre deckbereite Hündin per Eilgut zum Rüden. Das ist gewiß zeitsparend, aber nicht ideal. Wie wir schon zu Beginn dieses Kapitels sag-

ten, ist die Hundezucht ein mühsames und zeitraubendes Unterfangen. Der Idealist und Hundefreund bleibt sowohl beim Deckakt, als auch bei der Geburt bei seinem Vierbeiner.
Ist der Rüde ein bewährtes Zuchttier, kennt er sein Metier und nimmt auch die unerfahrene Junghündin an. Zwang hat in den meisten Fällen nicht zu einer Befruchtung geführt. Ist man mit der Hündin am Ziel ihrer Sehnsucht angelangt, geht man erst einmal mit ihr spazieren. Das beruhigt sie nach einer Reise und hilft, daß sie sich gründlich entleert. Denn der Deckakt kann sich lange hinziehen. Die Verbindung dauert manchmal nur fünf, manchmal aber auch fünfzig Minuten. Während des Aktes selbst sollen die Tiere nicht gestört oder auseinandergerissen werden, da es sonst zu Verletzungen kommen kann. Bei der Paarung darf der mit der Hündin am meisten verbundene Mensch oder der Halter des Rüden anwesend sein, um zu bezeugen, ob es zur Paarung gekommen ist oder um Beißereien zu verhindern, wenn sich die Partner gegeneinander entscheiden. Die Paarung selbst geht, wie bei allen Caniden, in der eigentümlichen Position des „Hängens" vor sich. Wahrscheinlich hat jeder von uns diese Stellung schon bei Straßenhunden beobachtet. Auf dem Land pflegte man mit einem Eimer kalten Wassers die Tiere voneinander zu trennen.
Das Hängen kommt so zustande: Die muskulöse Scheide der Hündin schließt sich fest um den Schwellkörper des Rüden. Durch diese Technik ist es möglich, daß auch Tiere von sehr verschiedenem Wuchs sich begatten können.
Ist der Paarungsakt vorbei, muß man dafür sorgen, daß sich die Hündin ungestört für einige Zeit ausruhen kann, ehe sie die Rückreise antritt. Noch am gleichen Tag geht die vom Halter des Rüden unterschriebene Deckmeldung an den Club. Vorher ist das Deckgeld bezahlt worden. Entstehen Differenzen, so richte man sich nach den Internationalen Zuchtregeln von Monaco. Diese Bestimmungen können Sie über Ihren Verein erfahren. Notieren Sie sich den Deckungstag genau in Ihrem Kalender, denn nun beginnt das große Rechnen und Warten.

Trächtigkeit

Sichere Zeichen für die Trächtigkeit gibt es in den ersten Wochen nicht. In dieser Zeit werden die Organe der Hundeembryos gebildet, was kaum ins Gewicht fällt. Das Futter sollte qualitativ aber nicht mengenmäßig gesteigert und auf anfangs zwei Mahlzeiten täglich verteilt werden.
Die tragende Hündin muß viel Auslauf und Schonung haben. Gebrauchshunde dürfen pausieren, da Überanstrengungen den Wurf gefährden können. Die Hündin soll in der zweiten Hälfte der Schwangerschaft weder durch Flüsse schwimmen noch gebadet werden. In dieser Zeit darf sie auch keine steilen Treppen mehr steigen. Muntere Sprünge über Hecken und Zäune sind ebenfalls nicht mehr erlaubt. Ist die werdende Mutter zu temperamentvoll, um Rücksicht auf die Ungeborenen zu nehmen, muß man sie an die Leine nehmen und vor Torheiten bewahren. Die meisten Hündinnen sind jedoch in den letzten Wochen so träge, daß man sie zum Gassigehen geradezu ermuntern muß.

Die Fellpflege sollte jetzt sehr sorgfältig durchgeführt werden, da das Tier ja nicht gebadet werden kann. Frisches Trinkwasser muß immer bereit stehen und öfter erneuert werden. Manche Hündinnen neigen während der Trächtigkeit zu Appetitlosigkeit. Machen Sie sich keine Sorgen, der Hunger stellt sich schon wieder ein. Es ist gut, wenn die Tiere nicht zuviel auf den Rippen haben; Übergewicht oder zu starke Welpen führen zu Komplikationen bei der Geburt. Einige Züchter legen deshalb regelrechte Fastentage ein. Zur Fleischmahlzeit sollten Kalk und Lebertran zugefüttert und öfter pro Woche mal ein frisches Ei gegeben werden. Vitamine sind jetzt wichtiger denn je.

Es empfiehlt sich, in der Mitte der Tragzeit eine Wurmkur durchzuführen. Der Tierarzt weiß das richtige Mittel und den passenden Zeitpunkt. Das schadet den ungeborenen Welpen keineswegs. Sie kommen wurmfrei auf die Welt.

Normalerweise kann man davon ausgehen, daß eine Hundeschwangerschaft neun Wochen dauert. Es gibt jedoch so große zeitliche Abweichungen, daß schon nach 56 Tagen normal entwickelte Welpen geboren werden können. Frühgeburten sind ab 50 Tagen lebensfähig, sie müssen aber meist mühevoll aufgepäppelt werden. Viele Züchter raten davon ab.

Erst wenn sich am 66. Tag noch nichts gerührt hat, könnte es Komplikationen geben. Es kommt auch vor, daß man 70 Tage auf den Hundenachwuchs warten muß und dennoch alles normal abläuft. Hat das betreffende Tier schon einmal geworfen und dabei übertragen, muß man sich keine Sorgen machen. Auch in dieser Situation erweisen sich Aufzeichnungen von früheren Schwangerschaften und Geburten als sehr wichtig und nützlich.

Wird das Tier zum ersten Male Mutter, sollte man ab dem 63. Tag den Tierarzt konsultieren. Er weiß, ob ein Kaiserschnitt gemacht werden muß, wenn Wehenschwäche vorliegt, ob ein Welpe quer liegt oder das Muttertier zu eng gebaut ist. Bei Wehenschwäche oder zu kleinem Becken sollte die Hündin nicht mehr gedeckt werden. Liegt es an der Lage der Welpen, so kann die nächste Geburt durchaus normal verlaufen.

Ab der vierten Woche wird der Bauch des Tieres sichtbar runder. Das Gesäuge entwickelt sich. Am Anfang der siebten Woche spürt man die ersten Bewegungen der werdenden Welpen durch die Bauchdecke der trächtigen Hündin. Handelt es sich nur um ein oder zwei Tiere, kann es sein, daß man kein Leben spürt. Um zu unterscheiden, ob sie nur scheinschwanger oder wirklich trächtig ist, muß man das Tier röntgen lassen.

Bei einer Scheinschwangerschaft zeigen sich alle Symptome, die auch während der Tragzeit auftreten. Der Bauch rundet sich, das Tier verhält sich anders, das Gesäuge wird prall, Milch schießt ein. Hält dieser Zustand zu lange an oder wiederholt er sich, ist der Tierarzt zu konsultieren.

Spürt man deutlich die Bewegung der ungeborenen Kleinen, weiß man, daß man allmählich die Wurfkiste und das Wöchnerinnen-Zimmer vorbereiten muß. Die Hündin wird nun sehr schnell dick. Sie bewegt sich nur noch ungern. Dennoch muß sie regelmäßig nach draußen geführt werden, auch wenn sie davon gar nicht begeistert ist.

Sie wird auch nicht entzückt davon sein, wenn Sie nun mit einem eingefetteten Thermometer ihre Temperatur regelmäßig im Darm messen. Wie wir schon im

Kapitel „Krankheiten" erwähnten, liegt die Temperatur der Hunde etwas höher als die Normaltemperatur des Menschen. Es ist wichtig, daß Sie die Normaltemperatur Ihrer Hündin genau kennen und regelmäßig kontrollieren. Zeigt das Thermometer über 39 Grad, ist etwas nicht in Ordnung.

Die Temperaturmessungen sind deshalb so wichtig, weil man durch Abweichungen nach unten den Zeitpunkt der Geburt ermitteln kann. Hat man die tiefste Temperatur gemessen, kann man davon ausgehen, daß die Hündin innerhalb der nächsten 24 Stunden wirft. Solange sie nur farb- und geruchlosen Ausfluß absondert, ist es noch nicht so weit und man kann sich vor der oft langwierigen Prozedur noch ein wenig ausruhen.

In der letzten Woche vor dem Werfen muß die übliche Futtermenge auf mindestens vier Rationen pro Tag verteilt werden. Es gibt weniger Fleisch, dafür mehr suppige kohlehydrathaltige Nahrung, zum Beispiel Haferflocken und Hundeflocken, angereichert mit Weizenkeimen, rohe Vollmilch mit Honig, die lauwarm sein muß, reichlich Vitamine und Kalk. Die Dosierung rät der Tierarzt. In den letzten Tagen wird nur noch flüssig gefüttert, die Mengen richten sich nach dem Hunger der Hündin, dürfen aber nicht zu reichlich sein. Zeigt sie ausgesprochene Freßgier, muß man sie energisch bremsen. Frißt sie überhaupt nicht, läßt man sie in Ruhe. Kurz vor dem Werfen soll der Organismus des Tieres so wenig wie möglich belastet werden, damit er genug Kraft für die Geburt hat. Kontrollieren Sie, ob der Stuhlgang regelmäßig abgeht, das ist jetzt besonders wichtig.

Vorbereitungen vor der Geburt

Das Wichtigste ist die sogenannte Wurfkiste. Sie besteht aus Holz, ist quadratisch und je nach Größe des Tieres verschieden lang. Eine Ein- und Ausstiegsöffnung ist notwendig, damit sich das Tier nicht das Gesäuge verletzt. Zu niedrig darf die Kiste nicht sein, da sonst die Kleinen herausfallen. Als Faustregel gilt, das Wochenbett so zu bemessen, daß sich das liegende Tier gut abstützen und dennoch bequem ausstrecken kann. Als Einlage sollte man gutes Haferstroh nehmen, das man mit sauberen Tüchern und Gummilaken gut abdeckt. Es muß vermieden werden, daß zwischen Kistenwand und Tüchern Hohlräume entstehen, in die ein Welpe kriechen und ersticken könnte. Vor der Geburt soll die Hündin ruhig schon mit ihrem Wöchnerinnenlager vertraut gemacht werden. Geben Sie ihr aber noch nicht die Laken und Tücher als Unterlage, da manche Tiere die Gewohnheit zeigen, das Lager selbst zurecht zu machen und dabei alles verwühlen. Es ist klar, daß die Unterlagen peinlich sauber sein müssen. Es können gar nicht genug davon vorhanden sein, um oft zu wechseln. Je älter und weicher das Material, um so besser.

Auch der Stellplatz für die Kiste ist wichtig. Der Raum muß ruhig und nicht kalt sein. Kälte und Zug sind der Tod der Jungen, sie brauchen eine Mindesttemperatur von 18 Grad. Der Raum wird abgedunkelt, zumindest soll eine leichte Decke über der Kiste liegen, damit Mutter und Nachwuchs so wenig wie möglich behelligt werden. An allen Innenwänden der Kiste haben wir ungefähr in Rückenhöhe der Hündin eine Leiste angenagelt, die verhindern hilft, daß Welpen getreten

oder erdrückt werden, wenn die Mama sich bewegt oder aufrichtet. Akzeptiert sie die Kiste und steigt sie probeweise schon mal hinein, lobt man sie. Prüfen Sie, ob sie sich darin wohlfühlt und die größtmögliche Bequemlichkeit hat. Übrigens kann man Wurfkisten kaufen, wenn man kein geschickter Bastler ist. Es gibt sie in allen Größen.
Naht der Wurftermin, muß man die nötigen Requisiten zusammenhaben. Das Wichtigste sind:
Halsband und Leine der jungen Mutter, eine Riesenportion Zellstoff, das Fieberthermometer, eine Salbe, die der Tierarzt zur Pflege des Gesäuges empfiehlt, Desinfektionsmittel, eine desinfizierte Schere, der Zuchtkalender, das Notizbuch mit den wichtigsten Daten der Schwangerschaft, eine Waage, eine Taschenlampe, ein Karton, ein Abfalleimer, ein Korb mit Kissen, Wärmflasche, eine Decke. Hat das Thermometer seinen tiefsten Stand erreicht, dauert es allerhöchstens noch 24 Stunden, bis sie zum ersten Mal die neugeborenen Welpen versorgen dürfen. Es gibt Hündinnen, die die Geburt ganz alleine bewältigen und dabei gut zurechtkommen. Viele Züchter lassen sich aber das Erlebnis nicht entgehen und harren bei der Hündin die ganze Zeit aus. Schließlich wollen sie auch nicht riskieren, daß das wertvolle Muttertier oder der Nachwuchs Schaden erleiden. Einige Zeit vor der Geburt beginnt die Hündin heftig zu kratzen. Es ist gut, wenn man ihr Tücher und Decken zum Wühlen gibt, die aber beim Einsetzen der Wehen entfernt werden müssen. Kommen die ersten Wehen, ist die Hündin besonders unruhig und jault.
Wehrt sich das Tier gegen das dauernde Temperaturmessen, kann man auch auf anderem Wege feststellen, wann die Niederkunft bevorsteht: durch tägliches Wiegen. Zeigt die Waage eine leichte Zunahme des Gewichtes an, ist es noch nicht soweit. Verringert sich das Gewicht geringfügig, kann man bald mit dem großen Ereignis rechnen.
Vor dem Einsetzen der Wehen will die Hündin in ganz kurzen Abständen raus, setzt ein paar Tropfen Urin ab, um dann wieder ins Haus zu rennen. Dieses Spiel kann sie stundenlang treiben. Es empfiehlt sich, sie zu begleiten, um zu verhindern, daß sie unterwegs ihre Jungen verliert. Nehmen Sie sie an die Leine und, falls es Nacht ist, die Taschenlampe mit, damit Sie alles gut beobachten können. Es kann auch sein, daß sie sich erbrechen muß. Auf alle Fälle beginnt sie nun, pausenlos zu hecheln. Das ist übrigens meistens das einzige Zeichen dafür, daß die Wehen bereits begonnen haben. Sie können Stunden dauern. Bewegung schadet nicht, aber meist bleibt die werdende Hundemutter winselnd auf ihrem Lager.
Sorgen Sie dafür, daß nicht dauernd ein neugieriges Familienmitglied nachschaut, ob schon Welpen da sind. Nur der ihr am meisten vertraute Mensch sollte bei der Geburt assistieren. Der Geburtsraum muß warm sein, denn Kälte verzögert den Vorgang.
Die Zeitabstände, die zwischen der Geburt der einzelnen Welpen liegen, sind grundverschieden. Manchmal geht es so schnell, daß das Tier gar keine Zeit hat, sich um ein Junges zu kümmern, weil das nächste schon kommt. Der neugeborene Welpe liegt in einer mit grünlichem Fruchtwasser gefüllten Fruchtblase. Hat die Hündin genügend Zeit, so öffnet sie die Blase sofort nach der Geburt durch

Belecken oder Zerbeißen. Dann massiert sie das Junge kräftig mit der Zunge, um die Atmung anzuregen. Ist die Hündin jedoch unerfahren oder durch die Geburt des nächsten Welpen zu sehr in Anspruch genommen, soll der Mensch helfend eingreifen. Zuerst wird die Fruchtblase zerrissen (man beginnt unter dem Kinn des Welpen und zieht sie über den Kopf nach hinten). Dann muß man die Nabelschnur durchtrennen (nehmen Sie nur die Schere, wenn Sie nicht genug Kraft in den Fingern haben). Am besten durchtrennt man sie mit den Daumennägeln. Dabei soll vermieden werden, daß man unnötig an der Nabelschnur zerrt. Das Ende muß etwa zehn Zentimeter lang sein. Die Hundemutter leckt alles sauber, so daß nichts abgebunden werden muß. Nach zwei bis drei Tagen trocknet die Schnur ein und fällt von selber ab. Ist die Nabelschnur zu lang, kann man sie mit der Schere verkürzen. Allerdings darf man nie dort abschneiden, wo das Gewebe mit Blut gefüllt ist.

Bei Vorbeißern – wie zum Beispiel Bulldoggen – muß der Mensch ohnehin nachhelfen, weil die junge Mutter mit ihren nicht aufeinanderstehenden Zähnen Schwierigkeiten beim Durchbeißen der Nabelschnur hat und ihre Welpen bei ihren Versuchen verletzen kann.

Kommt die Hündin mit der Sauberleckerei ihrer Kinder nicht nach, ist Hilfe nötig. Das Wichtigste: Der Schleim muß von Kopf und Maul des Neugeborenen entfernt werden. Steckt man ihm den kleinen Finger ins Mäulchen, erleichtert man ihm die ersten lebenswichtigen Atemzüge. Schon dabei kann auch der Laie feststellen, ob das Junge lebensfähig ist, lebhaft zappelt und nach der Milchquelle sucht. Achten Sie darauf, daß die Nachgeburt bei der Mutter bald abgeht. Sie ist dunkel bis blaugrün und wird von der Gebärenden genau wie die Eihäute der Jungen aufgefressen. Das hat seinen Sinn und ist nicht etwa ekelerregend. Die Nachgeburt enthält viele lebenswichtige und natürliche Stoffe, die durch nichts ersetzt werden können. Sorgen Sie während der Geburt immer für frische Unterlagen. Schieben Sie sie Mutter und Welpen vorsichtig unter.

Dazwischen müssen Sie Zeit finden, jeden Geburtsvorgang genau zu protokollieren. Dazu gehört, wie lange die Geburt jeweils dauerte, die Reihenfolge der Welpen, die Uhrzeit, wann sie auf die Welt kamen, das Verhalten der Mutter, die Abzeichen der einzelnen Welpen und das Geburtsgewicht. Legen Sie ein Tuch auf die Waage, damit sich die Kleinen nicht erkälten.

Sondern Sie sofort tote Welpen aus. Legen Sie sie in den bereitgestellten Karton, aber so, daß die Mutter sie nicht bemerkt. Versuchen Sie zuerst durch Massage der Brust und einer Art Mund-zu-Mund-Beatmung eine Wiederbelebung. Es ist klar, daß Sie dabei sehr vorsichtig zu Werke gehen müssen.

Greifen Sie aber nicht ein, wenn Sie glauben, daß die Mutter zu robust mit ihrem Nachwuchs umgeht. Durch intensives Belecken und Stupsen wird nicht nur die Atmung, sondern auch der Darm angeregt, der möglichst sofort Kot absondern soll. Den Kot des Neugeborenen nennt man „Darmpech“. Sind die Erstgeborenen trocken und abgenabelt, legt man sie am besten in den Korb, den man mit Kissen, Unterlagen und der Wärmflasche ausgestattet hat. Über den Korb wird lose eine Decke gehängt, daß die Kleinen warm und dunkel liegen, aber genug Luft bekommen. Die Trennung der Kleinen von der Mutter gewährleistet, daß sie nicht getreten oder verletzt werden.

Es kann sein, daß sich die Gebärende zwischen den einzelnen Geburtsphasen längere Zeit ausruht. Man sollte ihr etwas warme Honigmilch einflößen, damit sie sich besser erholt. Verlangt sie danach, ihre Kinder bei sich zu haben, legen Sie ihr ein bis zwei Welpen in die Wurfkiste; den Korb mit den übrigen stellt man in unmittelbare Nähe, damit sie das Gepiepe ihrer Kinder hören und sie sehen kann.

Aufzucht des Nachwuchses

Sind alle Kleinen auf der Welt, leckt sich die Mutter sauber und legt sich mit ausgestreckten Beinen auf die Seite. Dies ist der Augenblick, ihr alle Kleinen zu reichen. Diese liegen dann alle friedlich nebeneinander und nuckeln. Beobachten Sie das Verhalten der Neugeborenen. Schon jetzt sind Unterschiede des Temperaments und der Vitalität erkennbar. Sind mehr Welpen geboren worden, als aufgezogen werden können, muß die Auswahl getroffen werden: Lassen Sie einen Experten oder den Zuchtwart entscheiden, wer überleben soll. Er muß sowieso kommen, um die Kleinen zu registrieren. Quälen Sie sich nicht mit dem Töten der Kleinen, das macht der Tierarzt. Ertränken ist grausam für alle Beteiligten.
Die Hundemutter wird nun durch ein Familienmitglied für kurze Zeit an der Leine ins Freie geführt, damit sie sich erleichtert. Statten Sie in dieser Zeit das Wöchnerinnenlager mit frischen Tüchern aus. Legen Sie die Kleinen, wenn sie gewogen und aussortiert sind, in die Kiste. Lassen Sie die Mutter zu ihrem Nachwuchs und hängen Sie lose eine Decke über die Kiste, damit sich alle ungestört ausruhen können.
Bei der Geburt wiegen die Rüden mehr als ihre kleinen Schwestern. Kleine Doggen bringen bei der Geburt schon 500 Gramm auf die Waage. Große Rassen wiegen zu Anfang ihres Lebens ungefähr 700 bis 900 Gramm, kleine 250 bis 400. Zwerghunde bringen es auf 100 bis 200 Gramm. Wiegt ein Neuankömmling unter 100 Gramm, ist er in den ersten Tagen zu schwach zum Saugen. Er muß mit einem Fläschchen und Puppenschnuller gefüttert werden.
Das Geburtsgewicht wird in der ersten Lebenswoche verdoppelt, in der zweiten Woche sogar verdreifacht. Das macht deutlich, welche Leistungen die Mutter vollbringen muß, um mit ihrer Milch die vielen Mäuler satt zu bekommen. Kleine Rassen nehmen pro Woche gleichmäßig zwischen 100 und 200 Gramm zu.
Generell gilt: Je größer das Gewicht der Rasse, desto größer die Gewichtszunahme der Welpen. Die Zunahme steigert sich noch, wenn zur Muttermilch zugefüttert wird. Junge Bernhardiner nehmen in der dritten Lebenswoche oft bis zu zwei Kilogramm zu, in der neunten sogar zwischen drei und vier Kilogramm. Die rasante Gewichtszunahme wird allerdings nur erreicht, wenn der Wurf auf eine bestimmte Stärke, die oft von den einzelnen Rassehundevereinen vorgeschrieben ist, reduziert wurde.
Läßt man den ganzen Wurf am Leben –, und nicht nur etwa sechs Welpen –,wird das übliche Gewicht nicht erreicht, auch wenn später sehr gut zugefüttert wird. Diese Tiere sind also von Anfang an benachteiligt, was in der Folgezeit kaum ausgeglichen wird.

Der Hundemutter muß auch nach der Geburt größte Aufmerksamkeit zuteil werden, damit sie weiterhin zu Hochleistungen fähig ist. Ilse Sieber, eine erfahrene Boxerzüchterin, schreibt in ihrem Buch „Hundezucht mit Liebe und Verstand“, daß sie in der ersten Woche nach dem Wurf mäßig füttert: „Lieber etwas zuwenig als zuviel. Das klingt vielleicht grausam, ist aber die beste und sicherste Hilfe, um Komplikationen zu verhüten. Die Idee dabei ist: Man muß vermeiden, daß die Hündin von Anfang an zuviel Milch produziert, was bei einer natürlich gehaltenen Hündin sehr leicht möglich ist, wenn sie gleich nach dem Wurf das übliche gehaltvolle Futter, das die Milcherzeugung unterstützen soll, bekommt.“
In den ersten Lebenstagen können die Kleinen noch nicht so viel Nahrung aufnehmen. Hat die Mutter zuviel Milch, dann werden die Zitzen nicht ausgesaugt, sie fühlen sich hart und heiß an und bereiten dem Tier Schmerzen. Durch vorsichtiges Ausdrücken verhindert man Entzündungen und Fieber. Sobald die Kleinen etwas größer sind, regeln sich Angebot und Nachfrage von selbst.
Es empfiehlt sich, einige Tage nach der Geburt das Muttertier weiterhin flüssig und erst später mit Vollkornflocken und hochwertigem Fleisch zu füttern.
Dabei ist klar, daß die Nahrung nach der Geburt qualitativ hochwertig sein muß. Man gibt also viel Eiweiß, Vitamine, Weizenkeime, Kalk, Lebertran, Honigmilch. Das Fieberthermometer muß immer in Reichweite bleiben. Messen Sie über 39 Grad, hat die Wöchnerin Fieber und der Tierarzt muß kommen. Nach jedem Gang ins Freie sollte das Gesäuge mit einem Desinfektionsmittel behandelt werden. Das gilt besonders für niederläufige Rassen, die sich beim Gassigehen beschmutzen. Jede Infektionsgefahr für die Kleinen muß vermieden werden.
In den ersten Tagen ist die Sauberhaltung des Wöchnerinnenlagers problemlos. Die Mutter leckt die Kleinen sauber und nimmt auch ihre Ausscheidungen auf. Sie putzt sich selbst, allmählich geht der blutige Ausfluß zurück.
Die Welpen sind in den ersten Tagen blind und taub. Erst nach mehr als einer Woche öffnen sich Lider und Ohren allmählich. Nach drei Wochen können die Kleinen erst richtig sehen. In der ganzen Zeit sind sie lichtempfindlich und sollten im abgedunkelten Raum bleiben. Mit zwei Wochen beginnen sie, auf unsicheren Beinchen ihre Umwelt zu erkunden. Mit einem Monat sind sie schon selbständig genug, sich aus der Kiste zu begeben, um ihre kleinen Geschäfte zu erledigen. Die Wurfkiste wird zu klein.
Es wird nun höchste Zeit, daß die Mutter Entlastung bekommt und über längere Zeiträume hinweg von den Kindern getrennt wird. Ist ein Zwinger vorhanden und die Temperatur günstig, sollte nun die ganze Familie umquartiert werden, um ausreichend Platz zum Spielen und genug frische Luft zu haben. Bleibt die Hundefamilie in der Wohnung, soll gewährleistet sein, daß die junge Mutter immer dann, wenn sie es will, ungehindert zu ihren Jungen kann.
Kurz nach der Geburt muß man schon darauf achten, daß die Krallen der Kleinen nicht zu scharf sind. Beim Pumpen mit den Pfoten, dem sogenannten „Milchtritt“, können sie das Gesäuge der Alten empfindlich verletzen. Deshalb schneidet man mit der Schere die Krallenspitzen vorsichtig ab, damit keine Verletzungen entstehen. Will man das nicht selbst besorgen, kann es der Tierarzt mitmachen, der bei Rassen, die kupiert werden, in den ersten zwei Lebenswochen den Schwanz auf die vorgeschriebene Länge bringt. Auch der Zuchtwart, der mög-

lichst innerhalb der ersten Woche den Wurf begutachten und den Wurfmeldeschein unterschreiben sollte, kann Krallen und eventuelle Wolfskrallen stutzen.

Lassen Sie das Kupieren des Schwanzes (in der 1. Lebenswoche) nur von dazu befugten Experten vornehmen. Es sollen nicht nur dem Tier Schmerzen erspart werden, das Kupieren muß auch genau nach den Standardvorschriften geschehen, die der Zuchtwart genau kennt. Er sollte uns zum Tierarzt begleiten, wenn dieser sich nicht in den Rassenvorschriften auskennt. Ein Welpe darf erst dann aus dem Haus gegeben werden, wenn die Wunden der kupierten Stellen verheilt sind.

Nehmen die Hundekleinen nicht regelmäßig zu und ziehen sie den Rücken eigenartig hoch, kontrollieren Sie den Stuhl. Sicher sind Spulwürmer der Grund für einen Rückgang der Gewichtszunahme. Dann ist eine Wurmkur unumgänglich. Ab der sechsten Woche kann man ohne Gefahr entwurmen, wenn man die vorgeschriebene Dosierung genau beachtet. Nach zwei Wochen muß die Kur wiederholt werden. Meist ist das aber nicht nötig, wenn bei der schwangeren Hündin schon eine Kur vorgenommen wurde.

Erst wenn die Kleinen wurmfrei sind, können sie gegen Staupe geimpft werden. Kein verantwortungsvoller Züchter wird einen Welpen mit Wurmbefall und ohne Impfung verkaufen.

Gibt man die Welpen ab, muß man dafür sorgen, daß die Milchproduktion der Hündin versiegt. Sie bekommt morgens keine Honigmilch mehr, nur wenig Flüssigkeit und wird auf ihre normalen Futterrationen gesetzt.

Aus Gründen der Übersichtlichkeit werden die Würfe von A bis Z durchbuchstabiert. Ist man bei Z angelangt, beginnt man wieder von vorne bei A. Um das ganze Alphabet „durchzuzüchten", braucht man schon ein Menschenalter und selten hat es ein Züchter in seinem Leben auf Z gebracht.

Der Wurfmeldeschein, den der Zuchtwart unterschreiben muß, ist die Unterlage für die Eintragung ins Zuchtbuch. Sie setzt voraus, daß der Züchter Inhaber eines geschützten Zuchtnamens ist, und daß die Elterntiere schon im Stammbuch vermerkt sind. Bei der Eintragung muß auch die unterschriebene Deckbescheinigung vorgelegt werden.

Sobald die Kleinen mit etwa einem Monat der ständigen Pflege der mütterlichen Zunge entwachsen sind, beginnt die Arbeit mit der Bürste. Dabei kann man auch kontrollieren, ob sich ein Floh oder anderes Ungeziefer bei den Jungen eingenistet hat. Man geht ihm mit Insektenmitteln zu Leibe. Sobald die Mutter die Geschäfte der Kleinen nicht mehr selbst beseitigt, beginnt die Erziehung zur Stubenreinheit. Man muß versuchen, den richtigen Augenblick – meist nach dem Essen – herauszufinden und sie entweder ins Freie oder zu einem dafür bestimmten Plätzchen zu expedieren.
Am Anfang haben sie noch keine Kontrolle über ihren Darm. Man muß ihnen also zuvorkommen. Da man aber nicht dauernd zur Stelle sein kann, passiert schon einmal ein Malheur.
Hat die Hündin genug Milch, läßt man die Kleinen in den ersten Wochen ohne Zufutter. Die Muttermilch enthält alle für die Entwicklung nötigen Stoffe. Sie hat einen Fettgehalt von zehn Prozent. Füttert man normale Kuhmilch, die nur etwa drei Prozent Fett enthält, hinzu, ist das für die Jungen zu dünn und sie bekommen leicht Durchfall. Reichern Sie Kuhmilch deshalb mit einem frischen Eigelb, mit Bienenhonig oder Kondensmilch an.
Zuerst werden die Hundekinder nicht gleich begreifen, wie man aus der Schüssel trinkt, deshalb muß man ihnen mit etwas Geduld diese Technik beibringen. Benetzen Sie die Nase der Kleinen mit der Milch oder befeuchten Sie Ihren Finger damit und bringen Sie ihre Mäulchen ganz allmählich zum Napf. Die hungrigen Kerlchen begreifen nach einer Weile schon, wie sie an die Nahrung außerhalb der Zitzen kommen. Die Schüssel sollte möglichst flach sein und nicht zu sehr gefüllt, damit sie sich nicht verschlucken und Angst vor dem Napf bekommen.

Der Futternapf steht so, damit die Hundejungen aufrecht stehend fressen können, was besonders für größere Tiere, die eine breite Brust haben, wie zum Beispiel Boxer, wichtig ist. Bei schnellem Wuchs sollte man den Napf immer ein bißchen höher stellen, damit das Tier sich nicht verrenken muß.
Nach einigen Tagen kann man schon ein paar Hundeflocken oder Welpenfutter beimischen, aber möglichst nicht früher als im Alter von einem Monat. Sind die Tiere daran gewöhnt, ihre Nahrung auch aus dem Schüsselchen aufzunehmen, ergeben sich keine Probleme mehr, wenn die Muttermilch versiegt oder nicht mehr ausreicht. Man merkt es daran, daß die Jungen nach dem Säugen unruhig sind und jaulen oder zur Apathie neigen. Klare Fleischbrühe, lauwarm gegeben, kann nun mit angereicherter Kuhmilch abwechseln. Es gibt auch Trockennährmilch, die in etwa so zusammengesetzt ist wie die Muttermilch und mit wenig Zeitaufwand zuzubereiten ist.
Ab der fünften Woche kann man damit beginnen, kleine Mengen von rohem mageren Hackfleisch zu geben. Diese Ration wird ständig gesteigert. Ein sechs Wochen alter Welpe bekommt etwa 50 Gramm ganz fein geschnittenes mageres Fleisch, angereichert mit Kalk, Vitaminen, Lebertran, Vigantol, Weizenkleie, Weizenkeimen, Ei, kleingehackten gedünsteten Möhren oder Spinat oder Banane. Mit etwa sieben Wochen wird vier- bis fünfmal zu festgesetzten Zeiten gefüttert. Sobald der Welpe sich an seinen regelmäßig gefüllten Futternapf gewöhnt hat, braucht er keine Muttermilch mehr. Säugt die Hündin ihre Kleinen auch noch in

diesem Alter, so ist das für alle Beteiligten von Vorteil, nur muß dann die Menge des Zufutters entsprechend kleiner gestaltet werden.
Im Alter von einem Monat dürfen die ersten Kalbsknochen zur Zahnpflege gegeben werden. Die Jungen können noch wenig damit anfangen – beißen aber schon schön darauf herum. Mit zwei bis drei Monaten muß jedes Junge seinen eigenen Knochen haben, damit es im Zwinger nicht zu Raufereien kommt. Auch soll man darauf achten, daß die Kleinen der Mutter nicht das Futter wegnehmen oder wegbetteln. Ebenso darf die Mutter ihren Kindern nichts wegfressen.
Frißt ein Hundejunges zu gierig, muß man es daran gewöhnen, Maß zu halten. Ist es dagegen ein Trödler, nimmt man ihm den Futternapf nach etwa 15 Minuten weg, egal, wieviel es zu sich genommen hat. So wird es daran gewöhnt, schneller zu fressen. Nach dem Essen gibt man frisches Wasser, damit die Verdauung angeregt wird.
Nimmt der Welpe regelmäßig zu, wissen wir, daß ihm nichts fehlt, und daß er richtig ernährt wird.

Wie man Hundenachwuchs verhütet

Wenn Sie sich klar darüber geworden sind, daß Sie keinen Hundenachwuchs wünschen, müssen Sie die richtigen Maßnahmen ergreifen, damit sich nicht doch unerwünschte Welpen einstellen. Sind Sie sicher, daß Ihre Hundedame schon einem Verehrer erlegen ist, hilft nur der Gang zum Tierarzt. Die Behandlung muß jedoch zwischen dem fünften und zehnten Tag nach dem ungewollten Deckakt erfolgen, sonst kommt die Trächtigkeitsunterbrechung zu spät.
Soll jedoch von vornherein vermieden werden, daß es zur Trächtigkeit kommt, haben Sie mehrere Möglichkeiten. Die erste ist: Die Hündin während ihrer Läufigkeit in Quarantäne zu halten. Das mag in der Stadt funktionieren, ist auf dem Land aber sehr schwierig.
Die zweite Möglichkeit sind Einspritzungen. Sie müssen etwa vier bis fünf Wochen bevor die Hitze beginnt vom Tierarzt vorgenommen werden. Diese Methode setzt voraus, daß man den Zeitpunkt der Brunst genau kennt oder berechnen kann. Dazu muß mindestens eine Hitzeperiode abgewartet werden. Die hormonelle Behandlung muß zweimal im Jahr erfolgen und ein ganzes Leben lang durchgeführt werden. Es kann dennoch zu Scheinschwangerschaften kommen. Es gibt Hündinnen, die diese Medikamente nicht vertragen. Dann gibt es eine dritte Möglichkeit: Die Kastration, bei weiblichen Tieren meist Sterilisation genannt. Es handelt sich dabei um einen Bauchhöhleneingriff, bei dem Eierstöcke und Gebärmutter entfernt werden. Es ist die einzig sichere Methode, Nachwuchs für immer zu verhindern. Ein weiterer Vorteil: Auch die Symptome der Scheinschwangerschaft bleiben aus.
Die Sterilisation kann zu jedem Zeitpunkt durchgeführt werden, auch wenn das Tier alt ist und oft Mutter wurde. Fachtierärzte glauben, daß die Kastration eine Hündin nicht in ihrem Wesen verändert, im Gegenteil, sie werde anhänglicher und häuslicher. Nach neuesten Erkenntnissen empfehlen sie jedoch, den opera-

tiven Eingriff erst beim erwachsenen Tier vornehmen zu lassen. Sie nehmen an, daß eine Kastration ausgewachsene Tiere nur wenig beeinflußt und lediglich die Sexualität hemmt. Wird ein weibliches (oder männliches) Tier dagegen als Welpe operiert, soll das eine anomale Entwicklung zur Folge haben; es neige zu unnatürlicher Sanftheit, Apathie und Fettleibigkeit.

Will man dagegen die Fruchtbarkeit nur für einen gewissen Zeitabschnitt unterbinden, empfiehlt sich der hormonelle Eingriff. Experten raten allerdings davon ab, Einspritzungen bei Zuchthündinnen vornehmen zu lassen, da die gesamte Zuchtplanung in Unordnung gerät.

Rüden können immer und sie wollen meist auch. Wie die Hündin kann man auch den Rüden durch einen operativen Eingriff für immer kastrieren. Die Hoden werden entfernt. Hundefreunde geben zu bedenken, daß sich ein Rüde wesensmäßig nach der Operation verändern kann, faul und desinteressiert wird.

Bei Krankheiten, sexueller Übererregung oder großer Aggression wird dagegen zur Kastration geraten. Ein verantwortungsbewußter Tierarzt wird aber zuerst versuchen, die Aggression des Rüden mit Hormonen zu dämpfen, ehe er sich zur Operation entschließt.

Ist man sich schon vor dem Hundekauf klar darüber, daß man nie Hundejunge im Haus haben will, sollte man eine Hündin zu sich nehmen und sie im geeigneten Zeitpunkt, den der Tierarzt bestimmt, kastrieren lassen.

Vom Sinn und Unsinn der Ausstellungen

Die meisten Hundehalter glauben insgeheim, ihr Vierbeiner sei nicht nur der beste, sondern auch der schönste. So ist es nur allzu verständlich, daß sie ihren Liebling vorführen möchten, um alle von seiner Tüchtigkeit und Anmut zu überzeugen.
Ist man Züchter, ist es von Vorteil, wenn seine Vollkommenheit von anerkannten Richtern bestätigt und schwarz auf weiß bescheinigt wird. Doch ehe man sich und seinen Gefährten dem Streß einer Ausstellung aussetzt, sollte man das Ganze noch einmal überlegen. Dieses Unternehmen setzt voraus:

- Zeit,
- Geld,
- Nerven,
- gründliche Vorbereitung,
- die Risikobereitschaft zu verlieren.

Sind Sie nicht „ausstellungserfahren", sollten Sie sich bei einem „alten Hasen" einige Ratschläge holen. Führen Sie Ihren Hundestar ruhig einem Richter oder erfahrenen Züchter vor. Er wird Ihnen sagen können, ob das Tier überhaupt Chancen hat, gute Noten zu erhalten.
Gehören Sie keinem Verband an, so müssen Sie zuerst herausfinden, wo die nächste Hundeschau stattfindet. Meist wird sie durch Plakatanschläge angezeigt, auch in Fachzeitschriften und der Tagespresse. Bringen Sie in Erfahrung, wo Sie einen Anmeldeschein erhalten. Je eher Sie sich melden, desto besser ist es, denn eine solche Ausstellung braucht eine gewisse Vorbereitungszeit. Es werden Kataloge gedruckt, Einladungen verschickt, Hallen gemietet, Boxen besorgt und desinfiziert, Versicherungen abgeschlossen, Richter gewonnen, Hotelzimmer bestellt und vieles mehr.

Auch der Hundehalter hat nun eine Menge Arbeit. Zunächst müssen Sie wissen, welche Teilnahmebedingungen für Ihr Tier gelten. Es gibt verschiedene Klassen. Die wichtigsten sind:

- Die Offene Klasse,
- Die Gebrauchshundeklasse,
- Die Siegerklasse,
- Die Jüngstenklasse,
- Die Jugendklasse,
- Die Junghundklasse,
- Die Ehrenklasse,
- Außer Konkurrenz.

Farbtafel 17: Zwergpinscher

Farbtafel 18: Pudel

Rüden und Hündinnen werden getrennt beurteilt. Die Jury ist international. Zur Ausstellung zugelassen sind alle Tiere anerkannter Rassen, die einen einwandfreien Stammbaum haben, aus einem bekannten Zwinger kommen, in Fachbüchern oder Katalogen aufgeführt sind oder schon Preise auf anderen Ausstellungen errangen (als Rassehund bezeichnet man Tiere, deren Abstammung durch mindestens sieben Generationen lückenlos nachgewiesen ist). Gewöhnlich werden von jeder Rasse zwei Sieger (je ein Rüde und eine Hündin) gekürt. Weiterhin gibt es zweite, dritte und manchmal auch vierte Plätze.
Die meisten Meldungen gehen in der Offenen Klasse ein, denn hier kann jeder Hund, der den Teilnahmebedingungen entspricht, mitmachen. Für die Gebrauchshunde-Klasse ist der Nachweis einer bestandenen Prüfung notwendig. Bei den Jugendklassen gilt eine Altersgrenze.
Vergeben werden die Wertnoten:

- Vorzüglich,
- Sehr gut,
- Gut,
- Genügend,
- Ungenügend (schlechteste Wertung).

Die Richtlinien für die Vergabe der Wertnoten legen die Rassehundzuchtvereine und Gebrauchshundverbände fest.
Mit der höchsten Note „Vorzüglich" darf nur ein wirklich fehlerfreies Tier belohnt werden, das dem Idealbild der Rasse sehr nahe kommt. Gibt es bei einem Wettbewerb nicht genügend Tiere, die die beste Note verdienen, dann erhalten auch die mit „Sehr gut" bewerteten die Preise.

Die Note „Gut" bedeutet, daß der Hund keine groben Fehler hat. Ist er jung oder zum ersten Mal auf einer Hundekonkurrenz, kann er es später auch zu einer besseren Placierung bringen.
Das Urteil der Richter ist nicht anfechtbar. Es wird in die Ahnentafel eingetragen. Dort macht sich ein „Genügend" oder „Mangelhaft" natürlich nicht sehr gut. Das Tier entspricht nicht den Anforderungen und wird auch bei der nächsten Ausstellung kaum aufs Siegertreppchen kommen.
Alljährlich finden Siegerausstellungen statt. Dabei geht es um den Titel „Bundessieger". Ihn erhalten jeweils der und die Schönste jeder Rasse. Um „Nationaler Sieger" zu werden, muß das CAC (Certificat d'Aptitude au Championat = die Anwartschaft auf das Championat) zuvor dreimal errungen worden sein.
Für alle Zuchtschauen wird ein Zuchtgruppenwettbewerb ausgeschrieben. Zuchtgruppen bestehen aus mindestens drei Hunden einer Rasse aus dem gleichen Zwinger, also mit gleichem Zwingernamen und von ein und demselben Züchter gezüchtet. Sie müssen am gleichen Tag bei der Einzelbewertung mindestens die Wertnote „Gut" erhalten haben. Die beste Zuchtgruppe einer Rasse beteiligt sich an dem Zuchtgruppenwettbewerb innerhalb der für sie zuständigen Abteilung.
Am Spitzenzuchtgruppenwettbewerb kann von einer Rasse nur eine einzige Zuchtgruppe teilnehmen. Hierbei müssen drei Richter amtieren, von denen einer anerkannter Zuchtgruppenrichter sein muß.

Auf großen Ausstellungen wird die Anwartschaft auf das Internationale Schönheits-Championat vergeben. Die Abkürzung dafür ist CACIB und steht für „Certificat d'Aptitude au Championat International de Beauté".
Es gibt auch den Titel „Internationaler Champion Arbeit" (CACIT), er wird allerdings seltener verliehen.
Ein Hundestar braucht vier CACIBs, die in verschiedenen Ländern unter verschiedenen Richtern erworben sein müssen, um den seltenen Titel „Internationaler Champion" zu gewinnen (eine Anwartschaft muß aus dem Ursprungsland der Rasse oder dem Heimatland des Besitzers stammen). Ein solcher Starhund steigt natürlich außerordentlich im Wert. Nun zahlen sich die Mühen und Leistungen seines Züchters und Halters aus. Hundedamen stehen Schlange, um von einem so edlen Vater Junge zu bekommen. Interessenten zahlen hohe Preise für den Abkömmling eines Preisträgers oder einer gekürten Hundemutter.
Es ist verständlich, daß, wenn es um viel Geld, Ehre und Ruhm geht, die Hundehalter alles tun, um ihre Schützlinge unter die Sieger zu bringen. Da wird mit allen Tricks gearbeitet, um Mängel zu vertuschen und das eigene Tier im besten Licht erscheinen zu lassen.

Je ehrgeiziger und „ausstellungswütiger" der Herr, umso härter ist das für den Hund. Er wird gestriegelt, gebürstet, gepudert, muß sich Lockenwickel gefallen lassen, in zugigen Hallen übernachten, Lärm ertragen, Reisen hinnehmen, Tritte einstecken, sich das Maul aufreißen lassen und auch noch den Unmut seines Besitzers spüren, wenn es nicht für einen Pokal langte. Wenn die berühmten Hundestars reden könnten! Manch einer würde gerne mit einem unbekannten Straßenköter tauschen.

Sind Sie entschlossen, sich ins Abenteuer „Ausstellung" zu stürzen, bereiten Sie sich und Ihren „Champion" sorgfältig auf das Unternehmen vor. So schonen Sie Ihre und des Tieres Nerven und erhöhen die Sieges-Chancen.
Bei allen Rassen, die getrimmt oder geschoren werden, ist die allein gültige Form der „Frisur" genau vorgeschrieben. Nur ein Fachmann darf sich also um das Haarkleid kümmern. Es ist selbstverständlich, daß das Tier einen gepflegten Eindruck machen sollte. Es genügt nicht, daß es die rassischen Voraussetzungen mitbringt. Es genügt auch nicht, wenn Sie es kurz vor der Vorführung zurechtstutzen. Die Krallen müssen die richtige Länge aufweisen, der Zahnstein soll entfernt sein, das Fell glänzen, sauber und ohne Ungeziefer sein. Bei schweren Hunden wie den Deutschen Doggen oder Mastiffs vermeidet man die oft unschönen Liegebeulen, indem man ihnen ein weiches Lager macht.
Zum gepflegten Äußeren muß die richtige Haltung kommen. Vor dem Richter soll der Anwärter auf einen Titel aufgerichtet, mit gestrafftem Körper, gut gestellten Ohren und interessiertem Gesichtsausdruck erscheinen. Klappt das nicht, bemühen sich verzweifelte Besitzer, wenn nötig mit Gewalt, ihren nervösen oder trägen Hund auf Vordermann zu bringen. Das ist schwer, besonders, wenn das Tier in der ungewohnten Umgebung Angst und Nervosität befallen. Versetzen Sie es schon lange vor der großen Schau in eine ähnliche Atmosphäre, kann es nicht so leicht zu Pannen kommen. Zunächst sollte es sich daran gewöhnen, mit vielen Hunden und Menschen zusammenzukommen. Autos, Lärm, Beifall, eine enge Box, ungewohnte Umgebung, angekettet sein, mal ohne das Herrchen bleiben, das alles muß hingenommen werden.
Hat es sich damit abgefunden, kommt die nächste Lektion. Der Titelanwärter muß sich im Schritt und Trab durch den Ring führen lassen, damit sein Gangwerk beurteilt werden kann. Je gelöster er sich bewegt, desto besser der Eindruck. Loben Sie ihn bei diesen Übungen immer wieder, wenn er sich um Ihretwillen die größte Mühe gibt.
Ein Problem ist meist auch das Maßnehmen. Haben Sie oft genug den Zollstock bei ihm angelegt, wird der Preisverdächtige bei dieser Prozedur weder ängstlich zurückweichen noch auf den Richter losstürzen. Er wird ruhig stehenbleiben, damit seine Schulterhöhe festgestellt werden kann.
Üben Sie auch die Gebißkontrolle. Ohne Gebißüberprüfung wird kein Hund gerichtet. Lassen Sie es nicht zu dramatischen Ringkämpfen kommen. Das macht nicht nur einen schlechten Eindruck, es bedeutet Zeitverlust und eventuell Disqualifizierung.
Eigentlich ist es ganz einfach: Lassen Sie den Hund immer wieder absitzen. Fassen Sie mit der einen Hand von oben, mit der anderen von unten die Lefzen und ziehen sie leicht nach beiden Richtungen. So werden die Beißer gut sichtbar. Bekommt er danach eine wohlschmeckende Belohnung, wird er keine Angst mehr davor haben, die Zähne zu zeigen.
Am besten ist es, wenn Sie mit in den Ring kommen, wenn es ums Messen und Zähnezeigen oder andere unangenehme Dinge geht. Zumindest sollten Sie in der Nähe bleiben, damit, wenn es darauf ankommt, alles wie vorbereitet klappt.
Üben ist gut, dressieren weniger. Ein versierter Richter wird ohne weiteres durchschauen, ob die Haltung natürlich oder erzwungen ist. Zu den vielen Tricks

gehört die dünne Vorführleine, die unmittelbar hinter dem Genick straff hochgezogen wird und dem Tier gar keine Wahl läßt, als aufgerichtet stehenzubleiben. Ersparen Sie ihm auch Tritte auf die Hinterläufe, damit er in der richtigen Pose erstarrt.

Der Hund muß im Ring können:

- in aufmerksamer Haltung ruhig stehen,
- sich in Trab und Schritt präsentieren,
- das Anlegen des Zollstocks hinnehmen,
- die Zahnkontrolle ergeben über sich ergehen lassen.

Der Fachausdruck hierfür ist Ringdressur.

Für die Teilnahme an der größten kynologischen Veranstaltung, die bis zu diesem Zeitpunkt in der Bundesrepublik durchgeführt wurde, der Welthundeausstellung in Dortmund vom 16. bis 17. Juni 1973, galten folgende Bedingungen:

Meldeschluß: 1. Mai 1973,

Meldegeldzahlungen: bis 1. Mai 1973.

(Sie haben in jedem Fall zu erfolgen, auch wenn die Teilnahme unterbleibt.) Jeder Aussteller mußte 50.– DM pro Tag für jeden Hund bezahlen. Diese Summe setzte sich wie folgt zusammen:

Meldegeld je Klasse	= DM 40.–,
VDH-Beitrag	= DM 5.–,
Tageskatalog	= DM 5.–.

Zugelassen und in den Katalog aufgenommen wurden nur Hunde, welche vor dem 17. September 1972, bei der Jüngstenklasse vor dem 17. Dezember 1972 geworfen wurden, für die eine ordnungsgemäße Meldung rechtzeitig vorlag und die in einem vom Verband für das Deutsche Hundewesen e. V. (VDH) und von der Fédération Cynologique Internationale (FCI) anerkannten Zuchtbuch der Rasse eingetragen waren. Die Hundebesitzer durften nicht von den VDH-Veranstaltungen ausgeschlossen worden sein und keinem für die Hunderassen gebildeten Sezessionsverein als Mitglied angehören.

Hunde, für die keine Aufnahmebestätigung (Zulassung) erteilt wurde, sowie Welpen und läufige Hündinnen durften nicht in das Zuchtschaugelände gebracht werden. Bissige Tiere mußten mit einem Maulkorb versehen sein.

Insgesamt nahmen 4971 Hunde an der Dortmunder Welthundeausstellung teil. Die am stärksten vertretene Gruppe stellten die Dachshunde mit 417, gefolgt von den Deutschen Schäferhunden mit 384 Vertretern. Etwa dreißig Prozent der Tiere kamen aus dem Ausland. England, das klassische Hundeland, konnte wegen der eigenen strengen Quarantänebestimmungen nicht teilnehmen.

Den längsten Weg machte ein Teckel, der mit seinem Herrn von der Westküste der USA nach Dortmund kam. Nur einmal vertreten waren der Cesky-Terrier, Norfolk-Terrier, Schweizer Laufhund, Luzerner Laufhund, Epagneul Breton, Wetterhound, Stabyhound, Field-Spaniel und der Pharaonen-Hund.

Ein Hundehalter kann im allgemeinen so viele Tiere anmelden, wie er will, solange sie den Qualifikationen entsprechen und die Bedingungen erfüllen. Mitglieder der Jury dürfen selbst nicht ausstellen. Die Richter arbeiten ehrenamtlich.

Sie erhalten lediglich das Fahr- und ein Tagegeld. Es ist müßig zu erwähnen, daß sie über die jeweiligen Rassen, ihre Abstammung und Zwinger genau Bescheid wissen müssen.
Ein guter Richter wird auf einer Ausstellung bemüht sein, dem Publikum zu erklären, nach welchen Gesichtspunkten ein Tier bewertet wird, warum der Vierbeiner X die Note „Vorzüglich" erhielt und ein anderer ohne Preis ausging.
Zu den Vorbereitungen gehört leider auch ein umständlicher Papierkrieg. Ohne die notwendigen Bescheinigungen wird kein Hund zugelassen, selbst wenn er das vollkommenste Tier seiner Rasse ist. Wie schon gesagt, muß sich der Neuling auf dem Gebiet des Ausstellungswesens selbst ein Anmeldeformular besorgen. Besitzer von preisgekrönten und in Katalogen aufgeführten Tieren erhalten meist eine Einladung. Aber auch sie müssen sich darum kümmern, daß alle notwendigen Formalitäten erledigt werden.
Sobald Sie im Besitz der Meldepapiere sind, lesen Sie sie bitte genau durch. Zunächst müssen Sie sich klar darüber werden, in welcher Klasse Ihr Hund teilnehmen soll. In der Siegerklasse sind nur prämierte Hunde vertreten. Zur Zuchtklasse gehören Vierbeiner, die noch im Besitz des Züchters sind. Erkundigen Sie sich nach den Altersgrenzen für die einzelnen Gruppen, falls das nicht aus den Formularen hervorgeht.
Damit Sie sich ein Bild machen können, wie eine solche Anmeldung aussieht, veröffentlichen wir als Beispiel das Anmeldeformular für Boxer, das im Juli-Heft 1975 der „Boxerblätter" veröffentlicht wurde.
In der Jugendklasse darf kein „Vorzüglich" vergeben werden, weil es sich um Hunde handelt, deren körperliche Entwicklung noch nicht abgeschlossen ist. Viele Züchter scheuen sich, die Eintragung „Sehr Gut" in den Papieren zu haben, auch wenn dahinter der Vermerk „Jugendklasse" steht.
Wer also sicher ist, daß sein Hund gleich die beste Note erringt, muß warten, bis das erste Lebensjahr vollendet ist. Dann kann die Anmeldung in der „Offenen Klasse" erfolgen. Sie steht, wie der Name besagt, Hunden aller Altersstufen offen, die der „Jugendklasse" entwachsen sind.
Wichtig ist auch die Impfbescheinigung. Es ist klar, daß gegen Staupe, Hepatitis und Leptospirose geimpft wurde. Liegen die Impfungen zeitlich zurück, müssen sie wiederholt werden. Eine Impfung mit Immunserum empfiehlt sich eine knappe Woche vor dem Ausstellungstermin, da es nur einen Schutz von zwei bis drei Wochen garantiert. Die Aktivimpfung soll möglichst mindestens einen Monat vorher erfolgen, damit das Tier sich davon erholt hat und weder seine Gesundheit noch Schönheit beeinträchtigt ist.
Besucht man eine ausländische Ausstellung, sollte man beizeiten die Impfung gegen Tollwut vornehmen lassen. Nur so ist gewährleistet, daß das Tier während der ohnehin strapaziösen Reise nicht mehr unter Impfreaktionen leidet.
Bei der Jahressieger-Zuchtschau für Deutsche Boxer galten 1975 folgende tierärztliche Vorschriften:
Beim Einlaß der Hunde waren dem amtierenden Tierarzt vorzulegen:
Eine Bescheinigung, daß der Hund mindestens vier Wochen und spätestens zwölf Monate vor der Schau gegen Tollwut geimpft worden war mit folgenden Angaben:

a) Name und Wohnort des Tierhalters,
b) Rasse und Geschlecht des Tieres sowie die Farbe und besondere Kennzeichen seines Felles,
c) Datum der Impfung sowie Art, Hersteller und Kontrollnummer des verwendeten Impfstoffes.

Als tierärztliche Bescheinigung galt auch eine entsprechende Eintragung im Impfpaß.

Im allgemeinen muß für Hunde aus dem Ausland dem aufsichtsführenden Amtstierarzt bei der Einlaßuntersuchung außerdem eine Bestätigung darüber vorgelegt werden, daß die Hunde nach Beendigung der Veranstaltung, unabhängig von ihrem Gesundheitszustand und der Seuchensituation, wieder in das Herkunftsland zurück können. Dieses Papier muß von der zuständigen obersten Landesbehörde des Herkunftslandes ausgestellt sein. Eine amtlich beglaubigte Übersetzung in deutscher Sprache ist beizufügen.

Die weite Verbreitung der Tollwut hat dazu geführt, daß nahezu alle Länder die Tollwutschutzimpfung für einreisende oder durchreisende Hunde zur Bedingung machen. Oft ist sogar der zu verwendende Impfstoff vorgeschrieben. Tiere, die aus einem von Hunde- oder Katzentollwut oder wegen des Verdachts dieser Seuche gefährdeten Gebiet stammen, dürfen – wie schon erwähnt – nicht an Ausstellungen teilnehmen. Ausnahmen können gemacht werden, wenn sie, bei Erfüllung der sonstigen Anordnungen, zuvor amtstierärztlich untersucht und frei von Seuchen und Seuchenverdacht befunden worden sind.

Kommt ein Tier aus dem Ausland, muß eine Gesundheitsbescheinigung des für den Herkunftsort zuständigen Amtstierarztes beigegeben sein, aus der hervorgeht, daß es am Tage der Ausstellung der Gesundheitsbescheinigung von ihm untersucht worden ist und dabei keine Anzeichen einer übertragbaren Krankheit gezeigt und der Verdacht einer solchen Krankheit nicht vorgelegen hat, und daß innerhalb der letzten drei Monate vor Ausstellung dieser Bescheinigung weder am Herkunftsort noch in dessen Umgebung bis zu einer Entfernung von 20 Kilometern Tollwut amtlich festgestellt worden ist.

Diese Bescheinigungen sind nur kurzfristig gültig. Zu den notwendigen Unterlagen gehört auch die Ahnentafel. Damit Sie das wertvolle Original nicht aus der Hand geben müssen, lassen Sie am besten Fotokopien machen.

Rüsten Sie sich für eine Reise ins Ausland, vergewissern Sie sich auch, ob Ihr Paß oder Personalausweis noch gültig und ob ein Visum nötig ist. Je eher Sie diese Formalitäten erledigen, umso weniger Streß bringen die Vorbereitungen mit sich. Erkundigen Sie sich auch genauestens, welche Papiere Sie für Ihren Hund bei der Aus- und Wiedereinreise benötigen. Seit April 1968 ist eine Verordnung „über die Einfuhr und Durchfuhr von Hunden und Hauskatzen" in Kraft. Danach benötigen Sie eine amtliche Identitätsbescheinigung für Ihr Tier, die Sie bei der Rückkehr in die Bundesrepublik dem Zoll vorzulegen haben.

Kümmern Sie sich auch beizeiten um eine bequeme Unterkunft. Der Veranstalter kann Ihnen Adressen von Hotels und Pensionen angeben, in denen Sie auch mit Ihrem vierbeinigen Begleiter willkommen sind.

Wollen Sie dem Tier nach einem langen Ausstellungstag etwas Gutes tun, so hinterlegen Sie bei der Ausstellungsleitung eine Kaution und nehmen es mit in Ihr

Quartier. Das wirkt nicht nur beruhigend, es erspart ihm auch eine lange Nacht in einer zugigen, engen Box. Außerdem ist ein Spaziergang nach einem so anstrengenden Tag die beste Erholung. In der ungewohnten Umgebung haben manche Hunde Verdauungsstörungen, was zu gesundheitlichen Schwierigkeiten führt. Gehen Sie nun mit ihm wie zuhause um ein paar Häuserecken, nimmt alles seinen natürlichen Lauf.

Es empfiehlt sich, am Abend vor dem großen Tag anzureisen. Das kostet zwar mehr Zeit und Geld, schont aber dafür die Nerven. Reisen Sie mit dem Auto an, so richten Sie es so ein, daß Sie rechtzeitig ankommen. Ihre Nervosität überträgt sich leicht auf Ihren Schützling, der dann nicht den besten Eindruck macht. Nicht nur die Vorbereitung für ein solches Unternehmen, auch das Gepäck ist umfangreich. Als notwendig und praktisch hat es sich erwiesen, wenn man eine kleine Unterlage und zwei Decken mitnimmt. Meist sind die Boxen ungenügend ausgelegt und kaum vor Zug geschützt. Je verwöhnter das Tier, umso mehr müssen Sie dafür Sorge tragen, daß es sich nicht erkältet. Unumgänglich ist auch ein Stück Plastik, das bei Regenwetter das für die Ausstellung auf Hochglanz gebrachte Haarkleid schützt. Ist es dennoch naß geworden, rubbeln Sie es so schnell wie möglich trocken, weil sein Träger ja keine Gelegenheit hat, sich warmzulaufen.

Das Mitbringen einer verstellbaren Kette ist Vorschrift. Der Hund darf nur angekettet in der Box bleiben, damit gewährleistet ist, daß er sich nicht selbständig macht. Eine Leine bietet nicht genug Sicherheit, sie kann zu leicht durchgebissen werden (vergessen Sie auch nicht den Maulkorb, wenn Sie im Meldebogen das Wort „bissig" ankreuzen mußten). Als nützlich erwiesen haben sich Tücher, mit denen man die Trenngitter zu den Nachbarboxen verhängen kann. Sie sind problemlos mit kleinen Karabinerhaken anzubringen. Eine solche Vorrichtung erspart erregtes Gekläffe von Nachbarn, die sich nicht leiden können.

Die Vorderseite der Box muß gut einzusehen sein. Schließlich hat das Publikum dafür gezahlt, daß es alle Exponate beliebig lange anschauen darf. Deshalb darf auch kein Tier die Ausstellung vor Beendigung verlassen und muß nach dem Vorführen wieder auf seinen Platz zurück.

Eine große Ausstellung läßt sich nun einmal nicht allein mit dem Meldegeld, so hoch es auch dem einzelnen Züchter erscheinen mag, finanzieren.

Soll man Verpflegung mitnehmen? Diese Frage kann nicht generell beantwortet werden. Gewöhnlich bieten die Tierfutterhersteller ihre Produkte großzügig an. Hunger muß gewiß keiner leiden. Die ungewohnte Umgebung verschlägt vielen den Appetit. Sie nippen höchstens mal am Wassernapf, den man im Gepäck haben sollte. Nur der Halter selbst weiß, ob seinem Tier Fertigfutter zusagt. Vielleicht ist es ja besser, zur Beruhigung mit ein paar Lieblingshäppchen aufzuwarten. Verweigert ein Tier die Nahrung, muß dies keine Katastrophe bedeuten. Zwei Tage ohne tun dem Teuren vielleicht ganz gut. Seinen Futternapf sollten Sie aber auf alle Fälle dabei haben.

Denken Sie bei dem Unternehmen auch an sich. Ziehen Sie sich bequem und praktisch an. Machen Sie sich auf einen langen Tag des Wartens, Schauens, Stehens gefaßt. Nehmen Sie notfalls ein Paar Ersatzschuhe mit. Ein Umhang, der Sie vor Zugluft und Nässe schützt, sollte ebenfalls im Gepäck sein. Ein Klappstuhl

wiegt nicht schwer, verhindert aber, daß Sie sich die Beine in den Bauch stehen. In den Boxen ist meist nicht einmal für Ihren Hund genügend Platz.
Stecken Sie sich auch etwas Obst, Gebäck oder Schokolade ein. Es kann nämlich sein, daß Sie es nicht übers Herz bringen, Ihren jaulenden Freund allein in der Box zurückzulassen, um essen zu gehen. Meist ist das Gedränge im Ausstellungslokal so groß, daß Wartezeiten entstehen. Da das Gelände oft außerhalb der Stadt liegt, ist das nächste Lokal weit entfernt.
Wollen Sie sich über die anderen Hunde ausreichend informieren, so ist es angebracht, sich einen Gehilfen, der gut mit Ihrem Hund zurecht kommt, mitzubringen. Reisen Sie mit mehreren Tieren an, empfiehlt es sich ohnehin, jemanden dabei zu haben, der einem zur Hand geht.

Fassen wir noch einmal zusammen, was Sie für eine Ausstellung alles benötigen:
- Annahmekarte (sie bestätigt, daß der Hund für die Ausstellung angemeldet und akzeptiert wurde),
- tierärztliche Bescheinigungen und Impfnachweis,
- Ahnentafel (mehrere Fotokopien),
- verstellbare Kette zum Anketten in der Box,
- eventuell Maulkorb,
- Vorführleine (für die Ringdressur),
- Halsband mit Name und Adresse,
- Unterlage und Decken,
- Freß- und Trinknapf,
- Proviant,
- Kamm, Bürste, Insektenpulver,
- Regenschutz (eventuell Vorhang zum Abteilen der Boxen).

Für Reisen ins Ausland außerdem:
- Identitätsnachweis,
- tierärztliche Bescheinigungen (wenn nötig mit amtlich beglaubigter Übersetzung).

Für den Hundehalter:
- gültiger Paß oder Personalausweis,
- Hotelreservierung oder Anschriften,
- bequeme Kleidung, Regenschutz,
- Klappstuhl,
- eventuell Proviant,
- wenn möglich, einen Helfer.

Wir haben gesehen, welch teure und zeitraubende Angelegenheit es ist, an einer Ausstellung teilzunehmen. Die ganzen Investitionen lohnen sich nur für Besitzer von hochprämierten Deckrüden oder für Großzüchter, die viele Siegerhunde in den Ring bringen und infolgedessen den Nachwuchs zu entsprechenden Preisen verkaufen können.
Gehören Sie nicht zu denen, für die sich die Mühe auszahlt, können Sie dennoch eine Menge positiver Erfahrungen mit nach Hause nehmen. Viele Freundschaften werden auf einer Hundeschau geschlossen. Man tauscht Erfahrungen aus, erweitert sein Wissen, bekommt wertvolle Tips.

Vorträge bedeutender Wissenschaftler und festliche Veranstaltungen bereichern meist das Programm.
Durch Ihre Teilnahme und Opferbereitschaft helfen Sie mit, einem breiten Publikum Schönheit und Vielseitigkeit des treuesten Gefährten des Menschen vor Augen zu führen. Wer wüßte schon etwas über die Vielzahl der Rassen, wenn sie nicht ab und zu gezeigt würden? Wer ahnte schon, welche Arbeit Züchter und Hundehalter leisten, wenn Laien nicht einen Einblick in dieses Gebiet gewinnen könnten. Seien Sie deshalb nicht ungehalten, wenn Sie mit naiven Fragen konfrontiert werden. Der Unwissende von heute ist vielleicht ein engagierter Hundehalter von morgen.

Geschichte der Ausstellungen

Anfang des 19. Jahrhunderts fand das Hundewesen mit seinen Gebrauchshundeprüfungen und Leistungsschauen immer mehr Anhänger. Die ersten Rassehundeausstellungen wurden durchgeführt. Bedeutend und international war die Hundeausstellung in Hamburg im Jahre 1863. Hundert Jahre später wurde in der Hansestadt eine Jubiläumsausstellung veranstaltet. 1935 organisierte „Der Reichsverband für das Deutsche Hundewesen" in Frankfurt eine größere Hundeschau. Es kamen etwa 3000 Bewerber. Diese Zahl wurde erst nach dem Kriege übertroffen, als sich 1956 in Dortmund 3800 Vierbeiner um Preise bemühten. Die 1973 vom VDH, dem Rechtsnachfolger des „Reichsverbandes für das Deutsche Hundewesen", veranstaltete Weltausstellung der Rassehunde in Dortmund mit 5000 bellenden Teilnehmern erwähnten wir schon.
Die Idee, Hundeschauen zu veranstalten, stammt nicht aus Deutschland, sondern aus England. Die größte und bedeutendste Hundeschau der Welt trägt noch immer den Namen ihres Initiators Charles Cruft, obwohl er schon 1938 starb.
Charles Cruft, Sohn eines Juweliers aus Blomsbury, zeigte keine Lust, das Geschäft seines Vaters zu übernehmen. Als er 1876 das Birkbeck College verlassen hatte, schloß er sich James Spratt an, der gerade aus den Vereinigten Staaten zurückgekehrt war und in England eine Fabrik für Hundekuchen eröffnete. Teenager Cruft begann seine Karriere als Bürogehilfe in dieser Firma. Bald reiste er als Vertreter für Hundekuchen durch England und lernte dabei fast alle Zwinger kennen. Je bekannter Spratt's Hundekuchen wurden, um so weiter mußte Charles Cruft reisen. Auf dem europäischen Festland wurden er und seine hervorragenden kynologischen Kenntnisse bald so berühmt, daß Hundezüchter ihn baten, auf der Pariser Ausstellung von 1878 eine Hundeschau zu organisieren. Der Handelsmann übernahm die Aufgabe und verbuchte einen glänzenden Erfolg. Dadurch ermutigt, ging er daran, seine erste Londoner Ausstellung vorzubereiten. Es war eine Terrier-Ausstellung, die 1886 im alten „Royal Aquarium" stattfand. Die Resonanz war so groß, daß sich der Hundekuchen-Vertreter entschloß, 1891 die „Royal Agricultural Hall" in Islington für eine große Dog-Show zu mieten.
Das war der Anfang der langen und berühmten Reihe der „Cruft's Dog Shows", die alljährlich mit wachsendem Erfolg stattfinden und nur in den Jahren nach

dem Ersten Weltkrieg unterbrochen wurden. Alles, was in der Hundewelt Rang und Namen besaß und besitzt, wurde in London ausgestellt. Charles Cruft als Veranstalter brachte es dabei zu einem ansehnlichen Vermögen.
Nach seinem Tode übernahm seine Witwe die Aufgabe, die größte Hundeschau der Welt auszurichten. 1942 wollte sie diese Bürde nicht länger tragen und schlug dem „British Kenel Club" vor, die Veranstaltung zu organisieren.
Sechs Jahre später fand die erste Ausstellung unter Aufsicht des britischen Zwinger-Clubs, der 1973 sein hundertjähriges Jubiläum beging, im Londoner „Olympia" statt. Auch sie wurde ein riesengroßer Erfolg.
Seither findet die „Cruft's Dog Show" weiterhin Anfang Februar eines jeden Jahres statt. Die Zahl der ausgestellten Hunde liegt inzwischen bei durchschnittlich 10 000. Der Umsatz betrug 1976 zum Beispiel zwölf Millionen Mark. Für Kynologen und Hundestars gilt es als Ehrensache, das Mekka der Rassehunde aus eigener Anschauung zu kennen.
Der Katalog ist inzwischen auf mehr als 500 Seiten angewachsen.

Weitere Auskünfte: Crufts Dog Show, 1 Clarges Street Piccadilly, London, W 1 Y BAB.

Was sollen Rassehunde-Schauen bezwecken?

Generell soll der Stand der Zucht durch Vergleiche mit den festgelegten Rassekennzeichen bei der Beurteilung der einzelnen Hunde überprüft werden. Bei der Schönheitskonkurrenz geht es darum, die Hunde nach ihrem Formwert, das heißt nach einer mehr oder weniger vorhandenen Ähnlichkeit mit dem Idealbild der Rasse einzustufen und mit Wertnoten zu versehen.
Bei den Gebrauchshunderassen sollen die Leistungsprüfungen einen Einblick in den Leistungsstand geben und eine Beurteilung der Veranlagung der überprüften Hunde ermöglichen. Damit soll die Hundezucht in die Lage versetzt werden, wesensschwache Hunde für die Zucht zu sperren.
Ausstellungen auf Club-, Landes- und Bundesebene und die Spitzenleistungsprüfungen dienen dazu, die besten Hunde der einzelnen Rassen nach Schönheit und Gebrauchsleistung zu ermitteln.
Auf internationaler Ebene bemüht sich die Fédération Cynologique Internationale (FCI), der auch der Verband für das Deutsche Hundewesen (VDH) angeschlossen ist, um die Koordinierung aller mit dem Hundewesen zusammenhängenden Fragen und Probleme.
Internationale Ausstellungen dienen dem Austausch von Erkenntnissen der Verhaltensforschung und auch der Arterhaltung und Verbesserung einzelner Rassen. Auch viele Ostblockländer haben sich der FCI angeschlossen.

Verhalten des Hundes

Die Entwicklungsphasen

Der Hund ist – ebenso wie der Mensch – ein Produkt seiner Erbanlagen und seiner Umwelt. Beide Faktoren, so meint Verhaltensforscher Eberhard Trumler, seien gleichermaßen entscheidend, wie ein Hund sich entwickle. Das bedeutet, daß ein Tier mit den besten Anlagen verkommen kann, wenn seine Lebensbedingungen schlecht sind. Eberhard Trumler hat bei seinen Dingo-Hunden beobachtet, wie sie sich vom ersten Atemzug an benehmen und was entscheidend für sie ist. Dabei hat der Forscher darauf Wert gelegt, möglichst naturähnliche Bedingungen zu schaffen. Da ein Wolfsjunges von beiden Eltern erzogen wird, achtete er darauf, daß bei den Dingowelpen auch der Vaterrüde seine Aufgaben innerhalb der Familie wahrnahm. Weil bei unseren Haushunden der Vater meistens fehlt, fällt dem Menschen dessen Erzieherrolle zu. Nach den neuesten Erkenntnissen sind die ersten Lebensphasen eines Welpen entscheidend. Grund genug, so viel wie möglich darüber zu wissen.

Eberhard Trumler nennt die erste und zweite Lebenswoche die *vegetative Phase.* Der Hundesäugling ist blind und taub. Wie also gelangt er zu den Zitzen? Er findet die Milchquelle mit Hilfe seines Tastsinns. Dank einer Reihe von angeborenen Verhaltensweisen benimmt er sich völlig richtig, er umfaßt die Zitze der Mutter mit seinem dafür besonders geformten Mäulchen und führt mit der Zunge massierende Bewegungen aus, die die Milch zum Fließen bringt. Diesen Vorgang nennt man „Lecksaugen".

Zieht man ein Tier mit der Flasche groß, so zeigt es das gleiche Verhalten. Nimmt man es von seiner Mutter weg, so saugt es als Ersatzhandlung an anderen Dingen mit der gleichen massierenden Zungenbewegung.

Auch die ersten Lautäußerungen müssen ihm nicht beigebracht werden. Er äußert sich nur, wenn ihm etwas fehlt, das heißt, wenn er die Zitze verliert oder von seinen wärmenden Geschwistern getrennt wird. Die Mutter greift helfend ein, denn sie weiß die jeweiligen Laute zu deuten.

Der blinde Welpe kriecht immer im Kreis. Auch das ist eine angeborene Verhaltensweise, eine praktische außerdem. So kann sich der Neugeborene nicht selbständig machen, was in der freien Natur den Tod bedeuten würde.

Von Anfang an kann er den schweren Kopf heben. Auch das hat seinen Sinn, er muß ja ans Gesäuge herankommen. Die Hinterpfoten sind schon kräftig genug, um sich am Boden beim Trinken abzustemmen. Die Vorderpfoten werden auch in dieser frühen Phase gegen die Milchquelle gestoßen (Milchtritt), um den Fluß der Nahrung zu beschleunigen.

In seinen beiden ersten Lebenswochen kann der Welpe noch nicht viel, aber seine angeborenen Verhaltensweisen reichen aus, um ihn überleben zu lassen. Verhaltensforscher Trumler glaubt, daß er selbst in dieser frühen Phase Lernvermögen besitzt: „Läßt man, wie ich das mehrfach gemacht habe, einer Hündin nur einen einzigen Welpen, dann schreit er nicht, wenn die Hündin das Lager verläßt und er allein zurückbleibt. Er findet sich damit ab, daß er sich mit sich selbst begnügen muß. Man möchte das gar nicht für möglich halten, wenn man erlebt, was so ein Welpe aufführt, den man dreißig Zentimeter neben seine Geschwister legt. Das Einzelkind aber ist ganz still und brav und tut so, als gäbe es diesen Drang zum Kontaktliegen überhaupt nicht.“
Auch diese Beobachtung erscheint plausibel, wenn man an die Bedingungen in der freien Wildbahn denkt. Muß die Mutter die Wurfhöhle verlassen, so würde das Winseln des zurückgebliebenen Jungen die Feinde aufmerksam machen und auf die sichere Fährte führen.
Die dritte Lebenswoche bezeichnet Trumler als *Übergangsphase.* Obwohl sich nach dreizehn bis vierzehn Lebenstagen die Augen und äußeren Gehörgänge öffnen, kann der Welpe noch nichts mit seinen Fähigkeiten anfangen. Er muß erst sehen und hören lernen. Zu gleicher Zeit entwickelt sich der Nasensinn. Der Kleine beginnt, alle Gegenstände in seiner Umgebung mit der Nase zu untersuchen. Dämmerte der Hundesäugling bisher vor sich hin, nimmt er jetzt die ersten Kontakte auf. Die Mutter wird erkannt und durch erste Wedelversuche freudig begrüßt. Trumler, dem wir all diese Erkenntnisse verdanken, beobachtete, daß sich ab dem siebzehnten Lebenstag die Miniwelpen zum ersten Mal gegenseitig belecken. Sie sind nun auch in der Lage, ihre Köpfe so hoch zu heben, daß sie das Maul der Mutter erreichen.
Nun kann die Mutter mit der Zufütterung beginnen. Sie würgt einen Brei aus halbverdauter Nahrung heraus und die Kleinen lernen sehr schnell, aus dem mütterlichen Maul zusätzlich zur Milch Köstliches aufzunehmen. Aus diesem Welpenverhalten wird später das Hochspringen des erwachsenen Hundes, eine Art Begrüßungszeremonie. Wird dem Rüden gestattet, bei seiner Familie zu bleiben, beteiligt er sich an der Zufütterung.
Sind die Kleinen etwa drei Wochen alt, beginnt ihr Entdeckungstrieb. Verläßt die Mutter das Lager, möchten sie ihr folgen. Die Mutter kümmert das überhaupt nicht, sie geht gelassen ihrer Wege. Dafür springt nun der Rüde ein. Er unternimmt seine ersten Spielversuche mit seinen Kindern, verfährt dabei aber recht tölpelhaft. Er schubst sie umher und packt sie mit den Zähnen und wirft sie durch die Luft. Nun geschieht etwas ganz Erstaunliches: Die Welpen setzen ihren Vater schachmatt, indem sie sich instinktiv laut schreiend auf den Rücken werfen.

Wie wir schon wissen, löst diese Unterwürfigkeitshaltung bei normalen Hunden eine aggressionshemmende Wirkung aus, sie wenden sich ab. Dieses Verhalten muß den Welpen angeboren sein, denn niemand konnte ihnen zeigen, wie man sich in einem solchen Fall aus der Affäre zieht.
Die rauhbeinige Behandlung durch den Rüden geschieht nicht von ungefähr: Erstens macht er seine Vorrangstellung deutlich, und zweitens demonstriert er, daß es außerhalb des Wurflagers eine Welt voller Aggressionen und Gefahren gibt.

Unsere Haustiere wachsen ohne Einfluß des Vaterrüden auf. Die menschliche Autorität muß ersatzweise erzieherisch eingreifen. Schon in dieser Übergangsphase, in der ein Hundejunges beginnt, seine Sinne zu entwickeln und zu gebrauchen, soll es Kontakt mit dem Menschen haben, der ja ohnehin so etwas wie der spätere Lebenspartner wird.

Die vierte bis siebte Lebenswoche nennt Trumler die *Prägungsphase.* Das Gebiß entwickelt sich nun sehr schnell, und die freßgierigen Kleinen versuchen immer öfter, den Alten Nahrung abzuluchsen. Kleine Fleischstücke können ohne Schwierigkeiten heruntergeschlungen werden. Die Kleinen saugen noch bei der Mutter, aber diese entzieht sich immer öfter den spitzen Zähnchen. Die Hundebabies können jetzt gut sehen, hören und riechen. Sie bewegen sich noch ein bißchen tollpatschig, aber recht schnell. Sie spielen herum und können ihre Gefühle schon deutlich ausdrücken.

Der Futterneid bringt sie dazu, sich aggressiv zu verhalten. Sie sträuben das Fell, legen die Ohren an, entblößen die Zähne, knurren und bellen. Um an die Nahrung heranzukommen, folgen sie ihrer Mutter. Diese säugt nun nicht mehr ausschließlich auf dem Lager, sondern auch im Freien. Dabei steht sie und ihre Kinder müssen die Köpfchen ganz schön hochrecken, um trinken zu können. Sie sind noch nicht stark genug, beide Vorderpfoten gleichzeitig nach oben zu recken, um das Gesäuge anzustoßen und den Milchfluß in Gang zu bringen. So stützen sie sich auf drei Beinen ab und bearbeiten mit dem vierten die Nahrungsquelle. Aus dieser frühkindlichen Verhaltensweise entwickelt sich später, wie wir schon ausführten, das Pfötchengeben.

Die Hundebabies erkunden in der Prägungsphase ihre Umwelt sehr genau, sie sind außerordentlich lernbegierig und aufnahmefähig. Verhaltensforscher sind davon überzeugt, daß alles, was in dieser Prägungsphase nicht erfahren oder erlernt wird, später nicht mehr nachgeholt werden kann. Gerade der Kontakt mit dem Menschen ist jetzt besonders wichtig. Hat das Hundejunge keine Möglichkeit, Zweibeiner zu beschnuppern, wird es niemals einen sehr engen Kontakt zu ihnen bekommen, auch wenn nach der Prägungsphase versucht wird, das Versäumte nachzuholen. Es genügt nicht, daß der Welpe seinen menschlichen Herrn täglich sieht. Er muß unbedingt Handkontakt bekommen, das heißt, die Gelegenheit, die Hände intensiv beriechen zu dürfen.

Trumler beobachtete, daß Hundekinder, die nur mit einem Menschen zusammenkamen, später fremden Menschen gegenüber unsicher blieben, während solche, die mit mehreren Zweibeinern auf gutem Fuß standen, sich zu kontaktfreudigen und aufgeschlossenen Gefährten entwickelten.

In dieser Entwicklungsphase ist ein Hundekind bereit, neben Eltern und Geschwistern auch Menschen als Artgenossen anzuerkennen. Wichtig ist auch, daß es nun auf seine spätere Nahrung fixiert wird. Was es in diesem Alter nicht vorgesetzt bekommt, wird es später nur nach mühsamen Versuchen akzeptieren. Nun kann man auch die Versuche zur Stubenreinheit intensivieren. Je ungetrübter das Hundeleben in der entscheidenden Prägephase ist, um so unkomplizierter wird sich das Leben des erwachsenen Hundes gestalten.

Auch die achte bis zwölfte Woche ist bedeutend für die Entwicklung des Hundekindes. Trumler bezeichnet diesen Zeitabschnitt als *Sozialisierungsphase.* Lebt die Hundefamilie unter natürlichen Bedingungen, so schleppen die Eltern oder die Mutter nun ab und zu kleine Beutetiere heran, die den Kindern lebend präsentiert werden. So können sie sich im Fangen und Töten üben. Die Welpen haben Vorrang. Die Eltern fressen erst, wenn die Kinder versorgt und satt sind. Die Jungen kämpfen untereinander um die besten Stücke, wobei das ganze Ritual der Abwehr und Aggression schon gut entwickelt ist. Viele Züchter trennen nun die Welpen voneinander, damit jeder seinen Napf in Ruhe leeren kann. Trumler hält das für falsch. Er glaubt, daß das Streiten um die Nahrung eine bedeutende soziale Funktion erfüllt, denn nur so lerne das Hundejunge, wie man sein Recht behauptet.

Hier kommt es nun entscheidend darauf an, welche Aufgabe der Hund später erfüllen soll. Bleibt der Hund allein und in enger Hausgemeinschaft mit den Menschen, wird er nie darauf angewiesen sein, sich ums Futter zu balgen. Lebt er dagegen auch weiterhin im Rudel, muß er beizeiten lernen, sich mit seinen Artgenossen zu arrangieren.

Fehlt der Vaterrüde, so muß der Mensch auch das Loben und Tadeln übernehmen. Hat das Hundekind gegen ein Verbot verstoßen, packt man es, wie es in solchen Fällen der Rüde tun würde, am Nackenfell und schüttelt es ein paar Mal kurz. So oft man Zeit hat, muß man mit den Kleinen spielen, besonders dann, wenn die Mutter von ihren vielen Aufgaben ermüdet ist. In der Sozialisierungsphase kann man im Spiel dem Welpen alles das beibringen, was später von ihm gefordert wird. Je mehr man in dieser Zeit auf ihn eingeht, um so mehr profitiert man später davon. Spielend lernt der Kleine gerne und gewissermaßen lustvoll; bläut man ihm dagegen gewisse Dinge stur ein, so wird man ein dressiertes Tier zur Seite haben, auf das das Wort „Kadavergehorsam“ zutrifft.

In der Sozialisierungsphase wird, wie schon der Name sagt, die Partnerschaft zwischen Zwei- und Vierbeinern unwiderruflich geprägt.

Die dreizehnte bis sechzehnte Woche ist die *Rangordnungsphase.* Lebt der Welpe noch im Rudel, so hat sich schon während der vorhergehenden Phasen herausgestellt, wer ranghöher und rangniedriger ist. Der Ranghöchste muß nicht von Anfang an der Stärkste sein; ist er intelligenter, das heißt, den anderen überlegen, weiß er bald, wie er am besten ans Futter herankommt und kann sich von einem mickrigen Jungtier zu einem stattlichen Hund entwickeln. Sehr wichtig ist in dieser Phase, daß den Heranwachsenden eine Autorität vorsteht, sei es der Vaterrüde oder eine menschliche Bezugsperson. In diesem Alter lebt ein Welpe meist schon getrennt von seinen Geschwistern. Er lernt schnell, sich seiner neuen Umgebung anzupassen. Seine Erziehung hat bereits begonnen und muß, soll das Hundewesen einmal kein neurotischer Tyrann werden, autoritär sein. Im Kapitel „Erziehung“ haben wir bereits dargelegt, wie man ein Hundejunges zu einem glücklichen, wohlerzogenen, für die menschliche Gemeinschaft nützlichen Tier macht.

Im fünften und sechsten Monat, der *Rudelordnungsphase,* wird die Einordnung ins Rudel festgelegt. In der freien Wildbahn ist es besonders wichtig, daß jedem die eigene Rolle innerhalb des Rudels klar ist, weil davon auch die Arbeitsteilung und Aufteilung der Aufgaben bei der gemeinsamen Jagd abhängen.

Auch bei Haustieren erwacht jetzt ein starker Wandertrieb, eine unbändige Lust Streifzüge zu unternehmen, wenn möglich, zusammen mit Artgenossen. Diese Monate sind im Hundeleben eine kritische Phase, in der der heranwachsende Hund eine starke Hand, ein Leitbild, braucht. Immer mehr fordert er seinen Herrn zum Zweikampf heraus, indem er Kommandos überhört, Strafen ignoriert. Er will erreichen, daß er die Oberhand gewinnt oder behält. Weiß der Hundehalter, woher diese Verhaltensweise kommt und daß sie eine Übergangsphase ist, wird er richtig reagieren und dem Schlingel eindeutig klarmachen, daß er sich unterzuordnen hat. In der Rangordnungsphase wird der Einmann-Hund fest auf seinen Herrn fixiert. Es ist aus all diesen Gründen nicht ratsam, einen Hund ins Haus zu nehmen, der sich auf dieser Entwicklungsstufe befindet, es sei denn, man ist ein begabter Pädagoge.

Die *Pubertätsphase* beginnt im siebten Monat. Ähnlich wie der Mensch, kommt auch der Hund in Flegeljahre. Wie er in diesem Lebensabschnitt zu behandeln ist, haben wir schon im Kapitel „Erziehung" erläutert. Domestizierte Hündinnen werden nun zum ersten Mal heiß. Auch der Rüde wird geschlechtsreif, er hebt von jetzt an beim Urinieren sein Bein.

Obwohl fast erwachsen, was das Äußere anbetrifft, ist der Hund noch ein Kind. Erst nach dem zweiten Jahr hat er sich zu der „Persönlichkeit" entwickelt, die er auf Grund seiner Erbanlagen und der Umwelteinflüsse sein kann. Die Pubertätsphase ist wenig dazu geeignet, dem Tier Neues nahezubringen; das in den entscheidenden früheren Phasen Gelernte soll ausgebaut werden.

Hat der Hund einen sechsten Sinn?

Die Beispiele sind zahllos, in denen Menschen durch Hunde gerettet wurden. Da gibt es Vierbeiner, die ein Erdbeben vorausahnten und ihre Familie aus dem gefährdeten Haus lockten. Andere Tiere, die leidenschaftliche Autofahrer waren, wollten an einem bestimmten Tag nicht in den Wagen steigen und entgingen so einem Verkehrsunfall. Wieder andere entdeckten Brände und retteten ihre zweibeinigen Freunde durch anhaltendes Gewinsel. Und manch ein treuer Lebensgefährte sah den Tod seines Herrn voraus und zeigte sich untröstlich, während sein Herr noch am Leben war.

Jeder, der eine Zeitlang mit Tieren zusammenlebte, kann solche Geschichten erzählen. Haben Tiere wirklich den berühmten sechsten Sinn? Ahnen sie Zusammenhänge, die uns Menschen verborgen bleiben? Das „Institut für Grenzgebiete der Psychologie und Psychohygiene" in Freiburg bemüht sich seit Jahren, gewisse Phänomäne wissenschaftlich zu erklären. Bis jetzt gibt es keine wissenschaftlich exakten Erklärungen dafür, warum, um nur ein Beispiel zu nennen, ein Hund seinen Herrn mit aller Gewalt aus einem Gebäude in der Bronx (Stadtviertel in New York) herausholte. Wenig später wurde das Haus total zerstört, weil ein Autobus, der auf regennasser Straße ins Schleudern geraten war, hineinfuhr. Das amerikanische Schriftstellerehepaar Vincent und Margaret Gaddis haben jahrelang bis heute unerklärliche Vorfälle dieser Art gesammelt. So entstanden drei Bücher, eine Auslese aus dem Erlebnisschatz vieler Tierfreunde.

Ein intelligenter, nicht degenerierter Hund mit guter Nase kann einen Menschen aufgrund seines Geruchs über offenes Gelände verfolgen und die Spuren dieses Menschen von denen anderer unterscheiden. Das Nasentier Hund kann den Duft eines leichten menschlichen Fingerabdrucks auf einer Glasscherbe entdecken, sich diesen merken und ihn sechs Wochen lang unter anderen herausfinden, so lange, bis er verflogen ist. Er kann – nur aufgrund der Duftspuren, die wir unter den Sohlen unserer Schuhe hinterlassen – uns kilometerweit verfolgen und noch nach Tagen wiederfinden. Die Fläche des Riechhirns des Hundes entspricht der eines Teppichs von 2,80 x 1,58 m; im Vergleich dazu ist das Riechhirn des Menschen nur so groß wie ein Fünf-Mark-Stück.

Vergleicht man diese beiden Werte, kann man leicht zu dem Schluß kommen, daß es keine übersinnliche Gabe sein muß, die den Hund befähigt, die Spur eines Menschen aus hundert anderen Spuren herauszuriechen und noch nach Tagen auszumachen. Der feine Geruchssinn nimmt die Fettsäuren, die unser Fuß ausscheidet und von denen ein winziger Bruchteil durch die Schuhsohlen dringt und am Boden haftet, wahr, selbst wenn der Schuh den Boden jeweils nur für Viertelsekunden berührte, wie es zum Beispiel geschieht, wenn der Mensch schnell läuft.

Zu der ausgezeichneten Riechfähigkeit kommt eine weitere Fähigkeit hinzu: Das Hundehirn kann einzelne Gerüche speichern. Mit diesem „Geruchsgedächtnis" kann das Tier auch nach langer Zeit Dinge und Menschen wiedererkennen.

Weiß man, wieviel feiner die Nase des Hundes ist, so wird man sich kaum wundern, daß er den Tod im wahrsten Sinne des Wortes riechen kann. Es ist keineswegs der sechste Sinn, der ihm sagt, wann ein ihm Vertrauter sterben muß. Er nimmt lediglich die Stoffwechselveränderungen, die sich bei einem Sterbenden abspielen, wahr.

So ist es auch erklärlich, daß Hunde Ärger, Nervosität und Angst erschnüffeln. Das Hormon Adrenalin, das in Erregungs- oder Streßsituationen im Übermaß produziert wird, signalisiert ihnen untrüglich den Zustand des Menschen. Durch Überzüchtung kann ein Teil des feinorganisierten Geruchssinns verlorengehen. Das geschieht auch, wenn der Hund im Zimmer gehalten wird und nie dazu kommt, sein Riechorgan richtig zu nutzen.

Durch die viel feiner organisierten Sinnesorgane ist es dem Hund auch möglich, schwere Erdbeben oder den Ausbruch eines Gewitters Stunden früher zu registrieren als die Seismographen. In lawinengefährdeten Gegenden beachtet man genau das Verhalten der dort heimischen Hunde, sie haben sich als die besten Lawinen-Warngeräte erwiesen. Bernhardiner sind in der Lage, Lawinenopfer noch unter meterhohen Schneeschichten auszumachen, eine Leistung, die nicht mit übersinnlichen Kräften, sondern nur mit der phantastischen Riechfähigkeit einer Hundenase zu erklären ist.

Hundefreunde vermeiden es daher, dieses so hochqualifizierte Organ mit stark riechenden Chemikalien, Parfums und Auspuffgasen zu strapazieren. Auch darf man nie den Fehler machen, auf die Nase zu schlagen, sie ist hochempfindlich.

Wir wissen nicht genau, ob der Gesichtssinn des Hundes ebenfalls besser ausgebildet ist als der menschliche. Einige Rassen, besonders die auf Sicht jagenden, orientieren sich sehr gut mit den Augen. Überlegen ist uns der Vierbeiner

Farbtafel 19: Mittelschnauzer

Farbtafel 20: Skye-Terrier

ganz sicher in der Dämmerung; eine lichtreflektierende Schicht des Augenhintergrundes hilft ihm im Halbdunkel besser zu sehen.
Das Gehör des Hundes ist besser als das menschliche. Es nimmt für das Menschenohr unhörbare Töne mit über 20 000 Schwingen pro Sekunde wahr. Auf dieser Fähigkeit beruht die Wirkung der (für uns nicht hörbaren) Hundepfeifen. Das Vermögen, selbst leiseste Geräusche wahrzunehmen, bleibt auch während des Schlafens erhalten. Das feine Gehör erklärt, warum der Hund die Geräusche verschiedener Automotoren unterscheidet, am Gang erkennt, wer nach Hause kommt, Stimmen auseinanderhält und fremde Geräusche von den gewohnten trennen kann. Man sollte sich immer daran erinnern, wie empfindlich die Ohren unseres Hundes sind, und ihm nicht unnötig laute Geräusche zumuten. Ist er übermäßigem Großstadtlärm oder phonstarker Musik ständig ausgesetzt, leidet er darunter mehr als der Mensch. Außerdem geht ein Teil seiner Fähigkeiten, auf ganz leise Geräusche zu reagieren, dabei verloren.
Auch der Tastsinn ist gut entwickelt, am besten am Kopf, wo die empfindlichen Tasthaare und Lefzen sitzen.
Noch nicht eindeutig geklärt ist, warum Hunde, die mit einem Transportmittel Hunderte von Kilometern von ihrem Heim oder ihrer Familie weggebracht wurden, wieder nach Hause finden. Man vermutet, daß sie sich nach einer inneren Uhr richten, wenn die Nase als Orientierungsmittel nicht mehr weiter weiß.
Es wird Sie überraschen, daß der Hund auch einen sehr feinen Geschmackssinn hat. Das würde man einem Aasfresser, der am liebsten Halbverwestes frißt, nicht zutrauen. Lehnt er irgend etwas ab und ist es noch so geschickt im Futter verborgen, schmeckt er es heraus und läßt, selbst wenn er hungrig ist, den gefüllten Napf stehen.
Ob wir es nun als „sechsten" Sinn bezeichnen oder für die Fähigkeiten, die Vielen als „übersinnlich" erscheinen, glaubwürdige Erklärungen finden, an einer Tatsache ist nicht zu rütteln: Der Hund ist mit seinen feinen Sensorien dem Menschen in vielen Dingen haushoch überlegen.

Was wir über die Hundeliebe wissen

Ein Einbrecher kletterte über die Mauer eines Villengrundstückes. Er wußte genau, daß der Besitzer verreist war. Als er auf das Haus zuging, pirschte sich von hinten der schwarze Schäferhund des Hausherrn an ihn heran. Der Hund setzte zum Sprung an, wollte den Mann zu Fall bringen. Doch da stutzte er plötzlich, beschnüffelte den Einbrecher liebevoll, begann mit dem Schwanz zu wedeln und trollte sich schließlich.
Der ausgeplünderte Villenbesitzer konnte sich das Versagen seines sonst so scharfen Hundes nicht erklären. Bisher war er als Einbrecherschreck in dem Münchner Vorort gefürchtet und hatte ohne warnendes Knurren Eindringlinge zu Boden geworfen und sie so lange verbellt, bis Hilfe eingetroffen war.
Der deutsche Verhaltensforscher Vitus B. Dröscher fand eine Erklärung für das seltsame Benehmen: Des Rätsels Lösung war die Hundeliebe. Der Dieb hatte sich immer nur Grundstücke ausgesucht, die von Rüden bewacht wurden. Er selbst

hielt eine Hündin, und vor jedem Einbruch sorgte er dafür, daß der Geruch des Tieres überall an seiner Kleidung haftete. Er wußte: Ein normal veranlagter Rüde greift nie eine Hündin oder ein Lebewesen an, das wie sie riecht.
Mit einem ähnlichen Trick setzten einmal Schmuggler Zollhunde außer Gefecht. Da die Zöllner Rüden mit sich führten, brachten die Schmuggler läufige Hündinnen mit. Im dunklen Grenzwald vergaßen die liebeshungrigen Hundemänner Disziplin, Herrchen und das Schmuggelgut. Sie beschäftigten sich so eingehend mit den bereiten Hundedamen, daß die Schmuggler auf ihren lautlosen Turnschuhen im unwegsamen Wald entkommen konnten. Der Trick klappt allerdings nur, wenn die Rüden nicht mit Hündinnen zusammenleben.
Wenn auch die stets abenteuerbereiten Rüden sich jeder Hündin freudig nähern, so können sie doch nicht oft auf Erfolg hoffen. Die Hundedamen sind meist sehr zurückhaltend und werden nur schwach, wenn sie heiß sind. Was sie dann allerdings für Konzessionen zu machen bereit sind, wenn sie dürfen, wie sie wollen, setzt selbst erfahrene Hundefreunde immer wieder in Erstaunen. Da liebt eine fette Möpsin einen großen dürren Collie, obwohl beide schon beim Beschnuppern erhebliche Schwierigkeiten haben. Die Bernhardiner-Dame bemüht sich um einen Terrier und die rassige Windhündin versucht Schritt mit einem Teckel zu halten.
Bei Hunden scheint es also noch „die wahre Liebe" zu geben, denn weder Kraft, noch Schönheit, noch die Dauer der Bekanntschaft spielt eine Rolle.
Professor Frank A. Beach von der New Yorker Columbia-University untersuchte dieses Phänomen mehrere Jahre. Er stellte fest, daß Hunde keine Rassenschranken kennen. Um so schlimmer ist es, daß sie sich um der Zucht willen meist den menschlichen Wünschen und damit einem nicht von ihnen gewählten Partner unterwerfen müssen.
Deshalb freute sich ganz England, als es einer der berühmten reinrassigen Welsh-Corgi-Damen von Königin Elizabeth II. gelang, zu entwischen, um mit einem Partner ihrer Wahl zusammenzukommen. Das Ergebnis waren allerliebste Mischlinge.

Das wissenschaftliche Interesse von Professor Beach an der Hundeliebe haben wir eigentlich Frau Beach zu verdanken. Sie ging täglich mit ihrer Beagle-Hündin Jacky spazieren und berichtete abends ihrem Mann über deren Liebeserlebnisse. Jacky benahm sich durchaus wählerisch, viele Rüden blitzten ab und nur mit einigen ließ sie sich auf Spielereien ein. Professor Beach wollte es nicht in den Sinn, daß ein Tier Unterschiede macht. Persönliche Zuneigung sei dem Menschen vorbehalten, glaubte er, und das wollte er seiner Frau beweisen.
Versuchsobjekte waren zunächst fünf Beagle-Rüden und fünf Beagle-Hündinnen, die er in einem weitläufigen Gehege beobachtete. Die Rüden wollten wahllos mit allen zur Verfügung stehenden Damen anbändeln. Sie hatten dabei die Rechnung jedoch ohne die weiblichen Beagles gemacht. Jeder von ihnen zeigte zu einem oder zwei Hunden Zuneigung, und diese Vorliebe änderte sich bei den jeweiligen Weibchen auch im Laufe der Jahre nicht. Der Verhaltensforscher zog daraus den Schluß, daß Sympathie ein Leben lang eine Hündin an den- oder dieselben Rüden bindet.

Die Entscheidung fürs Leben kann auch bei Hunden in Sekundenschnelle fallen. Zwei fremde Tiere verschiedenen Geschlechts begegnen sich, stolzieren erregt aufeinander zu und tänzeln umeinander herum. Dann, sobald sie sich ausgiebig berochen haben, werden sie unzertrennlich. Es ist Liebe auf den ersten Duft. Die beiden können sich im wahrsten Sinne des Wortes „gut riechen".
Die Untersuchungen des New Yorker Professors brachten noch eine große Überraschung. Als die jungen Beagle-Hündinnen zum ersten Mal läufig wurden und es nicht mehr um harmlose Spielchen, sondern um sexuelles Verlangen ging, schickten sie ihre bis dahin so heißgeliebten Freunde davon und wandten sich den Verehrern zu, die sie vorher so verbissen abgelehnt hatten.
Nachdem sie sich sexuell ausgetobt hatten, kehrten sie zu ihren alten Freunden zurück und wiesen ihre Paarungspartner wieder ab.
Das bedeutet, daß Hündinnen zwischen Sympathie und Sex genau unterscheiden. Es gibt in ihrem sozialen Verhalten also zwei grundverschiedene Kräfte, die ein Paar aneinander binden: einmal die sexuelle Anziehungskraft, zum anderen die Sympathie. Die sexuelle Bindung währt nur für die kurze Zeit der Paarung, mehrerer Geschlechtsakte oder während der Brunst-Periode. Die auf Sympathie beruhende Bindung dauert Jahre, meist das ganze Leben lang.
Inzwischen haben viele Tierversuche bewiesen, daß sich nicht nur Beagles so verhalten.

Sind Hunde eifersüchtig?

Wie sich Hunde menschlichem Liebesglück gegenüber verhalten, mußte Napoleon I. am eigenen Leibe schmerzlich erfahren. Seine Frau Josephine hatte ihren verwöhnten Schoßhund Fortuné mit in die Ehe gebracht. Das Tierchen war daran gewöhnt, mit Josephine das Bett zu teilen. In der Hochzeitsnacht war er nicht bereit, Platz für den Ehemann zu machen. Und so seufzte Napoleon später: „Madame erklärte mir kurz und bündig, daß ich entweder das Bett mit dem Hund teilen oder woanders schlafen müßte. Das war nun nicht gerade angenehm, aber ich nahm es in Kauf. Leider war Josephines Liebling weniger nachgiebig als ich."
Fortuné biß den jungen Ehemann in der Hochzeitsnacht ins Bein. Dafür kann man ihn nicht einmal tadeln. Er glaubte einfach, seine Herrin würde von Napoleon überfallen und kämpfe um ihr Leben. So wollte er sie vor dem zudringlichen Kerl beschützen.
Wir haben schon darauf hingewiesen, daß es gefährlich ist, Hunde im Schlafzimmer zu dulden und sie dann, sobald sie nicht mehr genehm sind, auszuquartieren. Hunde sind eifersüchtig. Sie können es nicht vertragen, wenn sie, aus welchem Grund auch immer, von ihrem Platz verdrängt werden oder ihn mit jemand anderem teilen müssen. Es spielt keine Rolle, ob es sich dabei um einen Ehepartner, ein Baby oder ein neues Haustier handelt. Auch allzu offensichtliche Liebesspiele machen Vierbeiner rebellisch und närrisch vor Eifersucht.
Es ist ihnen auch nicht recht, wenn Besuch kommt. Vielleicht empfinden sie Fremde als Bedrohung für sich und ihr Rudel. Darum meinen sie, die Eindringlinge zurückdrängen zu müssen, auch wenn die Menschen sie freundlich will-

kommen heißen. Die Vierbeiner müssen eben erst unterscheiden lernen, wen sie akzeptieren sollen und wer wirklich unerwünscht ist. Natürlich glauben sie sich immer zurückgesetzt, wenn ihnen nicht die übliche Aufmerksamkeit zuteil wird. Viele Reaktionen, die beim Hund aus dem Gefühl der Zurücksetzung heraus geschehen, könnten allerdings vermieden werden.

Der Hundeschlaf

Wenn Ihr Hund sehr viel schläft, so nehmen Sie ihm das nicht übel. Schlaf ist für ihn wichtiger als Nahrung. Hält man Hunde künstlich wach, sterben sie innerhalb weniger Tage. Sie sind von Natur aus Tagdöser und können in Sekundenschnelle in Tiefschlaf fallen. Bei verdächtigen Geräuschen oder Gerüchen sind sie aber auch im Bruchteil von Sekunden hellwach und reaktionsfähig. Um die Nerven gesund zu halten, muß ein normaler Hund achtzehn bis zwanzig Stunden pro Tag ruhen können.
Verhaltensforscher Zimen verdanken wir die Klärung der Frage, warum sich Hunde im Kreis drehen. Bis vor kurzem hielt sich die Meinung, sie würden sich automatisch vor dem Hinlegen um sich selbst drehen, weil ihre Ahnen als Steppentiere das hohe Gras niedergetrampelt hätten. Dank der Beobachtungen von Erik Zimen wissen wir heute, daß es sich dabei nicht um inzwischen sinnlos gewordenes angeborenes Verhalten handelt, sondern um eine Art Gymnastik. Durch die Drehbewegung biegt das Tier die Wirbelsäule für die meist kreisförmige Schlaflage zurecht.
Was geht in Hunden vor, wenn sie träumen? Eberhard Trumler schwört, daß sie es sogar mit der Nase tun. Während des Schlafens würden Nase und Ohren alle Meldungen auffangen und an das Riechhirn weitergeben. Das Unterbewußte registriere und verarbeite sie.
Das wäre die Lösung des Rätsels, warum Hunde, die geschlafen haben, dennoch wissen, was um sie vorging, wenn sie aufwachen.

Der degenerierte Hund

Konrad Lorenz, der Vater der Tierverhaltensforschung, sagte einmal: „Einer Hunderasse kann nichts Schlimmeres widerfahren, als in Mode zu kommen." Er hatte damit völlig recht. Steigt die Nachfrage, wird zwangsläufig versucht, von einer bestimmten Rasse so viele Exemplare wie irgend möglich zu verkaufen. Das bedeutet natürlich auch, daß Welpen großgepäppelt werden, die man aussortieren müßte. Sie haben entweder körperliche Fehler oder Wesensschwächen. Wird mit ihnen weitergezüchtet, so können sich diese Mängel verstärken. Sind nur wenig Zuchttiere vorhanden, wird oft versucht, von wenigen Tieren möglichst viele Nachkommen zu erzielen. Das kann man nur durch – in diesem Fall – Inzucht erreichen. Wir haben schon erläutert, daß Inzucht bis zu einem gewissen Grad erlaubt und nicht schädlich ist. Wird aber mit zu wenigen Tieren auf die Dauer gezüchtet, führt das zwangsläufig zu degenerierten Jungen. Kommen sie dann noch in eine Luxusumwelt, in der man sie nicht hundegerecht behandelt, ist das Resultat sehr traurig. Auf diese Weise kann eine tüchtige Rasse die angeborenen positiven Eigenschaften verlieren. Wer übrigbleibt, ist zwar ein niedliches Geschöpf, das aber weit davon entfernt ist, ein glücklicher, gut funktionierender Hund zu sein.

Die Degeneration ist relativ harmlos, so lange es nicht zu Formen von wirklicher Geistesgestörtheit kommt. In diesem Fall beginnen angeborene Verhaltensweisen auszufallen. Die instinktgebundene Aggressionshemmung versagt. Ein Rüde fällt plötzlich Hündinnen an, eine Hündin ihre eigenen Welpen, ein Tier zerfleischt Kinder. Dieses Verhalten ist ein Rückfall ins Stadium des Kannibalismus. Lorenz vergleicht diese Entartung mit dem Versagen von Menschen, die ihre Kinder mißhandeln oder ihre Familienangehörigen totschlagen.
Für den Menschen wie auch für das Tier gilt innerhalb der Familie oder Meute: Nur wenn sich der Gemeinschafts- oder Herdentrieb gesund entwickelt, wird die natürliche Angriffslust, die in jedem Lebewesen steckt, gebremst. Wenn dieser Instinkt jedoch verlorengeht oder aus der Kontrolle gerät, kommt es sowohl bei Zwei- als auch Vierbeinern zu unvorhersehbaren Reaktionen.
Bei Hunden spricht man in diesem Fall von „Angstbeißern". Das wirkt sich besonders dann verheerend aus, wenn solche Tiere auf Schärfe dressiert wurden. Dann kann von einer Minute zur anderen aus scheinbar ungefährlichen bellenden Hausgenossen eine Waffe werden, die tödlich ist. Der Zoologe Professor Wolf Herre sagt dazu: „Verantwortlich für das, was der Hund tut, ist immer der Hundehalter." Das bedeutet: Wer sich einen zu Aggressionen neigenden Hund anschafft, muß auch die Autorität haben, ihn im Zaun zu halten.
Wenn solche falsch oder gar nicht gebändigten Hunde unbeaufsichtigt bleiben oder vernachlässigt werden, kann es zu blutigen Zwischenfällen kommen, von denen wir immer wieder in den Zeitungen lesen. Besonders Kinder sind die Opfer der vierbeinigen Psychopathen. Deshalb müssen Eltern ihren Kindern erklären, daß gerade die scharf dressierten Großhunde kein Spielzeug sind, das man an den Haaren zausen kann, sondern Lebewesen, die über viel Kraft und schnelle Reaktionen verfügen.

Kinder rangieren nach der Rudelvorstellung als rangniedrige Wesen. Der Wiener Tierarzt Dr. Ferdinand Brunner warnt vor Antiautorität bei der Schäferhundaufzucht: „Das Verhalten des Hundes ist stark auf Hierarchie aufgebaut. Mangelnde Autorität wird als Schwäche ausgelegt. Der Hund schwingt sich dann zum Herrn auf und ist unkontrollierbar."

Ein Hund fühlt sich besonders stark, wenn ein Kind, das für den Hund ohnehin keine Autorität besitzt, hinfällt oder sich hinlegt. Deshalb raten die Verhaltensforscher: Wenn ein Hund knurrt, das Fell sträubt und die Zähne bleckt, müssen Kinder, um nicht den Jagdtrieb auszulösen, ruhig stehenbleiben. Aber wie, so fragen die Eltern mit Recht, kann man kleineren Kindern klarmachen, daß sie angesichts gefletschter Hundezähne ruhig stehenbleiben sollen?

Immer häufiger kommen auch Überfälle großer scharfer Hunde auf kleinere Vierbeiner vor. Da nützt kein Demutsverhalten, sie werden übel zugerichtet, wenn sie nicht vorher Reißaus nehmen oder den Schutz eines beherzten Menschen genießen. Auch das ist abnorm, denn kein gesunder Hund greift Artgenossen grundlos an.

Fehlverhalten kann sich aber auch anders zeigen. Dr. Ferdinand Brunner behandelte in seiner Wiener Tierpraxis eine Boxerhündin, die so verhaltensgestört war, daß sie vor jedem Annäherungsversuch eines Rüden die Flucht ergriff. Obwohl ihr Mutterinstinkt stark ausgeprägt war, konnte sie deshalb niemals Welpen bekommen.

Eines Tages begann sie ihre Hundeleine so zu behandeln, als sei diese ihr Kind. Sie legte die Leine in ihren Schlafkorb, trug sie mit sich herum und bewachte das Stückchen Leder so eifersüchtig, daß sich ihr Herrchen nie in die Nähe der Leine wagen durfte. In einem so schweren Fall können auch die Tierpsychiater kaum noch helfen, denn der natürliche Instinkt des Tieres ist zu stark geschädigt. Dieser Fall ging weit über eine harmlose Schein-Schwangerschaft hinaus. Die Neurose der Boxerhündin war nicht zu heilen.

In den Tierpraxen drängen sich heute nicht nur Hunde, die Würmer, eine Bißwunde oder ein gebrochenes Bein haben. Da gibt es Patienten, die bei jedem Geräusch zusammenzucken, die sich in Krämpfen winden, obwohl sie kein Gift gefressen haben, sondern nur bestes Fleisch; Tiere, die in der Mitte ihres Lebens vergessen, was Stubenreinheit ist, Riesentiere, die sich weigern, über große Plätze zu gehen oder Treppen zu steigen, und die plötzlich beginnen, Gardinen runterzureißen und Sofas zu zerfetzen.

Der erfahrene Tierpsychiater Dr. Brunner führt die Umweltmisere als einen der Gründe dafür an, außerdem Streß durch Großstadtlärm, zu enge Wohnungen, Gewühl in den Straßen, keine Auslaufmöglichkeiten, Vernachlässigung und Eifersucht. Dazu kommt, daß viele sogenannte Tierfreunde das Verhalten ihres vierbeinigen Gefährten mißdeuten und ganz natürliche Reaktionen als anomal betrachten, weil sie nicht in das vermenschlichte Hundebild passen, wie zum Beispiel, wenn sich ein wohlfrisierter Pudel in Aas und Kot wälzt.

Je verwöhnter ein Hundeliebling ist, um so unselbständiger wird er. Man fand heraus, daß Haushunde nie ganz erwachsen werden, auch im hohen Alter nicht. Da der Mensch ihnen die Sorge um ihre Existenz, aber auch die natürlichen Lebensumstände im Sinne der Wildnis genommen haben, bleiben sie seelisch zeit-

lebens in einem kindlichen Stadium. Jungtieren, die im Rudel leben, wird von den älteren Artgenossen ja auch vieles abgenommen.
So ist der Haushund zeitlebens ein kindlicher Wolf. Das Fachwort dafür ist „Neotenie" (Verkindlichung).
Wird nun das Nicht-Erwachsen-Sein durch übertriebenes Verzärteln gefördert, bekommt das Tier jeden Wunsch erfüllt, dann gerät es in folgenden Konflikt: Es ist Kind und Rudelanführer in einer Person. Sobald etwas mal nicht nach seiner Schnauze geht, versteht es die Welt nicht mehr und dreht durch. Dr. Brunner hat dafür eine Erfolgstherapie: Es muß von seiner Tyrannenrolle abgebracht werden und die ihm angemessene Stellung im Rudel zugewiesen bekommen.
Spielt ein Mitglied einer freilebenden Hundegemeinschaft verrückt, so wird es schließlich auch unmißverständlich auf den ihm zukommenden Platz gedrückt. Autoritäre Behandlung hat noch keinem gesunden Tier geschadet. Je enger die Hundegemeinschaft miteinander lebt, um so strenger wird die Rangordnung. Diese soziale Ordnung bricht zusammen, wenn der Lebensraum so knapp bemessen ist, daß dem einzelnen kein persönliches Revier mehr bleibt. Auch wenn noch kein Futtermangel herrscht, beginnt die Hundefamilie sich durch Aggressionen selbst zu dezimieren.

Wie „intelligent" ist der Hund?

Nach dem heutigen Stand der Haustierforschung wissen wir, daß Affen, Delphine, Füchse, ja sogar Schweine unserem Haushund an „Intelligenz" überlegen sind. Das, so wird vermutet, ist eine Folge der Domestikation. Der vom Daseinskampf Befreite habe im Laufe der Jahrhunderte seine angeborenen Fähigkeiten, die brach lagen, zurückgebildet.
Hunde haben ein kleineres Herz als ihre wölfischen Vorfahren und ein um etwa 30 Prozent geringeres Hirngewicht. Besonders stark vermindert ist bei Haushunden das Großhirn, und zwar speziell jener Teil, der mit den Sinneszentren in Verbindung steht. Interessant in diesem Zusammenhang ist, daß das Hirngewicht, sobald die domestizierten Tiere wieder in freier Wildbahn leben, bereits in der ersten Generation schnell zunimmt. Geraten Wildhunde in Gefangenschaft, nimmt das Hirngewicht dagegen ab. Das ist leicht erklärbar, denn gezähmte oder Haushunde müssen viel weniger Sinnesreize aufnehmen und verarbeiten als wilde. Im Vergleich zum menschlichen Gehirn hat das des Hundes weniger komplizierte Windungen. Es ist leichter als das unsere.

Was Hunde für Kleinkinder empfinden können

Immer wieder versetzt es in Erstaunen, wie zart gerade große und kräftige Tiere mit Babys umgehen. Trumler erklärt dazu: „Wir können die Beobachtung machen, daß erwachsene Hunde sehr genau Hundekinder erkennen können, mehr noch, daß sie genauso auch Menschenkinder von erwachsenen Menschen unterscheiden und ihr Verhalten auf sie abstimmen. Wie viele Beispiele sind schon bekannt geworden, daß sonst ungemein scharfe und gefährliche Wachhunde sich widerstandslos von kleinen Kindern – fremden Kindern sogar! – anfassen und umherzen ließen."

Genauere Analysen der Verhaltensforscher haben gezeigt, daß es stets ganz vereinfachte Züge im Ausdruck sind, die als „Schlüsselreize" wirken, d. h. bestimmte Verhaltensweisen auslösen oder hemmen.

Wenn wir einen Blick in das Reich der Säugetiere bis zum Menschen werfen, können wir bei allen Jungtieren einige besondere Merkmale feststellen. Es ist da stets ein sehr runder Kopf – ganz im Gegensatz zum erwachsenen Tier –, der meist auffallend groß im Vergleich zum Körper ist.

Das ergibt bereits das optische Signal: „Baby"! Aber das ist noch nicht alles: Große, runde Augen verleihen diesem Gesicht einen ganz bestimmten Ausdruck; eine kaum in Erscheinung tretende kleine Nase, dafür aber runde, weiche Pausbacken, ein rundlicher Saugmund – all das unterscheidet das Gesicht des Babys von dem der Erwachsenen.

Der kleine Hundewelpe mit seinen kurzen, dicken Beinchen, seiner samtähnlichen Behaarung, seiner Unbeholfenheit – er hat die gleichen Merkmale, auf die wir bei einem Menschenkind reagieren. Sein Anblick läßt gewisse Gefühlssaiten in uns aufklingen; wir möchten sehr gern gut zu ihm sein und ihn streicheln. Nicht anders wird es also auch einem Hund ergehen.

Das erkannten die Fischer auf Neufundland schon vor zwei Jahrhunderten. Zu den wichtigsten Aufgaben der gewichtigen, dort beheimateten Neufundländer Hunde gehört und gehörte es, in den Siedlungen, die dicht am Meer liegen, die Kleinkinder zu bewachen. Es ist leider nicht bekannt, wie oft einer dieser zuverlässigen Babysitter ein Kind vor dem Ertrinken bewahrte.

Der Zoologe Alfred Brehm beobachtete schon vor rund 100 Jahren dieses Phänomen und berichtete über die Neufundländer und die mit ihm verwandten Labradorhunde als „unübertreffliche Kinderwärter". Das hat heute noch seine Gültigkeit: Wo Kinder am Wasser spielen, da nützt kein menschlicher Diener. Hier ist einzig und allein der Neufundländer der richtige Wärter, heißt es im Volksmund.

Der Hund von Dr. Bunsch aus Washington fühlt sich ebenfalls für seine kleinen zweibeinigen Spielgefährten verantwortlich, obwohl er kein Neufundländer, sondern ein Foxterrier ist. Das Tier, in der Stadt aufgewachsen und von seinem Herrn zu einem vorbildlichen Verkehrsteilnehmer erzogen, greift immer dann ein, wenn Kinder zu sorglos auf der Straße spielen. Beobachtet der Terrier, daß sie auf der Fahrbahn Ball spielen, schnappt er sofort nach dem Ball und gibt ihn erst wieder zurück, wenn die Kinder ihm auf den Bürgersteig gefolgt sind. Niemand hat ihn je unterwiesen, so zu handeln.

Die Lebensjahre des Hundes

Der Durchschnittshund hat eine Lebenserwartung von zwölf bis vierzehn Jahren. Tibet-Hunde werden älter, die Lhasa Apso können es auf achtzehn bis zwanzig Jahre bringen. Bulldoggen sind kurzlebiger, man rechnet mit einer Lebensdauer von sieben bis neun Jahren.

An erster Stelle der Todesursachen stehen Infektionskrankheiten. Sie könnten längst ausgerottet sein, wenn die Schutzimpfungen immer rechtzeitig durchgeführt würden. Ältere Hunde leiden zunehmend an Krebserkrankungen. Wie beim Menschen bestehen gute Aussichten auf Lebensverlängerung, wenn die Tumore rechtzeitig operativ entfernt werden.

Die Quote der Verkehrsopfer ist relativ hoch. Sie kann ohne weiteres gesenkt werden, wenn Stadt- und Landhunde verkehrssicher erzogen werden.

Hundejahre im Vergleich zum Menschenalter

Den neuesten Erkenntnissen der Hundeforschung verdanken wir eine Revision der Berechnung des Lebensalters. Jeder von uns kennt noch die alte Regel: Ein Hundejahr zählt sieben Menschenjahre. Nur das erste Hundejahr galt als ein Lebensjahr. Demnach wäre ein siebenjähriger Hund ein halbes Jahrhundert alt. Ein einjähriger Hund ist natürlich wesentlich weiter als ein Baby von zwölf Monaten, und eine zweijährige Hündin gilt als ausgewachsen, was von einem achtjährigen Mädchen in unseren Breitengraden nicht behauptet werden kann. Heute geht man von anderen Voraussetzungen aus.

Wir geben hier eine Tabelle wieder, die von Wissenschaftlern erarbeitet wurde und als Anhaltspunkt dienen kann:

Hundejahre	Menschenjahre
3 Monate	3 Jahre
6 Monate	10 Jahre
12 Monate	20 Jahre
2 Jahre	24 Jahre
3 Jahre	28 Jahre
4 Jahre	32 Jahre
5 Jahre	36 Jahre
6 Jahre	40 Jahre
7 Jahre	44 Jahre

8 Jahre	48 Jahre
9 Jahre	52 Jahre
10 Jahre	56 Jahre
11 Jahre	60 Jahre
12 Jahre	65 Jahre
13 Jahre	70 Jahre
14 Jahre	75 Jahre
15 Jahre	78 Jahre
16 Jahre	82 Jahre
17 Jahre	86 Jahre
18 Jahre	90 Jahre
19 Jahre	94 Jahre

Es gibt eine wesentlich einfachere Rechnung, die aber nicht zu den gleichen Ergebnissen kommt:

Hundejahre	Menschenjahre
1 Jahr	14 Jahre
2 Jahre	21 Jahre
Jedes weitere =	5 Jahre
3 Jahre wären also	26 Jahre
4 Jahre	31 Jahre
5 Jahre	36 Jahre
6 Jahre	41 Jahre
7 Jahre	46 Jahre
8 Jahre	51 Jahre
9 Jahre	56 Jahre
10 Jahre	61 Jahre
11 Jahre	66 Jahre
12 Jahre	71 Jahre
13 Jahre	76 Jahre
14 Jahre	81 Jahre
15 Jahre	86 Jahre
16 Jahre	91 Jahre
17 Jahre	96 Jahre
18 Jahre	101 Jahre
19 Jahre	106 Jahre

Wir wissen nun, wie hoch die Lebenserwartung eines Hundes im Durchschnitt ist. Mit zunehmendem Alter machen sich auch bei ihm Verschleißerscheinungen bemerkbar; die Augen lassen nach, das Gehör wird schwächer, der so fabelhaft ausgebildete Geruchssinn nimmt ab und die Beine versagen. Das Aufstehen wird immer schwerer, wenn zum Gassigehen oder Freßnapf gerufen wird, die

Schnauzenhaare werden weiß und die Augen trübe. Krankheiten stellen sich ein, und zuletzt passiert schon mal ab und zu ein Malheur, weil auf die Schließmuskeln kein großer Verlaß mehr ist. Nur die treue Ergebenheit, die Liebe und Freundschaft seinen zweibeinigen Freunden gegenüber bleibt ungebrochen. Da der Hund nicht sprechen kann, beklagt er sich nicht über Alterserscheinungen. Aber man merkt ihm an, wenn ihn das Rheuma zur Langsamkeit zwingt und er darunter leidet, daß er in der letzten Lebensphase manchmal nicht mehr schnell genug hinaus kommt, um sich zu lösen.

Herrchen oder Frauchen können selbst am besten beurteilen, wann der Zeitpunkt gekommen ist, um den Tierarzt zu rufen. Nur Hundefreunde wissen, wie schmerzvoll der Abschied von einem so lieb gewordenen selbstlosen Kameraden ist. Viele schaffen sich deshalb keinen Hund mehr an, um diesen Abschied für immer nicht wieder durchstehen zu müssen. Und dennoch ist das Einschläfern der größte Liebesdienst, den wir zum Schluß unserem vierbeinigen Freund er-

weisen können. Die Spritze des Tierarztes ist heute so schonend, daß der Hund nichts von seinem Ende merkt und der Besitzer sicher sein kann, das Beste für ihn getan zu haben. Die Injektion ist auf alle Fälle humaner als ein klagloser Kampf gegen ein unausweichliches Ende.
Zuchthündinnen, die sich um einen Zwinger jahrelang verdient gemacht haben und viele tüchtige Hunde warfen, sowie Gebrauchshunde, die in harter Arbeit ergraut sind, sollten in Ruhe und Frieden ihre letzten Lebensjahre genießen dürfen. Die Spritze ist nur für Hunde da, deren Ende wirklich nahe ist, und nicht etwa für solche, die, da sie keine großen Leistungen mehr bringen, als unnötige Fresser eingestuft werden.

Wohin mit dem toten Freund?

Viele Hundebesessene wollen ihrem Tier auch über den Tod hinaus etwas Gutes tun. Zu allen Zeiten sind geliebten oder verdienten Hunden Ehrenplätze nach dem Tode eingerichtet worden. So fanden die Windspiele Friedrich des Großen in Schloß Sanssouci ihre letzte Ruhe. Flache Steinplatten tragen die Namen seiner Lieblinge Alkemene, Arsinoe und Biche. Entgegen seiner Anordnung begrub man den König nicht an der Seite seiner Freunde.
Berühmt wurde die Grabinschrift, die Lord Byron seinem schwarzen Neufundländer dichtete. Noch heute kann man sie im Park von Newstead (England) auf dem massiven Monument lesen:
„Hier ruhet,
Was körperlich war an seinem Wesen,
Das Schönheit besaß ohne Eitelkeit,
Kraft ohne Überheblichkeit,
Mut ohne Grausamkeit
Und alle Tugenden des Menschen –
Aber ohne seine Laster.“
Auch heute errichten Hundeliebhaber ihren toten Lieblingen mehr oder minder pompöse Gedenkstätten. In vielen Ländern gibt es Hundefriedhöfe. Die Gräber werden liebevoll und mit viel Aufwand gepflegt. Am Grabe von Nixons Hund Checkers wehen sogar amerikanische Flaggen.
Hat der trauernde Besitzer Geld, stehen ihm viele Hilfsmittel zur Verfügung, um das Begräbnis zu gestalten. Da gibt es das feierliche Aufbahren genau so wie die Orgelmusik, da werden Kerzen abgebrannt, Kränze aufs Grab gelegt. Liebevolle Inschriften werden in Marmor graviert, Verse bestellt, Blumen gepflanzt und gepflegt.
Entsprechend dem Pomp der Begräbniszeremonie sind die Kosten.
Wer seinen vierbeinigen Gefährten auf eigenem Grund und Boden bestatten will, muß die nötigen Vorschriften, die er durch den Tierarzt erfährt, genauestens beachten. Hat man derlei Ambitionen nicht, dann kann man die Tierverwertungs-Anstalt anrufen, die das tote Tier abholen läßt oder angibt, wohin man es bringen soll.

Als Bismarcks Dogge Freya starb, sagte der als eiskalter Realist bekannte Politiker zum Staatsrat Christoph von Thiedemann: ,,Gibt es einen Himmel, so ist er auch für Tiere da. Ich hoffe zuversichtlich, im Himmel meinen Hunden zu begegnen.''

Der Hund im Recht

Der „Hund im Recht" wirft viele Fragen und Probleme auf, denen sich Herrchen oder Frauchen gegenübergestellt sehen.

Hundeerwerb

Dies kann bereits beim Erwerb des Hundes geschehen, wenn man ihn vom Züchter direkt oder über einen Tierhändler kauft. Der Vertrag wird abgewickelt wie bei jedem Kauf des täglichen Lebens, für Hunde gibt es da keine Besonderheiten. Schwierig kann es jedoch werden, wenn sich herausstellt, daß das Tier an einer Krankheit leidet, die man vorher nicht erkennen konnte, oder wenn dem Käufer die vielbelachte Geschichte passiert, wonach er ein kleines Wollknäuel als künftigen Rehpinscher kauft, der aber nach einiger Zeit die Ausmaße eines Bernhardiners an den Tag legt.

In solchen Fällen hilft das Gesetz, das dem Käufer in den §§ 459–479 BGB bei Mängeln des Tieres oder dem Fehlen einer zugesicherten Eigenschaft ein sogenanntes Gewährleistungsrecht einräumt. Ist das Tier also krank oder etwa von Parasiten befallen, so hat der Käufer die Möglichkeit, den Kauf rückgängig zu machen (Wandelung) oder eine Herabsetzung des Kaufpreises (Minderung) zu verlangen. Empfängt der „scharfe Wachhund" entgegen den Beteuerungen des Verkäufers schwanzwedelnd und freundlich die nächtlichen Einbrecher, so fehlt ihm eine Eigenschaft, die beim Kauf ausdrücklich zugesichert worden ist. Dann kann entweder Wandelung oder Minderung zum einen oder Schadensersatz wegen Nichterfüllung zum anderen verlangt werden.

Diese sogenannten Gewährleistungsrechte übt man aus, indem man innerhalb von sechs Monaten seit der Übergabe des Hundes dem Verkäufer gegenüber erklärt, welches der drei Rechte man geltend machen möchte. Nach der Sechsmonatsfrist ist das Recht auf Gewährleistung verjährt, es sei denn, der Verkäufer hätte den Fehler des Tieres arglistig verschwiegen.

Da derjenige, der ein Recht ausübt, zunächst beweisen muß, daß es ihm überhaupt zusteht, ist es ratsam, den Hundekauf schriftlich besiegeln zu lassen und in dem Kaufvertrag alle die Punkte festzuhalten, die dem Käufer bei Erwerb des Tieres am Herzen liegen.

Mietvertrag

Eines der Hauptprobleme – und mit ihm müssen sich immerhin ca. 40 Prozent der deutschen Hundehalter herumschlagen – ist zweifellos die Frage der Hundehaltung in der Mietwohnung: Darf man oder darf man nicht? Diese Frage ist in den §§ 535 ff. des Bürgerlichen Gesetzbuches, die sich mit den Rechten und Pflichten aus dem Mietverhältnis befassen, nicht geregelt. Und so werden notgedrungen hierüber Vereinbarungen getroffen, im Mietvertrag selbst oder aber in der Hausordnung, der sich jeder Mieter unterwerfen muß. Je nachdem ist Tierhaltung grundsätzlich erlaubt oder sie ist verboten. Es kann aber auch sein, daß der Mietvertrag und die Hausordnung sich über diese Frage ausschweigen, oder daß die Hundehaltung vom Vermieter stillschweigend geduldet wird, oder daß man seine Zustimmung einholen muß. Je nachdem, wie diese Frage geregelt ist oder nicht, gestaltet sich auch die rechtliche Situation des Hundes, der zur Miete wohnt oder dies zumindest tun möchte.
Ist die Hundehaltung erlaubt, gibt es eigentlich gar keine Probleme, wenn man die allgemeinen Regeln, die das menschliche Miteinander ermöglichen und erträglich machen, beachtet und sie auch auf den Vierbeiner anwendet. Denn der Mieter, der sich mit Genehmigung einen Hund hält, ist nicht frei von Beschränkungen zugunsten der Mitbewohner. Grundsätzlich müssen die Nachbarn die normalen Behelligungen, die die Anwesenheit eines Hundes in unmittelbarer Nachbarschaft mit sich bringt, ohne weiteres erdulden. Stellt sich jedoch heraus, daß die Behelligungen zu massiven Belästigungen wie ständigem Bellen, Verunreinigung des Treppenhauses, Bissigkeit oder starker Geruchsverbreitung führen und somit zu einer Gefahr des Hausfriedens werden, geht das Recht der Allgemeinheit vor und der Hauswirt kann verlangen, daß das Tier abgeschafft wird. Dabei bleibt es dem Ex-Hundehalter vorbehalten, sich ein neues Tier anzuschaffen, das weniger Belästigung verspricht.

Es gibt Mietverträge, nach denen ein Hund gehalten werden darf, der Vermieter aber jederzeit diese Erlaubnis widerrufen kann. Um hier einer drohenden Willkür vorzubeugen, haben die Gerichte bestimmt, daß eine solche Rücknahme der Erlaubnis nur in besonders schwerwiegenden Fällen möglich ist, wie sie zum Beispiel die Störung des Hausfriedens sein kann.
Alle Menschen sind vor dem Gesetz gleich, bestimmt das Grundgesetz. Man kann es erweitern: Alle Hundehalter sind vor dem Gesetz gleich. Wird einem Mieter die Erlaubnis erteilt, einen Hund in seiner Wohnung zu halten, so kann einem anderen Mieter des gleichen Hauses diese Erlaubnis nicht verwehrt werden.
Ist die Hundehaltung im Mietvertrag untersagt, so tauchen keine Probleme auf: Verbot ist Verbot und Vertrag ist Vertrag – man muß sich mit ihm einverstanden erklären oder eine andere Wohnung suchen.
Die Versuche, ein Hundehaltungsverbot im Mietvertrag als einen Verstoß gegen das Grundgesetz darzustellen, sind bisher gescheitert: Es gibt keine Entscheidung eines hohen oder höchsten deutschen Gerichts, wonach ein vertragliches Hundehaltungsverbot etwa gegen die grundrechtlich garantierte freie Entfaltung der Persönlichkeit verstößt.

Das Verbot, einen Hund in der Mietwohnung zu halten, kann höchstens sittenwidrig und somit unwirksam sein. Zu denken ist dabei etwa an einen Blindenhund, dessen Halter bei Aufrechterhaltung des Verbots so schwer getroffen würde, daß ein Verstoß gegen die „guten Sitten" – wie es im Juristendeutsch heißt – zu befürchten sein kann.
Enthält der Mietvertrag eine Verbotsklausel, so kann es dennoch sein, daß der Vermieter sich in einem Gespräch von seiner starren Haltung abbringen läßt. Eine Zustimmung kann jedoch nicht erzwungen werden.
Ist weder im Mietvertrag noch in der Hausordnung die Rede von Haustierhaltung im allgemeinen, der Hundehaltung im besonderen, so ist nach Auffassung der meisten Gerichte jeder Mieter berechtigt, einen vierbeinigen Hausgenossen zu halten. Denn, so wird argumentiert, hätte der Vermieter ein Hundeverbot gewünscht, so hätte es ihm freigestanden, eine entsprechende Klausel in den Vertrag einzubringen.
Allerdings ist auch hier – wie bei jeder Tierhaltung überhaupt – zu beachten, daß die übrigen Mitbewohner des Hauses nicht über das zumutbare Maß an Behelligungen durch das Tier ausgesetzt sind. Dann kann die Abschaffung des Tieres verlangt werden.
Häufig wird die Haltung eines Hundes in jedem Einzelfall von der Zustimmung des Vermieters abhängig gemacht, der dann die Belange aller Mieter zusammen zu berücksichtigen hat und dementsprechend seine Zustimmung erteilt oder versagt. Auch hier gilt: Die Zustimmung kann nicht erzwungen, jedoch kann die Meinungsbildung des Vermieters von den Gerichten in jedem Einzelfall auf sachfremde Erwägungen – etwa Schikane – hin geprüft werden.
Ist die Zustimmung einmal erteilt, so kann sie nur bei besonders wichtigem Grund zurückgenommen werden.
Es kann auch vorkommen, daß der Vermieter unabhängig von einer Regelung im Mietvertrag oder in der Hausordnung die Haltung eines Hundes stillschweigend duldet. Hierdurch schafft er durch sein Untätigbleiben einen Rechtszustand, auf den sich der hundehaltende Mieter verlassen kann. Dieser Zustand darf nach der Rechtsprechung ebenfalls nur dann zu ungunsten des Mieters verändert werden, wenn ungewöhnliche Umstände eintreten, die die Entfernung des Tieres aus der Wohnung verlangen.
Mancher Hund wohnt auch zur Untermiete. Für ihn gelten die gleichen Bestimmungen wie für einen Hauptmieter. Zu beachten ist hier allerdings, daß der Untervermieter selbst zur Hundehaltung berechtigt ist, mithin dieses Recht an den Untermieter weitergeben kann. Andernfalls muß er sich behandeln lassen, als würde er selbst verbotswidrig ein Haustier halten.
Ein ziemlich sorgenfreies Leben führt der Hund, dessen Herrchen oder Frauchen Eigentümer einer Wohnung sind, denn hier kann die Haltung eines Tieres nicht durch die Hausordnung untersagt werden, es sei denn, von dem Tier ginge eine ungewöhnliche Belästigung der anderen Miteigentümer aus.
Hier sei insbesondere darauf hingewiesen, daß übermäßiger Lärm des Tieres, etwa stundenlanges nächtliches Bellen, nicht nur nachbarrechtliche, sondern auch straf- und verwaltungsrechtliche Folgen nach sich ziehen kann. Haustiere sind nämlich so zu halten, daß niemand durch die von den Tieren erzeugten Ge-

Farbtafel 21: Yorkshire-Terrier

Farbtafel 22: Welsh-corgi

räusche gestört wird. Insbesondere Menschen, die in einer Großstadt wohnen, haben einen besonderen Anspruch auf ungestörte Nachtruhe, da sie tagsüber schon erheblichen Lärmbelästigungen ausgesetzt sind. Aus diesem Grund hat das Verwaltungsgericht Schleswig-Holstein entschieden, daß Hunde, die in einem Wohngebiet nachts über in einem offenen Zwinger gehalten werden, durch ihr Bellen die Ruhe stören. Derartige Urteile verpflichten die Ordnungsbehörden zum Einschreiten, was sehr unterschiedliche Auswirkungen haben kann: Meist genügt es, dem Hundehalter besondere Auflagen zu machen, etwa den Hund in einen gegen Geräusche gut isolierten Raum zu sperren, wenn sein Hang zur Kommunikation allzu groß ist. Diese Ansicht vertrat das Oberlandesgericht Koblenz (1 Ss 203/72). Das Amtsgericht Müllheim/Breisgau stellte gar einen Stundenplan für Hunde auf: Zwischen 13 und 15 Uhr und zwischen 20 und 7 Uhr morgens dürfen sie nicht bellen. Sollten die Hunde von Müllheim diesem „Maulkorberlaß" nicht Folge leisten, so droht ihnen Einsperrung in einem schalldichten Raum, drohte der Amtsrichter.
Sind derlei Maßnahmen wenig erfolgversprechend, so darf die Ordnungsbehörde die Wegnahme des Hundes veranlassen. Darüber hinaus aber kann derjenige, der die Lärmschutzmaßnahmen mißachtet, wegen vorsätzlicher grober Ruhestörung zu einer empfindlichen Geldstrafe verurteilt werden.

Versicherungen

Haftpflicht
Fast alle deutschen Versicherungsgesellschaften haben Haftpflichtversicherungen für Hunde in ihrem Programm. Sehr oft sind für die Rassezuchtvereine Pauschalabschlüsse möglich.

Krankenkostenversicherung
Immer weniger Versicherungen schließen Tierkrankenversicherungen ab, weil es sich nicht lohnt. Die Satzung sieht vor, daß Behandlungskosten, auch Operationen und Fahrtkosten des Tierarztes bei Hausbesuchen sowie Medikamente zum Teil erstattet werden.

Lebensversicherung
Falls der Hund noch nicht zu alt ist, kann sein Leben versichert werden. Es gibt auch eine Kombination von Krankenkosten- und Lebensversicherung.

Die Summe richtet sich nach dem Wert des Tieres und kostet jährlich zehn Prozent vom Kaufpreis. Eingeschlossen sind Diebstahl sowie Straßenunfälle. Übersteigt der Kaufpreis des Tieres 500 Mark, muß man ein Attest von einem Tierarzt über Rasse, Wert usw. vorlegen. Bedingung ist, daß der Hund vor Versicherungsabschluß gegen Staupe, ansteckende Leberentzündung und die Stuttgarter Hundeseuche schutzgeimpft wurde. Das Impfzeugnis muß, wie üblich, vom Tierarzt unterschrieben sein.

Haftungsfragen

Da man keinesfalls erwarten kann, daß der nunmehr im Mietvertrag geduldete, nicht übermäßig bellende vierbeinige Gefährte ein im übrigen „lammfrommes" Leben führt, stellen sich neue Probleme für den Halter, wenn das Tier einen Schaden angerichtet hat. Die Haftungsfragen, die sich daraus zwangsläufig ergeben, sind in den §§ 833, 834 des Bürgerlichen Gesetzbuches geregelt, in denen die spezifische Gefahr, die von einem Tier ausgehen kann, berücksichtigt ist.
Danach ist aber längst noch nicht jeder Schaden, der durch irgendein Verhalten eines Tieres hervorgerufen worden ist, auch von ihm „verursacht". Vielmehr unterscheidet man hier folgendermaßen: Ein der tierischen Natur entsprechendes selbsttätiges „willkürliches" Verhalten des Tieres, ein sogenanntes „natürliches" Verhalten, und schließlich ein Verhalten des Tieres, das auf Zwangseinwirkung beruht, so daß dem Tier keine Möglichkeit zu einem anderen Verhalten mehr bleibt.
Wie man sich sicherlich denken kann, sind die Spitzfindigkeiten, zu denen Juristen zwecks Abgrenzung tierischen Verhaltens greifen, erheiternd zu nennen. Vor allem für Hunde. Denn, wie wollte man etwa folgendes klassifizieren: Dackel Waldi hat ein völlig unstandesgemäßes Techtelmechtel mit der Collie-Dame Donna. Und, eines Tages, als Donna läufig wird, hält es den bayrischen Nationalhund nicht mehr zurück. Ergebnis: Sechs wunderschöne Sprößlinge, nicht ganz Dackel, aber auch nicht ganz Collie.
Da der Collie-Besitzer wenig übrig hatte für die unstandesgemäße Heirat seiner Donna, mußten sich die Juristen mit der Frage befassen: War der Deckakt ein „willkürliches", ein „natürliches" oder ein „zwangsmäßiges" Verhalten des Dackels Waldi?
Die Richter des Oberlandesgerichts Karlsruhe entschieden sich zugunsten freier Hundeliebe und stellten fest, daß das „Decken eines weiblichen Tieres durch ein männliches Tier nicht als Verwirklichung der spezifischen Tiergefahr anzusehen sei, die die Gefährdungshaftung des Tierhalters auslöst."
Womit zweierlei gesagt ist: Zum einen ist die Haftung des Tierhalters eine sogenannte Gefährdungshaftung, d. h. eine Haftung dafür, daß allein das Halten eines Tieres eine mögliche Gefährdung der Allgemeinheit mit sich bringen kann, zum anderen, daß der Tierhalter nur für das sogenannte „willkürliche", also von „keinem vernünftigen Wollen geleitet entfaltete tierische organische Kraft" zur Bezahlung des entstandenen Schadens herangezogen werden kann.
Nun ist ständig von den Tierhaltern die Rede, bzw. Hundehaltern. Wer aber ist das im Sinne des Gesetzes? Da die einschlägigen Paragraphen sich hierüber ausschweigen, haben Rechtsprechung und Literatur folgende Feststellung getroffen: Hundehalter ist, wer den Hund in seinem Haus oder Wirtschaftsbetrieb durch Gewährung von Obdach und Verpflegung, also die Sorge für den Hund nicht nur vorübergehend übernommen hat. Das muß nicht unbedingt der Eigentümer des Tieres sein, denn Halter im genannten Sinne ist, wer zudem ein eigenes Interesse an der Verwendung oder wenigstens der Gesellschaft des Hundes hat.
Es dürfte daher zweifelsfrei sein, daß derjenige, der einen Hund in seinen Haushalt aufgenommen hat, als Hundehalter gilt. Was aber, wenn der Freiheitsdrang

übermächtig geworden und der Hund einfach mal auf Wanderschaft gegangen ist?

Mit diesem Problem hat sich das höchste deutsche Zivilgericht, der Bundesgerichtshof in Karlsruhe, bereits beschäftigt und eine Entscheidung gefunden: Eine typische Tiergefahr stellt das Entlaufen dar, denn all die willkürlichen Verhaltensweisen eines Tieres wirken sich nach dem Entlaufen besonders aus, da die herrschende Hand des Menschen keine Kontrolle ausüben kann. Daher entspricht es dem Sinn der Gefährdungshaftung für den Tierhalter, wenn er auch das Risiko tragen muß, das ihm entsteht, wenn sein Tier entläuft und dabei Schaden anrichtet. Wohl kaum ein Hundehalter wird daran denken mögen, daß sein Hund in ein Auto läuft oder einen Fahrer zu einem Ausweichen nötigt, das einen Personen- oder Sachschaden zur Folge hat. Abgesehen vom Verlust des Hundes dürften die entstandenen Schadensersatzkosten nicht gering sein.

Aber, auch in unmittelbarer Gegenwart von Herrchen oder Frauchen kann der Hund einiges anstellen. So sah sich etwa das Hanseatische Oberlandesgericht Hamburg zu dem folgenschweren Spruch veranlaßt: „Hunde sind Raubtiere . . .“. Jeder Hundehalter müsse damit rechnen, daß der Spieltrieb seines Tieres auch mal in Aggression umschlagen könne. Diese Begründung verhalf dem Bernhardiner eines Hamburgers zu Leinenzwang. Das Tier, immerhin von der Größe eines mittleren Kalbes, bevorzugte besonders eine ältere Dame, die er beim Gassigehen regelmäßig traf. In freundschaftlicher Gesinnung sprang er an ihr hoch und legte seine großen Pfoten auf ihre Schultern, wobei er ihr seinen Atem ins Gesicht blies. Weil die alte Dame sich jedesmal derart bedroht fühlte – „er hätte mich leicht umwerfen können“ – verordnete das Gericht den Leinenzwang. Denn, von anderen Bürgern könne man nicht verlangen, daß sie aus ihrer Sicht bedrohliche Eigenarten eines Hundes hinnehmen.

Zu den willkürlichen Verhaltensweisen eines Hundes gehört zum Beispiel auch das Beißen in des Briefträgers Hosenbein – obwohl Verhaltensforscher bereits Gründe dafür gefunden haben, die das „Willkürliche“ in die Nähe des „Zwangsmäßigen“ bringt. Wer also wünscht, daß zum einen seine Postzustellung weiterhin reibungslos funktioniert und er zum anderen von Schadensersatzverpflichtungen verschont bleiben möchte, der sollte den vierbeinigen Hüter des Hauses in wohlfeilem Abstand vom Postboten halten – wie von Uniformierten überhaupt.

Indes, auch der bereits zitierte Leinenzwang vermag keine Garantie zu geben, daß der Gefährte kein weiteres Unheil anrichtet: So war zu lesen, daß die englische Promenadenmischung Georgie eine ganze Wohnsiedlung sechs Wochen lang in Düsternis versetzte. Und dabei hatte Georgie, mit der Leine seinem Herrn verbunden, nichts anderes getan, als das, was er sonst immer tat, eben nur an der falschen Stelle: Er hob das Bein. Und just da, wo er sein Revier markierte, befand sich unterirdisch ein reichlich defektes Kabel, das in Berührung mit dem Naß einen Kurzschluß verursachte. Die Folgen sind bekannt. So etwas kann in die Millionen gehen, dürfte aber in diesem Fall den Hundehalter nicht allzu stark belasten: Das Heben des Beinchens ist ein „natürliches“ Verhalten des Hundes.

Trifft den Hundehalter dennoch die Pflicht, aus Gefährdungshaftung den Schaden zu ersetzen, der einem anderen durch das „willkürliche“ Verhalten des Hundes entstanden ist, so kann der zu leistende Schadensersatz auch ein sogenann-

tes Schmerzensgeld umfassen. Da die Tendenz in der Rechtsprechung immer mehr in Richtung eines großzügiger bemessenen Schmerzensgeldes geht, sollte die drohende Haftpflicht des Hundehalters ihn zu einer sorgfältigen Überwachung des Tieres veranlassen.
Nun macht das Gesetz jedoch einen Unterschied zwischen sogenannten Luxushunden, die lediglich der Erbauung ihres Besitzers zu dienen scheinen, und jenen Hunden, die dem Beruf, der Erwerbstätigkeit oder dem Unterhalt des Tierhalters zu dienen bestimmt sind. Bei den sogenannten Luxustieren tritt die Ersatzpflicht des Hundehalters ohne weiteres ein, während sich der Halter eines Nutzhundes von seiner Haftung befreien kann, indem er nachweist, daß er entweder die erforderliche Sorgfalt bei der Überwachung des Tieres beachtet hat, oder es ihm gelingt, nachzuweisen, daß der Schaden auch entstanden wäre, hätte er die erforderliche Sorgfalt aufgewendet.
Zu diesen Berufstieren, deren Halter derart nach dem Gesetz privilegiert werden, gehören etwa die Jagdhunde eines Försters, Polizeihunde, Hütehunde.
Wie immer aber im Schadensersatzrecht muß sich ein Geschädigter, der Ersatz begehrt, ein mögliches eigenes Mitverschulden anrechnen lassen. Denn, handelt jemand erkennbar gegen seine eigenen Interessen und erleidet dabei einen Schaden, so kann er diesen nicht in vollem Umfang auf den Schädiger abwälzen. Betritt man entgegen einer ausdrücklichen Warnung vor einem bissigen Hund ein fremdes Grundstück und kommt unliebsam mit dessen Wächter in Berührung, so hat man jedenfalls zum Teil selbst Schuld an seinem Mißgeschick. Genauso kann es jemandem ergehen, der auf der Straße beliebig jeden Hund streichelt. Denn das sollte ein jeder Passant bei flüchtigem Nachdenken schon erkennen: Nicht jeder Hund ist eine Schmusekatze.

Der „gefundene" Hund

Da Hunde sich mitunter selbständig machen oder einfach unterwegs verloren gehen können, dürfte die Freude, wenn der Ausreißer von einem ehrlichen Finder abgeliefert wird, groß sein. Wie groß sie exakt sein soll, schreibt das Gesetz vor: Zum einen hat der Finder einen Anspruch auf Ersatz all der Kosten, die ihm beim notwendigen Aufwand entstanden sind, um den Hund zunächst etwa zu füttern, ihn unterzubringen und schließlich den Besitzer ausfindig zu machen.
Zum anderen ist er weiterhin berechtigt, 1 Prozent des Wertes, den der Hund hat, als Finderlohn zu verlangen.
Wird man selbst einmal Finder eines verirrten Hundes, so ist es unerläßlich – falls man den Hundebesitzer nicht kennt – den Fund unverzüglich bei der Polizeibehörde anzuzeigen. Kann man den Hund vorläufig nicht selbst in Verwahrung nehmen, so übernimmt diese Aufgabe die Polizei, die sich alsdann mit dem nächsten Tierheim in Verbindung setzt und dem Hund so zunächst ein Obdach bietet.

Der Hund in der Zwangsvollstreckung

Da auch Hundehalter nicht davor gefeit sind, Schulden zu machen und vom Gläubiger wie von allen Hunden gehetzt zu werden, kann durchaus das Problem auftauchen, daß eines Tages der Gerichtsvollzieher vor der Tür steht und das Tier pfänden will.

Betreibt nämlich der Gläubiger die Zwangsvollstreckung, also die mit den Machtmitteln des Staates erzwungene Befriedigung seiner Ansprüche, ist auch ein Hund grundsätzlich nicht der Pfändung entzogen.

Der Gesetzgeber aber hatte ein Einsehen und berücksichtigte die enge Verbundenheit zwischen Mensch und Hund: „Jedenfalls dürfte es einem geläuterten Rechtsempfinden nicht entsprechen, daß wegen einer Geldforderung Hunde der Zwangsvollstreckung unterworfen sind", so heißt es in der amtlichen Begründung zu § 811 Nr. 14 der Zivilprozeßordnung, wonach Hunde, die nicht zur Veräußerung bestimmt sind und deren Wert DM 200,– nicht übersteigt, nicht gepfändet werden dürfen.

Hundehändler und ihre Tiere fallen demnach nicht unter den Schutz dieses Gesetzes, was sich daraus erklären läßt, daß die Beziehungen eines Menschen zu seinen Hunden, die er an- und verkauft, nicht einer tiefen Verbundenheit gleichkommt und daher als nicht schutzwürdig angesehen wird.

Die 200-DM-Grenze wirkt bedrohlicher als sie tatsächlich ist. Denn als Wertbemessung wird nicht der Kaufwert oder der Liebhaberwert zugrunde gelegt, sondern der Gerichtsvollzieher schätzt vielmehr, welchen Betrag der Hund durchschnittlich bei freiem Verkauf am Ort der Versteigerung erzielen könnte. Hierbei geschieht es so gut wie nie, daß die Schätzung oberhalb der 200-DM-Grenze liegt.

Der besteuerte Hund

Viel Wirbel und Ärger hat vor einiger Zeit die drastische Erhöhung der Hundesteuer in vielen Gemeinden der Bundesrepublik verursacht. In Rathäusern machten Hund und Herrchen „sit in", um gegen die Steuerlast zu protestieren, jedoch es half nichts, die Erhöhungen waren rechtens, zumal es Ausnahmeregelungen für soziale Härtefälle gibt.
Besonders jedoch erregten sich die Gemüter über die progressive Besteuerung des Zweit-, Dritt-, usw. -Hundes, mit denen sich das Bundesverfassungsgericht schließlich befaßte und alles in Ordnung fand.
Im Dschungel des Steuerrechts aber gibt es auch Erfreuliches: So können etwa die Kosten für einen Schutzhund, der die Berufsausübung seines Halters sichern soll, von der Steuer abgesetzt werden.
Eine Ärztin hatte, da sie häufig in der Dunkelheit Überlandfahrten machen mußte, sich zum Schutz vor Überfällen einen scharfen Riesenschnauzer angeschafft. Das Finanzamt Schleswig-Holstein gestand ihr das Recht zu, die Unterhaltskosten für den Beschützer – nämlich Futter, Haftpflichtversicherung und Hundesteuer – zu Dreiviertel als Werbungskosten steuerlich abzusetzen. Das restliche Viertel mußte sie sich anrechnen lassen, da sie schließlich auch ein rein privates Vergnügen an dem Tier habe.
Auch die durch den „Verband für das Deutsche Hundewesen e. V." anerkannten Liebhaberzüchter kommen in den Genuß eines Steuervorteils im Rahmen einer sogenannten Zwingerermäßigung für die Hundesteuer. Meist werden dann nur 50 Prozent der ortsüblichen Hundesteuer erhoben. Jedoch stellen viele Gemeinden zuvor die Bedingung, daß die Züchter die Abgabe der gezüchteten Junghunde unter Nennung der Käufer dem Steueramt mitteilen, damit die neuen Hundebesitzer sogleich steuerlich erfaßt werden können.

Der Hund im Paragraphenwald

§ 833 des Bürgerlichen Gesetzbuches – Haftung des Tierhalters:
„Wird durch ein Tier ein Mensch getötet oder der Körper oder die Gesundheit eines Menschen verletzt oder eine Sache beschädigt, so ist derjenige, welcher das Tier hält, verpflichtet, dem Verletzten den daraus entstehenden Schaden zu ersetzen.
Die Ersatzpflicht tritt nicht ein, wenn der Schaden durch ein Haustier verursacht wird, das dem Berufe, der Erwerbstätigkeit oder dem Unterhalt des Tierhalters zu dienen bestimmt ist, und entweder der Tierhalter bei der Beaufsichtigung des Tieres die im Verkehr erforderliche Sorgfalt beobachtet oder den Schaden auch bei Anwendung dieser Sorgfalt entstanden sein würde."
§ 834 des Bürgerlichen Gesetzbuches: Haftung des Tieraufsehers:
„Der für denjenigen, welcher ein Tier hält, die Führung der Aufsicht über das Tier durch Vertrag übernimmt, ist für den Schaden verantwortlich, den das Tier einem Dritten in der in § 833 bezeichneten Weise zufügt.

Die Verantwortlichkeit tritt nicht ein, wenn er bei der Führung der Aufsicht die im Verkehr erforderliche Sorgfalt beobachtet oder wenn der Schaden auch bei Anwendung dieser Sorgfalt entstanden sein würde."

§ 811 Nr. 14 der Zivilprozeßordnung: Unpfändbare Sachen:

„Folgende Sachen sind der Pfändung nicht unterworfen:

... nicht zur Veräußerung bestimmte Hunde, deren Wert 200 Deutsche Mark nicht übersteigt."

Wie zu lesen ist, spricht das Gesetz bei Hunden von einer „Sache" – an diese Klassifizierung sich zu gewöhnen ist für den Hundehalter sicher schwer, aber es erleichtert die Lektüre und das Verständnis unserer Gesetze. So ist eben auch unter dem Kapitel Fund und Finderlohn von einer Sache im allgemeinen, worunter ein Hund im speziellen fallen kann, die Rede.

§ 965 des Bürgerlichen Gesetzbuches – Anzeigepflicht des Finders:

„Wer eine verlorene Sache findet und an sich nimmt, hat dem Verlierer oder Eigentümer oder einem sonstigen Empfangsberechtigten unverzüglich Anzeige zu erstatten.

Kennt der Finder die Empfangsberechtigten nicht oder ist ihm ihr Aufenthalt unbekannt, so hat er den Fund und die Umstände, welche für die Ermittlung der Empfangsberechtigten erheblich sein können, unverzüglich der Polizeibehörde anzuzeigen."

§ 970 des Bürgerlichen Gesetzbuches: Ersatz von Aufwendungen:

„Macht der Finder zum Zwecke der Verwahrung oder Erhaltung der Sache oder zum Zwecke der Ermittlung des Empfangsberechtigten Aufwendungen, die er den Umständen nach für erforderlich halten darf, so kann er von dem Empfangsberechtigten Ersatz verlangen."

§ 971 des Bürgerlichen Gesetzbuches – Finderlohn:

„Der Finder kann von dem Empfangsberechtigten einen Finderlohn verlangen. Der Finderlohn beträgt von dem Wert ... bei Tieren eins vom Hundert ...

Der Anspruch ist ausgeschlossen, wenn der Finder die Anzeigepflicht verletzt oder den Fund auf Nachfrage verheimlicht."

Spricht man vom „Hund im Recht", so darf nicht vergessen werden, daß es gesetzliche Bestimmungen gibt, die ausschließlich seinem Schutz als Tier gelten. Sie sind namentlich im Tierschutzgesetz festgelegt, das dem Schutz des Lebens und Wohlbefindens des Tieres dient:

§ 2 des Tierschutzgesetzes: Tierhaltung:

„Wer ein Tier hält, betreut oder zu betreuen hat, muß dem Tier angemessene artgemäße Nahrung und Pflege sowie eine verhaltensgerechte Unterbringung gewähren,

darf das artgemäße Bewegungsbedürfnis eines Tieres nicht dauernd und nicht so einschränken, daß dem Tier vermeidbare Schmerzen, Leiden oder Schäden zugefügt werden ...

Tiere, die nach dem Gutachten des beamteten Tierarztes in Haltung, Pflege und Unterbringung erheblich vernachlässigt sind, können von der zuständigen Behörde dem Halter fortgenommen und so lange auf dessen Kosten anderweitig pfleglich untergebracht werden, bis eine ordnungsgemäße Haltung, Pflege und Unterbringung der Tiere durch den Halter gewährleistet ist."

§ 3 des Tierschutzgesetzes – Tierhaltung:
„Es ist verboten,
einem Tier außer in Notfällen Leistungen abzuverlangen, denen es wegen seines Zustandes offensichtlich nicht gewachsen ist oder die offensichtlich seine Kräfte übersteigen,
ein gebrechliches, krankes, abgetriebenes oder altes, im Haus, Betrieb oder sonst in Obhut eines Menschen gehaltenes Tier, für das ein Weiterleben mit nicht behebbaren Schmerzen oder Leiden verbunden ist, zu einem anderen Zweck als zur unverzüglichen schmerzlosen Tötung zu veräußern oder zu erwerben (dies gilt nicht für die unmittelbare Abgabe von Tieren an Personen oder Einrichtungen, denen eine besondere behördliche Genehmigung zu Tierversuchen erteilt worden ist),
ein im Haus, Betrieb oder sonst in Obhut von Menschen gehaltenes Tier auszusetzen oder zurückzulassen, um sich seiner zu entledigen . . .
ein Tier an einem anderen lebenden Tier auf Schärfe abzurichten oder zu prüfen,
ein Tier auf ein anderes zu hetzen, soweit dies nicht die Grundsätze waidgerechter Jagdausübung erfordern,
einem Tier durch Anwendung von Zwang Futter einzuverleiben, sofern dies nicht aus gesundheitlichen Gründen erforderlich ist,
einem Tier Futter darzureichen, das dem Tier offensichtlich erhebliche Schmerzen, Leiden oder Schäden bereitet."
§ 17 des Tierschutzgesetzes: Strafvorschriften:
„Mit Freiheitsstrafe bis zu zwei Jahren oder mit Geldstrafe wird bestraft, wer ein Wirbeltier ohne vernünftigen Grund tötet oder
einem Wirbeltier aus Rohheit Schmerzen oder Leiden oder länger anhaltende und sich wiederholende erhebliche Schmerzen oder Leiden zufügt."
Im übrigen kann, wer gegen die übrigen Bestimmungen des Tierschutzgesetzes verstößt, mit einer Geldbuße bis zu 10 000 Deutsche Mark belegt werden, so § 18 des Tierschutzgesetzes.

Register

F

G

H

I

J

K

L

M

N

O

P

Anschriften

Dachorganisation für die Bundesrepublik:
Verband für das Deutsche Hundewesen e. V. (VDH)
Mallinckrodtstraße 26
4600 Dortmund

Interessengemeinschaft Deutscher Hundehalter
Heimhuderstr. 70
2000 Hamburg 13

Dachorganisation für die Schweiz:
Schweizerische Kynologische Gesellschaft
Spitalgasse 14
CH-3001 Bern 1

Dachorganisation für Österreich:
Österreichischer Kynologenverband
Karl- Schweighofer-Gasse 3
A-4600 Wien V II